U0204250

Python

网络爬虫开发
从入门到精通

（第2版）

刘延林　徐清徽◎编著

北京大学出版社
PEKING UNIVERSITY PRESS

内 容 提 要

本书共分4篇，针对Python爬虫初学者，从零开始系统地讲解了如何利用Python进行网络爬虫程序开发。

第1篇快速入门篇（第1~9章）：本篇主要介绍了Python环境的搭建和一些Python的基础语法知识、Python爬虫入门知识及基本的使用方法、Ajax数据的分析和抓取、动态渲染页面数据的爬取、网站代理的设置与使用、验证码的识别与破解，以及App数据抓取、数据的存储方法等内容。

第2篇技能进阶篇（第10~12章）：本篇主要介绍了PySpider和Scrapy两个常用爬虫框架的基本使用方法、爬虫的部署方法，以及数据分析、数据清洗常用库的使用方法。

第3篇项目实战篇（第13章）：本篇以2个综合实战项目，详细地讲解了Python数据爬虫开始与实战应用。本篇对全书内容进行了总结回顾，强化读者的实操水平。

第4篇技能拓展篇（第14章）：本篇从数据爬取、数据清洗和数据分析三个角度，介绍了一常用AI技术的实用技巧。运用这些技巧，读者可以提高网络爬虫程序的编写速度和数据分析效率。

本书案例丰富，注重实战，既适合Python程序员和爬虫爱好者阅读学习，也适合作为广大职业院校相关专业的教学用书。

图书在版编目 (CIP) 数据

Python 网络爬虫开发从入门到精通 / 刘延林，徐清徽编著 . -- 2 版 . -- 北京：北京大学出版社，2025. 3.
ISBN 978-7-301-35949-5

Ⅰ. TP311.561

中国国家版本馆 CIP 数据核字第 20256LN971 号

书　　　名	Python 网络爬虫开发从入门到精通（第 2 版）
	Python WANGLUO PACHONG KAIFA CONG RUMEN DAO JINGTONG (DI-ER BAN)
著作责任者	刘延林　徐清徽　编著
责 任 编 辑	刘　云
标 准 书 号	ISBN 978-7-301-35949-5
出 版 发 行	北京大学出版社
地　　　址	北京市海淀区成府路 205 号　100871
网　　　址	http://www.pup.cn　　新浪微博：@北京大学出版社
电 子 邮 箱	编辑部 pup7@pup.cn　总编室 zpup@pup.cn
电　　　话	邮购部 010-62752015　发行部 010-62750672　编辑部 010-62570390
印 刷 者	北京鑫海金澳胶印有限公司
经 销 者	新华书店
	787 毫米 ×1092 毫米　16 开本　22.5 印张　542 千字
	2019 年 12 月第 1 版
	2025 年 3 月第 2 版　2025 年 3 月第 1 次印刷
印　　　数	1-3000 册
定　　　价	89.00 元

未经许可，不得以任何方式复制或抄袭本书之部分或全部内容。
版权所有，侵权必究
举报电话：010-62752024　电子邮箱：fd@pup.cn
图书如有印装质量问题，请与出版部联系，电话：010-62756370

前 言
Preface

为什么写这本书？

随着互联网特别是移动互联网的爆发，爬虫技术迎来了一波新的发展浪潮。伴随着互联网的爆发，涌现了各式各样的应用、站点，这些应用和站点的背后是海量的数据。这些数据里可能包含某个行业的最新动态信息，也可能包含某个公司的过往经营情况，还可能包含世界上最新的时事新闻。因此，各行各业都越来越重视数据的收集，而要想快速及时地收集到目标数据，网络爬虫是不二选择，这正是网络爬虫变得越来越受欢迎的原因。

在众多的网络爬虫工具中，Python 以其使用简单、功能强大等优点成为网络爬虫开发的常用工具。与其他语言相比，Python 是一门非常适合开发网络爬虫的编程语言，内置了大量的框架和库，可以轻松实现网络爬虫功能。Python 爬虫可以做的事情很多，如广告过滤、Ajax 数据爬取、动态渲染页面爬取、App 数据爬取、使用代理爬取、模拟登录爬取、数据存取等。Python 爬虫还可以用于数据分析，在数据的抓取方面可以说作用巨大。

虽然《Python 网络爬虫开发从入门到精通》上市至今受到广大用户和读者的青睐和认可，但是，随着网络技术的飞速发展，网站结构日益复杂，数据保护措施不断加强，网络爬虫技术也在不断更新，部分传统的爬虫技术已难以满足当前的需求。在此背景下，我们决定编写第 2 版，旨在帮助读者紧跟时代步伐，掌握高效、安全的网络爬虫技术。

这本书的特点是什么？

本书力求简单、实用，坚持以实例为主、理论为辅的路线。全书分为 14 章，从 Python 基础、爬虫开发常用网络请求库，到爬虫框架使用，以及最后的数据存储、分析、实战训练等，覆盖了爬虫项目开发阶段的整个生命周期。整体上本书内容有以下特点。

1）从零开始，逐步深入：本书从 Python 基础讲起，逐步深入到网络爬虫的高级技术，内容涵盖 Python 环境搭建、爬虫基础知识、Ajax 数据抓取、动态渲染页面爬取、代理的设置与使用、验证码的识别与破解、App 数据抓取、数据存储等多个方面，形成了一套完整的网络爬虫知识体系。

2）实战导向，案例丰富：本书通过大量的实战案例，让读者在动手实践中掌握网络爬虫的开发技能。每个案例都提供了详细的步骤指导和代码解析，帮助读者快速上手。

3）最新技术，全面覆盖：本书紧跟技术发展潮流，涵盖 Ajax 数据抓取、动态渲染页面爬取、App 数据抓取等最新技术，并提供了相应的解决方案和实战案例。

4）框架解析，深入浅出：本书详细介绍了 PySpider 和 Scrapy 两个常用爬虫框架的基本使用方法和实战技巧，帮助读者快速掌握框架开发技能。

5）前沿技术，AI 工具辅助：本书创新性地介绍了如何运用 AI 工具和技术辅助数据爬取与分析，提升爬虫编写速度和数据分析效率，让读者在掌握传统爬虫技术的同时，也能紧跟 AI 技术的发展步伐。

6）实训与问答，学练结合：本书几乎每章都有配备"新手实训"和"新手问答"的内容，目的是让读者在学完之后，尽快巩固知识，能够做到举一反三，学以致用。

7）适用广泛，教学两宜：本书不仅适合个人自学，也可作为职业院校相关专业的教材或参考书。

在这本书里写了些什么?

本书内容安排如下。

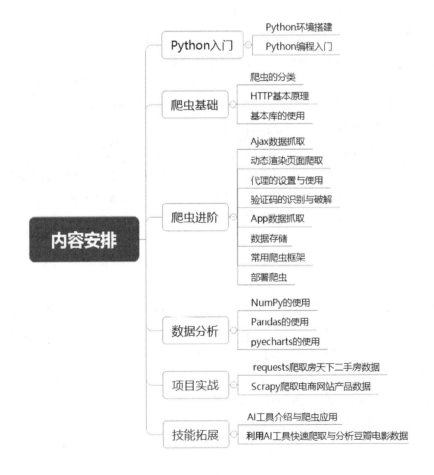

写给读者的建议

读者在阅读本书的时候，如果是零基础，建议先从 Python 基础开始学习，因为学习爬虫需要对 Python 的基础语法和结构有深刻的理解并能熟练应用，这样才能在后面的内容学习中达到事半功倍的效果。需要注意的是，本书所使用的 Python 版本为 3.10.x，至于原因会在第 1 章中有阐述，这里不做过多的解释。

学爬虫的难点不是能否获取数据，而是在实际工作中，整合各种需求业务场景，实现爬虫合理的任务调度、性能优化等。所以，建议读者在阅读本书的时候，着重于爬取思路和逻辑方面的思考，不要太过于纠结代码。对于同一个网站或者 App 可以尝试采用不同的策略和解决办法去爬取，观察每一种方法的优缺点并进行总结和积累。反爬技术不断更新迭代，但万变不离其宗，写爬虫是一项研究性的工作，需要每天不断地学习和研究各种案例积累。希望读者多思考，勤动手。

本书适合人群

1）Python 程序员：对于已经掌握 Python 基础语法的程序员来说，本书将帮助他们快速掌握网络爬虫的开发技能，提升获取数据的能力。

2）爬虫爱好者：对于爬虫技术爱好者来说，本书将为他们提供一个全面、系统的学习路径，帮助他们从零开始掌握网络爬虫技术。

3）数据分析师：对于需要获取互联网数据进行分析的数据分析师来说，本书将帮助他们掌握数据爬取的基本技能，为数据分析提供有力的数据支持。

4）产品经理：对于需要了解用户需求、竞品分析的产品经理来说，本书将帮助他们掌握通过爬虫技术获取市场数据的方法，为产品决策提供依据。

5）职业院校相关专业学生：本书内容全面、实战性强，适合作为职业院校相关专业的教材或参考书，帮助学生掌握网络爬虫技术，提升就业竞争力。

除了书，您还能得到什么？

1）案例源码。提供书中相关案例的源码，方便读者学习参考。

2）书中上机实训和案例的同步教学视频。读者在看书学习的同时，可以参考对应的视频教程，学习效果更佳。

3）制作精美的 PPT 课件，方便教师上课教学使用。

4）Python 常见面试题精选（50 道），旨在帮助用户在工作面试时提升过关率。

5）《10 招精通超级时间整理术》视频教程。专家传授 10 招时间整理术，教会读者如何整理时间、有效利用时间。

温馨提示：以上资源已上传至百度网盘，请用微信扫一扫下方二维码关注公众号。左侧二维码需要找到本书 77 页的资源下载码，根据提示获取。右侧二维码需要输入代码 Yh2024813，即可获取学习资源的下载地址及密码。

本书由凤凰高新教育策划，刘延林、徐清徽两位老师修订编写。在本书编写的过程中，我们竭尽所能地为您呈现最好、最全的实用内容，但由于计算机技术发展非常迅速，难免有疏漏和不妥之处，敬请广大读者不吝指正。

目 录
Contents

第 1 篇　快速入门篇

第 2 篇　技能进阶篇

第 3 篇 项目实战篇

第 4 篇 技能拓展篇

第1篇

快速入门篇

网络爬虫是一种自动化数据采集程序。现在我们很幸运，身处互联网时代，大量的信息在网络上都可以查得到，当我们需要网络上的数据、文章、图片等信息时，通常采用的方法是一个个去手动复制、粘贴，这种方法很耗时耗力。我们希望有一个自动化的程序，能够自动帮助我们匹配网络上的数据，然后下载下来为我们所用。因此，网络爬虫就应运而生了。

其中，搜索引擎就是一个很好的例子，搜索引擎技术中大量使用爬虫技术来爬取整个互联网的内容，并存储在数据库中做索引。例如，我们常用的百度搜索、谷歌搜索都是基于强大的网络爬虫技术来索引互联网内容的。本篇将使用 Python 语言作为开发工具，从 Python 基础开始，由浅入深地讲解爬虫的开发流程及设计思路。

第1章

Python基础

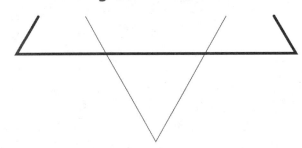

本章导读

有句话说得好，"工欲善其事，必先利其器"，由于本书中所涉及的示例代码均以 Python 作为主要开发语言，因此在学习网络爬虫开发之前，需要对 Python 的基本使用方法有个大致的了解。同时，本书致力于帮助读者从零基础入门，本章将会对 Python 的基础语法和使用方法做一个大致的讲解，但不会面面俱到，只需要读者了解基础语法的使用方法即可。如果读者已有一定的 Python 基础，可跳过本章的学习，从第 2 章开始深入探究 Python。

知识要点

- ● Python环境的搭建
- ● Python 开发IDE PyCharm的基本使用方法
- ● 数据类型和变量
- ● 字符串和编码
- ● 列表和元组
- ● 字典和集合的使用方法
- ● 条件语句和循环语句
- ● 函数
- ● 推导式
- ● 赋值表达式

1.1　Python环境搭建

Python（英国发音：/ˈpaɪθən/；美国发音：/ˈpaɪθɑːn/），是一种面向对象的解释型计算机程序设计语言，由荷兰人吉多·范罗苏姆（Guido van Rossum）于 1989 年创建，第一个公开发行版发行于 1991 年。

Python 是一款纯粹的自由软件，源代码和解释器 CPython 遵循 GNU 通用公共许可证（GNU General Public License，GPL）协议。Python 语法简洁清晰，特色之一是强制用空白符（White Space）作为语句缩进。

Python 具有丰富和功能强大的库，常被称为胶水语言，能够把用其他语言制作的各种模块（尤其是 C/C++）很轻松地联结在一起。常见的一种应用情形是，使用 Python 快速生成程序的原型（有时甚至是程序的最终界面），然后对其中有特别要求的部分，用更合适的语言改写。例如，3D 游戏中的图形渲染模块对性能要求特别高，就可以用 C/C++ 重写，而后封装为 Python 可以调用的扩展类库。需要注意的是，在使用扩展类库时需要考虑平台问题，某些平台可能不提供跨平台的功能。

由于 Python 语法简洁并拥有非常全面的第三方类库支持，因此它非常适合用于爬虫程序的编写。Python 目前分为两大版本，一个是 Python 2.x 版本，另一个是 Python 3.x 版本。这两个版本差距比较大，目前最新版本为 3.13.x 版本。需要注意的是，本书中所涉及的代码均以 Python 3.10.7 为主，而不是 3.13.x，这是为了避免版本过新导致第三方库兼容问题。

接下来，本节将会讲解如何在常用操作系统下搭建 Python 3 开发环境，进行 Python 的基础知识学习和代码编写。

1.1.1　Windows 下 Python 环境的安装

Python 是个跨平台的语言，支持在各种不同的系统中运行，下面先来讲解 Windows 系统中的 Python 环境安装。

1. 下载Python安装包

根据 Windows 版本（64 位或者 32 位）从 Python 官网（https://www.python.org）下载对应的版本安装包，本书以 Windows10 系统为例，相关的操作步骤如下。

步骤 ❶：进入 Python 官网首页，选择【Downloads】选项卡，可以看到 Python 的最新版本为 Python 3.13.1，如图 1-1 所示。

步骤 ❷：由于我们使用的是 Windows 系统，所以需要下载 Windows 版本的 Python，在上一步骤的基础上，选择【Windows】选项，之后将进入版本选择的界面，如图 1-2 所示。

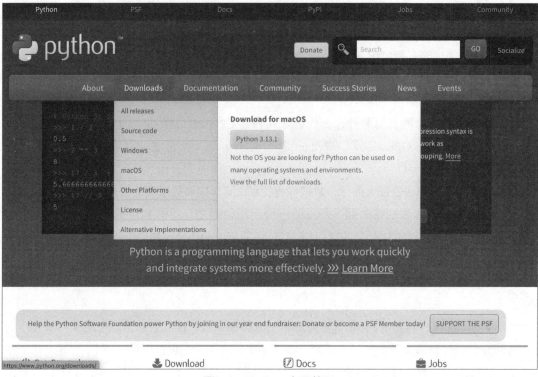

图1-1　Python 官网首页

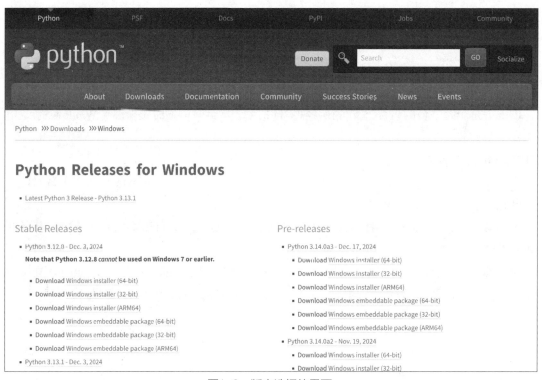

图1-2　版本选择的界面

步骤❸：进入版本选择的界面后，选择需要的版本进行下载。本书中所使用的是 Python 3.10.7，所以需要向下滑动鼠标，找到 3.10.7 版本的 Python 安装包并单击下载，如图 1-3 所示。

图1-3　选择对应的版本

2. 安装Python

Python 安装包下载完后，双击【python-3.10.7-amd64.exe】文件运行安装程序，进入安装引导界面，如图 1-4 所示。

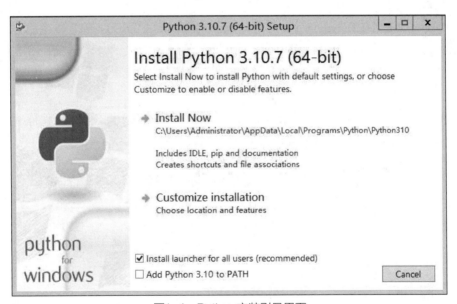

图1-4　Python安装引导界面

接下来，就可以开始进行安装了，相关的安装步骤如下。

步骤❶：选中【Add Python 3.10 to PAHT】复选框后单击【Customize installation】选项，会弹出一个可选特性界面，在界面中可进行选项设置，如图 1-5 所示。这一步操作的作用是把 Python 加入系统的 PATH 环境变量中，如果不选中的话，就要手动去配置环境变量。

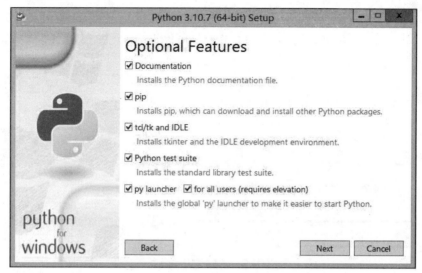

图1-5　可选特性界面

步骤❷：在弹出的可选特性界面中选中所有的复选框。

·Documentation：安装 Python 的帮助文档。

·pip：安装 Python 的第三方包管理工具。

·tcl/tk and IDLE：安装 Python 自带的集成开发环境。

·Python test suite：安装 Python 的标准测试套件。

·py launcher 和 for all users(requires elevation)：允许所有用户更新版本。

选中之后单击【Next】按钮进入下一步骤。

步骤❸：通过步骤❷之后，进入 Advanced Options（高级选项）配置界面，保持默认的选中状态，然后单击【Browse】按钮选择安装路径，如图 1-6 所示。

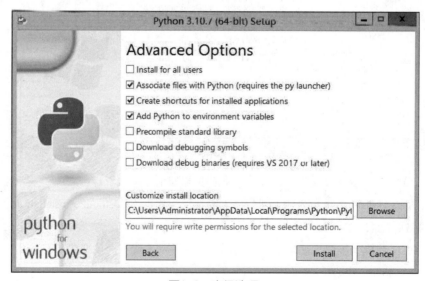

图1-6　高级选项

步骤❹：安装位置设置好后单击【Install】按钮进行安装，安装过程会持续一段时间，耐心等待。安装完成后，在控制台打开 cmd 命令行窗口，输入"python"，检查是否安装成功。如果安装成功了将会出现类似以下信息的内容，从中可以看到关于所安装的 Python 版本等信息。

```
C:\Users\Administrator>python
Python 3.10.7 (tags/v3.10.7:6cc6b13, Sep  5 2022, 14:08:36) [MSC v.1933 64 bit
(AMD64)] on win32
Type "help", "copyright", "credits" or "license" for more information.
>>>
```

1.1.2　Linux 下 Python 环境的安装

Linux 下的 Python 环境安装，一般常用的有两种方式：命令安装和源码安装。Linux 系统其实默认装有 Python 2.7 版本，但是由于我们需要使用 3.x 版本的 Python，所以需要自己去安装。使用源码安装 Python 需要自己编译，而且时间比较长。在这里推荐使用命令安装，这样既简单又快速，可以省去很多步骤。由于 Linux 系统有众多版本，这里选择性地以 Ubuntu/Debian/Deepin 为例。下面将分别介绍命令安装和源码安装。

1. 命令安装

使用命令在 Ubuntu 下安装 Python 的相关步骤如下。

步骤❶：在使用命令安装之前，需要先打开 Linux 命令行。由于本书讲解所使用的是一台云服务器上的 Ubuntu，所以需要使用 Xshell 工具去连接，连接上后，默认就是一个命令行界面，如图 1-7 所示。如果读者是在自己虚拟机上安装的 Ubuntu，则可以使用快捷键【Ctrl+Alt+T】直接打开命令行。

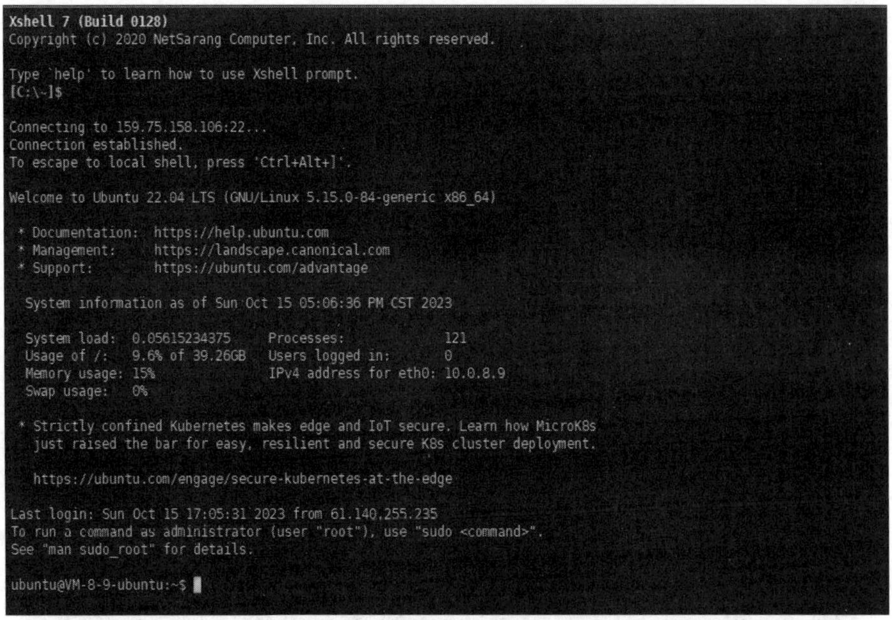

图1-7　Linux命令行界面

步骤 ❷：打开命令行之后，切换到 root 用户，直接输入命令"sudo su"即可切换，如图 1-8 所示。如果默认就是使用 root 用户登录的，则可以省略掉此步骤。

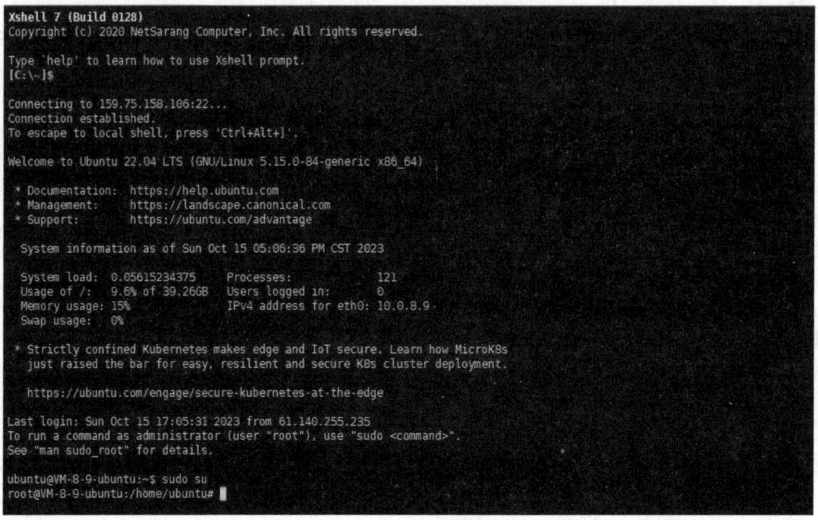

图1-8　切换root用户

步骤 ❸：接下来输入以下命令行。

```
apt-get update
```

在 apt-get update 执行完成之后，输入下面的命令安装 Python 3 所需要的一些依赖环境。

```
apt-get install -y python3-dev build-essential libssl-dev libffi-dev libxml2
libxml2-dev libxslt1-dev zlib1g-dev libcurl4-openssl-dev
```

此命令成功执行完毕后将会出现如图 1-9 所示的内容。

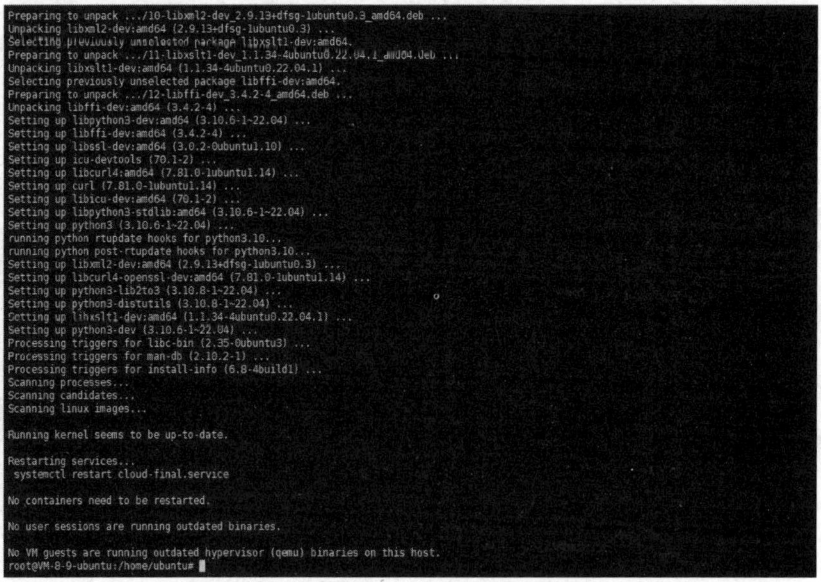

图1-9　安装Python 3所需的依赖环境

步骤 ❹：紧接着继续输入如下命令［为了安装指定版本的 Python，我们添加个人软件包档案（Personal Package Archive，PPA）源，然后更新系统软件源信息，最后安装 Python 3.10（无法精确到 3.10.7，但是小版本之间的差异对我们学习的影响可以忽略不计）］。

```
add-apt-repository ppa:deadsnakes/ppa
apt-get update
apt-get install python3.10
```

步骤 ❺：等待安装。安装过程会持续一段时间，耐心等待，执行完命令后，Python 3 就已经安装完成了。最后还要测试一下是否安装成功，直接输入"python3"，如图 1-10 所示，如果安装成功将会看到相关的版本信息。

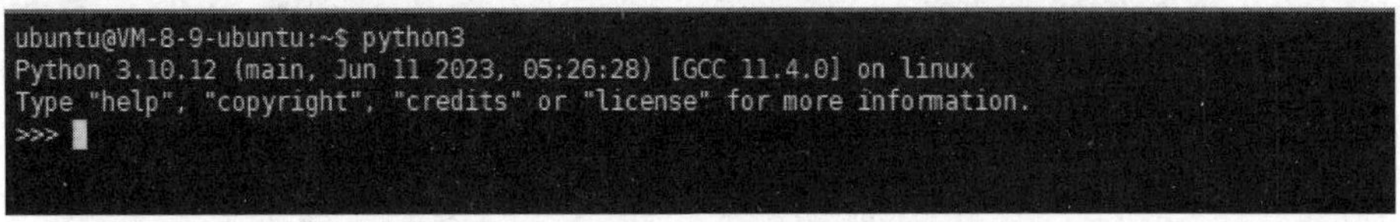

```
ubuntu@VM-8-9-ubuntu:~$ python3
Python 3.10.12 (main, Jun 11 2023, 05:26:28) [GCC 11.4.0] on linux
Type "help", "copyright", "credits" or "license" for more information.
>>> 
```

图1-10　测试Python 3是否安装成功

步骤 ❻：测试 pip 功能是否正常。pip 是一个现代的、通用的 Python 包管理工具，提供了对 Python 包的查找、下载、安装、卸载的功能。一般情况下，在安装 Python 时，pip 会被自动安装，这里我们执行如下命令检测 pip 工作是否正常。

```
pip3 list
```

执行完命令后，出现类似如图 1-11 所示的内容，则代表 pip 功能正常。

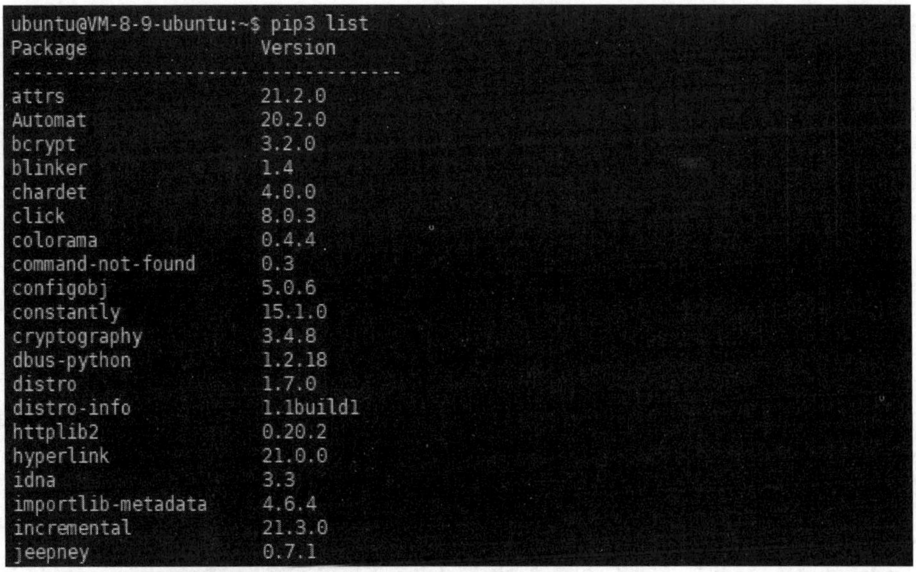

```
ubuntu@VM-8-9-ubuntu:~$ pip3 list
Package                  Version
------------------------ ----------
attrs                    21.2.0
Automat                  20.2.0
bcrypt                   3.2.0
blinker                  1.4
chardet                  4.0.0
click                    8.0.3
colorama                 0.4.4
command-not-found        0.3
configobj                5.0.6
constantly               15.1.0
cryptography             3.4.8
dbus-python              1.2.18
distro                   1.7.0
distro-info              1.1build1
httplib2                 0.20.2
hyperlink                21.0.0
idna                     3.3
importlib-metadata       4.6.4
incremental              21.3.0
jeepney                  0.7.1
```

图1-11　测试pip功能

2. 源码安装

源码安装需要去 Python 官网手动下载相应的安装包，进入官网后选择相应的版本下载。这里以 3.10.7 版本为例，源码安装的相关步骤如下。

步骤❶：这里将 Python 源码文件下载到了 /home/download_files 这个路径下，接下来使用以下命令进行解压。

```
tar -zxvf Python-3.10.7.tgz
```

等待解压完成之后，当前路径将会出现一个名叫"Python-3.10.7"的目录，然后可以用"cd"命令切换到"Python-3.10.7"目录。为了验证解压的文件是否有缺失，可以使用"ls"命令查看一下，如图 1-12 所示。

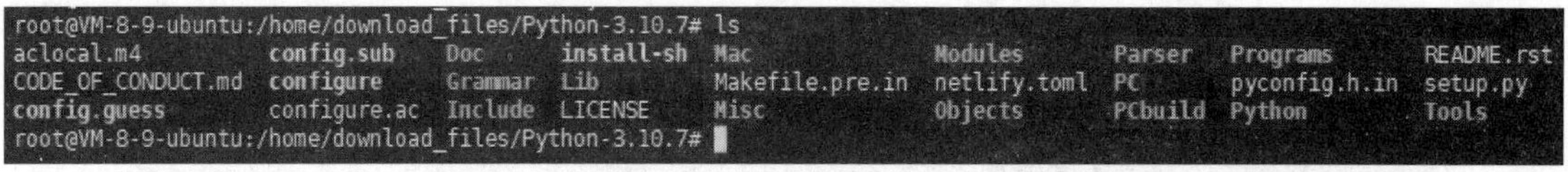

图1-12 解压后的路径

步骤❷：创建 Python 3 安装路径，然后编译并安装，整个过程时间可能会有点长，相关命令如下。

```
sudo mkdir /usr/local/python3
sudo ./configure --prefix=/usr/loacl/python3
sudo make
sudo make install
```

依次执行以上命令即可。在执行完 sudo make install 命令之后，等待一段时间，如果出现如图 1-13 所示的内容，则代表 Python 3 安装成功。

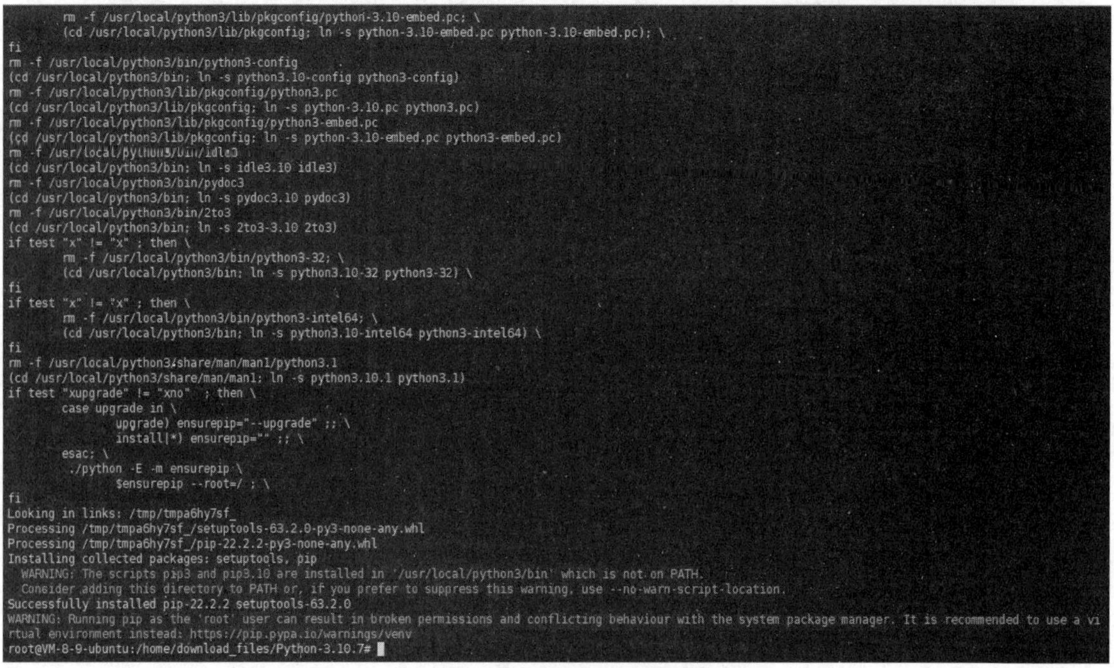

图1-13 安装完成界面

步骤❸：安装完毕后，还需要为 Python 和 pip 创建软链接，创建软链接的作用类似于 Widnows 下的环境变量，相关命令如下。

```
ln -s /usr/local/python3/bin/python3 /usr/bin/python3
ln -s /usr/local/python3/bin/pip3 /usr/bin/pip3
```

关于源码安装 Python 的步骤到这儿就结束了，最后测试一下，看软链接是否创建成功，如图 1-14 所示，直接输入"python3"。

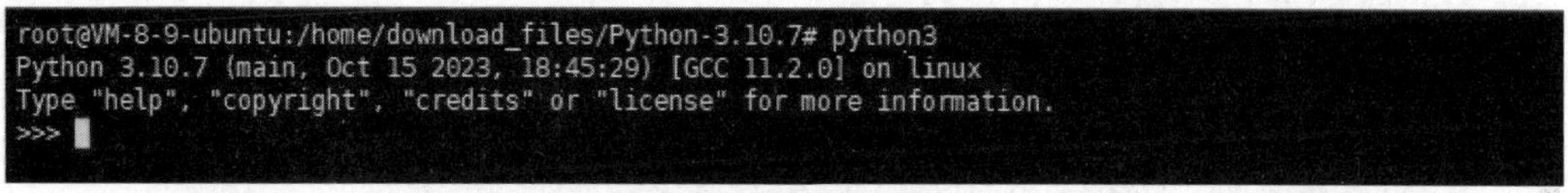

```
root@VM-8-9-ubuntu:/home/download_files/Python-3.10.7# python3
Python 3.10.7 (main, Oct 15 2023, 18:45:29) [GCC 11.2.0] on linux
Type "help", "copyright", "credits" or "license" for more information.
>>>
```

图1-14　测试Python

1.1.3　macOS 下 Python 环境的安装

macOS 下安装 Python 比较简单，比在 Windows 下会少一些步骤，因为 macOS 系统跟 Linux 有不少相似之处，有些东西它集成得比较好，不需要一些特意的手动配置，相关的安装步骤如下。

步骤❶：安装之前需要到 Python 官网去下载安装包，双击下载好的安装包进入安装引导界面，如图 1-15 所示，这里以 3.10 版本为例。

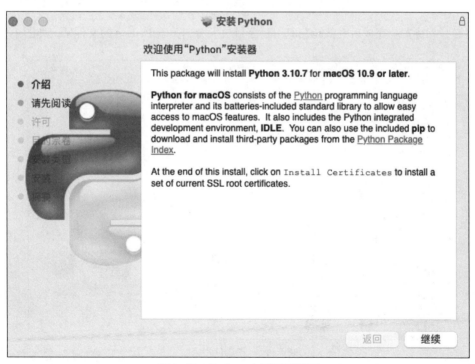

图1-15　Python安装引导界面

步骤❷：单击右下角的【继续】按钮，阅读完相关的条款协议后，选项保持默认状态进行安装，

这里可以看到 macOS 下的安装要比 Windows 下的安装要简单些，直接就可以进行安装了，如图 1-16
所示。

图1-16　安装Python

步骤 ❸：等待安装完成后，就能在应用程序目录下看到关于 Python 的文件了，如图 1-17 所示。

图1-17　查看Python

步骤 ❹：打开命令行，输入"python3"进行测试，看看是否安装成功，如果安装成功则会出
现类似图 1-18 所示的内容。

```
● ● ●                    ben — Python — 110×30
Last login: Fri Oct 13 18:42:02 on ttys000

The default interactive shell is now zsh.
To update your account to use zsh, please run `chsh -s /bin/zsh`.
For more details, please visit https://support.apple.com/kb/HT208050.
(base) BenMacBook-Pro:~ ben$ python3
Python 3.10.7 (v3.10.7:6cc6b13308, Sep  5 2022, 14:02:52) [Clang 13.0.0 (clang-1300.0.29.30)] on darwin
Type "help", "copyright", "credits" or "license" for more information.
>>> >>>
```

图1-18　测试Python安装

> **温馨提示:**
> 　　本书中所涉及的示例均是在 Windows 10 系统下开发的，建议读者在练习时优先选用 Windows 系统，毕竟在实际工作中，公司所配置的计算机最常用的还是 Windows 系统。对于 macOS 系统，在实际的项目开发过程中，其在安装 Python 的某些库的时候，系统本身可能会出现一些问题而不利于读者学习。所以，建议新手读者选用 Windows 系统以减少学习时的障碍。

1.1.4　IDE 开发工具介绍

　　安装好 Python 环境后，需要一个编辑代码的 IDE 工具。理论上使用任何一款文本编辑器都可以，比如记事本、Notepad++ 等。这里推荐使用用于 Python 开发的专属工具 PyCharm，它是一种 Python IDE，带有一整套可以帮助用户在使用 Python 语言开发时提高其效率的工具，功能包括调试、语法高亮、Project 管理、代码跳转、智能提示、自动完成、单元测试、版本控制。此外，该 IDE 提供了一些高级功能。

　　关于 PyCharm 的下载和安装方法，这里不做讲解，跟安装其他软件的方法一样，下载好之后直接打开进行安装，各种选项保持默认状态就好。

　　PyCharm 安装好后，默认会在桌面创建一个快捷方式启动图标，如图 1-19 所示。

图1-19　PyCharm图标

　　安装好 PyCharm 后，下面讲解 PyCharm 的简单基本操作。创建第一个 py 文件并编写代码测试运行，相关的步骤如下。

　　步骤❶：打开 PyCharm，初始界面如图 1-20 所示，单击【New Project】图标创建一个新项目。

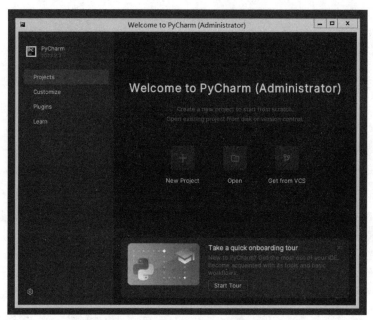

图1-20　PyCharm初始界面

步骤 ❷：在显示的界面中，在【Location】后面选择文件存放路径，项目名称可自由设定，只要有意义就行，例如设为"test_project"，然后单击【Create】按钮完成创建，如图 1-21 所示。

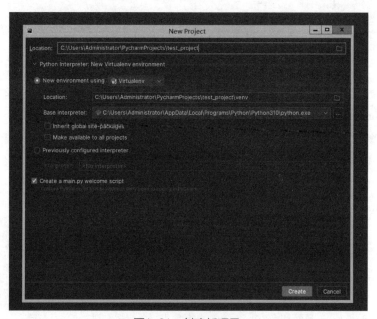

图1-21　创建新项目

步骤 ❸：创建完项目后，即可进入 PyCharm 的项目工作区，这时候仅仅是创建了一个空的项目，还没有相关的 py 代码文件。本节的目的是要创建一个 py 文件并编写代码测试运行，所以需要右击刚才创建的项目名称，在弹出的快捷菜单中选择【test_project】→【New】→【Python File】命令，进行 py 文件的创建，这里以创建的一个 test.py 文件为例，如图 1-22 所示。

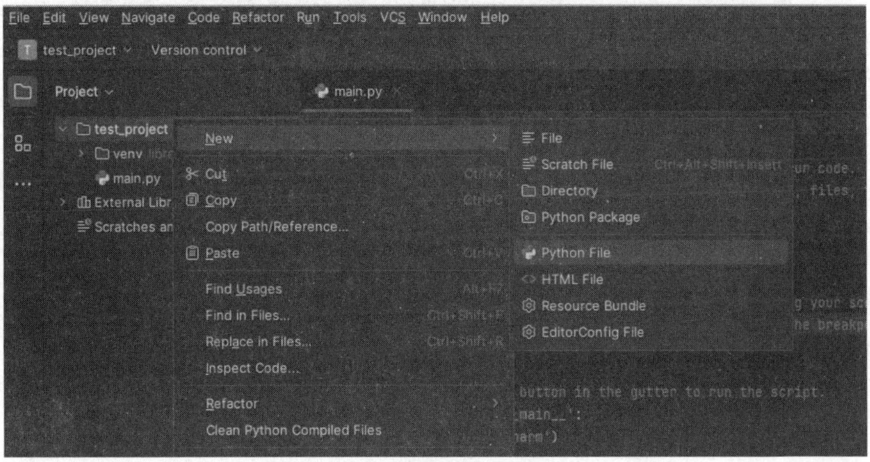

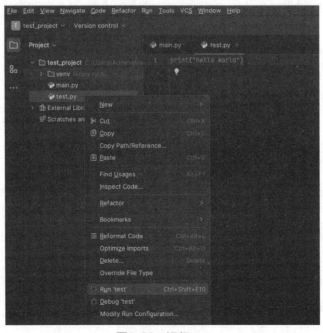

图1-22　创建py文件

步骤❹：打开上一步创建好的 test.py 文件，就可以在里面编写代码了，如添加以下代码：

```python
print("hello word")
```

编写好代码后，右击 test.py 文件，在弹出的快捷菜单中选择【Run 'test'】命令运行文件，如图 1-23 所示。

图1-23　运行test

运行之后就会在底部控制台看到输出了"hello world"字样，如图 1-24 所示，至此就已经完成了在 PyCharm 中创建项目并运行。

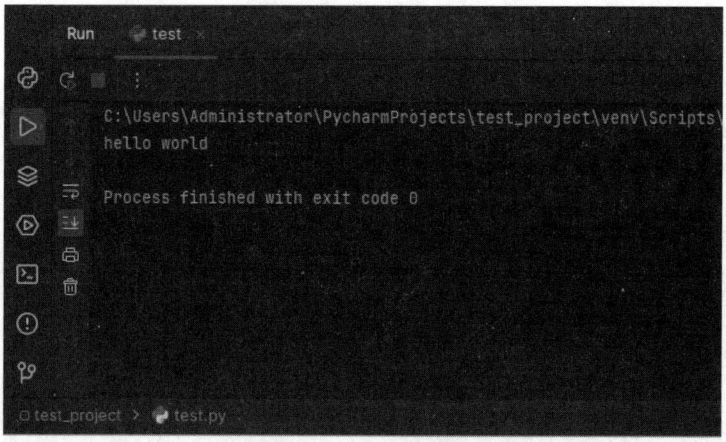

图1-24 控制台

1.2 Python入门

Python 是一种计算机程序设计语言，是一种动态的、面向对象的脚本语言，最初被设计用于编写自动化脚本（shell）。随着版本的不断更新和语言新功能的添加，Python 越来越多被用于独立的、大型项目的开发。由于 Python 语法简洁，拥有众多的第三方库，因此 Python 能够快速地完成需求，达到目的，人们经常使用它编写爬虫数据分析等程序。本节将对 Python 的基础语法和使用方法做大致的讲解，为后面的爬虫编写做铺垫。

1.2.1 第一个 Python 程序

在 1.1 节 Python 环境的搭建安装中，已经默认安装了一个交互式环境的 IDE，可以在上面直接写代码。本书推荐安装 PyCharm，因为通过 PyCharm 能更方便地管理调试项目代码。接下来，在 1.1.4 节中创建的 test.py 文件中输入"print(100+1)"并运行：

```
print(100+1)
```

看看计算结果是不是 101，运行后控制台会输出：

```
101
```

运行代码后，将会得到结果：101。对于任何有效的数学计算，都可以通过 Python 计算出来。如果想打印输出文字，可以在 print() 函数里面将文字通过单引号或者双引号括起来。例如：

```
print('hello, world')
```

运行后控制台会输出：

```
hello, world
```

在程序中，像这种使用单引号或双引号括起来的文本被称为字符串，在今后的编程中会经常遇到，程序中所使用的一切符号如引号、括号等，必须在英文输入法状态下输入，否则会报语法错误。

1.2.2　Python 注释

注释的目的是解释代码，让人们能够轻松地读懂每一行代码，知道这些代码的作用是什么。而计算机在执行程序时，会自动忽略注释，不会去执行。同时，注释也能为后期代码维护提供便利，提高工作效率。在 Python 中，单行注释以"#"开头，例如：

```
print('hello, world')  # 第一个注释
```

多行注释用 3 个单引号 ''' 或 3 个双引号 """ 将注释括起来，例如：

```
'''
多行注释测试
'''
print("hello world")
```

1.2.3　数据类型和变量

前面了解到 Python 简单语法能够打印输出"hello world"，接下来，看看它都有哪些数据类型和变量，以及它们是怎样定义的。

1. 数据类型

在计算机中，以位（0 或 1）表示数据，因此，计算机程序理所当然地可以处理各种数值。但是，计算机能处理的远不止数值，还可以处理文本、图形、音频、视频、网页等各种各样的数据，不同的数据，需要定义不同的数据类型。数据类型的出现是为了把数据按所需内存大小进行分类，编程时，需要用大数据时才需要申请大内存。按内存不同将数据分类，可以充分利用内存。例如，胖的人必须睡双人床，就给他双人床；瘦的人单人床就够了，就给他单人床，这样才能物尽其用。在 Python 中，能够直接处理的数据类型有以下几种。

（1）整数

Python 可以处理任意大小的整数，整数在程序中的表示方法和数学上的写法一样，如 1、100、-8080、0 等。

由于计算机使用二进制编码，因此有时用十六进制表示整数比较方便，十六进制用 0x 作为前缀，用 0 ~ 9、a ~ f 表示数值，如 0xff00、0xa5b4c3d2 等。

（2）浮点数

浮点数也就是小数，之所以称为浮点数，是因为按照科学记数法表示时，一个浮点数的小数点位置是可变的，如 1.23×10^9 和 12.3×10^8 是相等的。浮点数可以用数学写法表示，如 1.23、3.14、-9.01 等。但是对于很大或很小的浮点数，就必须用科学记数法来表示，把 10 用 e 替代，1.23×10^9 就是 1.23e9 或 12.3e8，0.000012 也可以写成 1.2e - 5，等等。

整数和浮点数在计算机内部存储的方式是不同的，整数运算永远是精确的（除法也是精确的），而浮点数运算则可能会有四舍五入的误差。

（3）字符串

字符串是以 '' 或 "" 括起来的任意文本，如 'abc'、"xyz" 等。需要注意的是，'' 或 "" 本身只是一种表示方式，不是字符串的一部分，因此，字符串 'abc' 只有 a、b、c 这 3 个字符。如果 ' 本身也是一个字符，那么就可以用 "" 括起来，例如，"I'm OK" 包含的字符是 I、'、m、空格、O、K 这 6 个字符。

如果字符串内部包含单引号 "'" 或双引号 """，那么就可以用转义字符 "\" 来标识。例如：

```
print('I\' am Zhangsan')
```

运行后控制台会输出：

```
I' am Zhangsan
```

转义字符 "\" 可以转义很多字符，如 \n、\t、\\ 等。读者可以使用 print() 方法打印出来看一看。

（4）布尔值

布尔值和布尔代数的表示完全一致，一个布尔值只有 True 和 False 两种值。在 Python 中，可以直接用 True、False 表示布尔值（注意大小写），也可以通过布尔运算计算出来。例如：

```
print(True)
print(False)
print(1 > 0)
print(3 > 10)
```

运行后控制台会输出：

```
True
False
True
False
```

布尔值还可以用 and、or 和 not 运算。and 运算是与运算，只有所有值都为 True，and 运算结果才是 True。例如：

```
print(True and True)
print(False and True)
```

运行后控制台会输出：

```
True
False
```

or 运算是或运算，只要其中有一个为 True，or 运算结果就是 True。例如：

```
print(True or True)
print(True or False)
```

运行后控制台会输出：

```
True
True
```

not 运算是非运算，它是一个单目运算符，把 True 变成 False，把 False 变成 True。例如：

```
print(not True)
print(not False)
```

运行后控制台会输出：

```
False
True
```

（5）空值

空值是 Python 中一个特殊的值，用 None 表示。None 不能理解为 0，因为 0 是有意义的，而 None 是一个特殊的空值。此外，Python 还提供了列表、字典等多种数据类型，还允许创建自定义数据类型，后面将会详细介绍。

2. 变量

变量来源于数学，是计算机语言中能存储计算结果或能表示值的抽象概念。变量可以通过变量名访问。在指令式语言中，变量通常是可变的；但在纯函数式语言（如 Haskell）中，变量可能是不可变的。在一些语言中，变量可能被明确为是能表示可变状态、具有存储空间的抽象（如在 Java 和 Visual Basic 中）。但另外一些语言可能使用其他概念（如 C 的对象）来指称这种抽象，而不严格地定义"变量"的准确外延。

在计算机程序中，变量不仅可以是数字，还可以是任意数据类型。变量在程序中是用一个变量名表示的，变量名必须是大小写英文、数字和 _ 的组合，且不能用数字开头。例如：

```
a = 1
b = "hello"
c1 = True
```

这里将 1 赋值给变量 a，所以 a 就是一个整数。同理，变量 b 等于字符串"hello"、变量 c1 等于布尔值 True。在 Python 中，等号"="是赋值运算符，可以把任意数据类型赋值给变量，同一个变量可以反复赋值，而且可以是不同类型的变量。例如：

```
a1 = 123
a1 = "test111"
```

这种变量本身类型不固定的语言称为动态语言，与之对应的是静态语言。静态语言在定义变量时必须指定变量类型，如果赋值时类型不匹配，就会报错。

1.2.4　字符串和编码

前面了解了关于 Python 数据类型和变量的知识，也提到过字符串，接下来就让我们看看关于字符串和编码的更多知识吧。

1. 字符串

字符串是 Python 中常用的数据类型，可以使用单引号或双引号来创建字符串。创建字符串时只要为变量分配一个值即可。例如：

```
var1 = 'Hello World!'
var2 = "张三"
```

字符串创建好后，还可以对它进行一些操作，如访问字符串、转义、更新、格式化等。

（1）Python 访问字符串中的值

Python 访问字符串，可以使用方括号来截取字符串。例如：

```
var1 = 'Hello World!'
var2 = "this is test"
print("var1[0]: ", var1[0])
print("var2[1:5]: ", var2[1:5])
```

运行后控制台会输出：

```
var1[0]:  H
var2[1:5]:  his
```

（2）Python 字符串更新

Python 还可以截取字符串的一部分与其他字段拼接。例如：

```
var1 = 'Hello World!'
print("已更新字符串 : ", var1[:6] + '哈喽!')
```

运行后控制台会输出：

```
已更新字符串 :  Hello 哈喽!
```

（3）Python 转义字符

如果需要在字符中使用特殊字符，在 Python 中可用反斜杠（\）转义字符，如表 1-1 所示。

表1-1　Python转义字符

转义字符	描述
\(在行尾时)	续行符
\\	反斜杠符号
\'	单引号
\"	双引号
\a	响铃
\b	退格(Backspace)
\e	转义
\000	空
\n	换行
\v	纵向制表符
\t	横向制表符
\r	回车
\f	换页
\oyy	八进制数，yy代表的字符，如\o12代表换行
\xyy	十六进制数，yy代表的字符，如\x0a代表换行
\other	其他的字符以普通格式输出

如输入带引号的字符串，就需要使用到"\"进行转义。例如：

```
var1 = 'I\'m a test!'
print(var1)
```

运行后控制台会输出：

```
I'm a test!
```

（4）Python 字符串格式化

Python 支持格式化字符串的输出。尽管这样可能会用到非常复杂的表达式，但最基本的用法是将一个值插入一个有字符串格式化符号的字符串中。例如：

```
print("我叫 %s 今年 %d 岁!" % ('小明', 10))
```

运行后控制台会输出：

```
我叫 小明 今年 10 岁!
```

Python 字符串格式化这里也有个常见的表，如表 1-2 所示。

表1-2　Python字符串格式化符号

符号	描述
%c	格式化字符及其ASCII码
%s	格式化字符串
%d	格式化整数
%u	格式化无符号整型
%o	格式化无符号八进制数
%x	格式化无符号十六进制数
%X	格式化无符号十六进制数（大写）
%f	格式化浮点数字，可指定小数点后的精度
%e	用科学记数法格式化浮点数
%E	作用同%e，用科学记数法格式化浮点数
%g	%f和%e的简写
%G	%f 和 %E 的简写
%p	用十六进制数格式化变量的地址

2. 编码

字符串也是一种数据类型，但是字符串的特殊之处还有编码问题。因为计算机只能处理数字，如果要处理文本，就必须先把文本转换为数字。最早的计算机在设计时采用 8 比特（bit）作为 1 字节（Byte），所以，1 字节能表示的最大的整数就是 255（二进制 11111111= 十进制 255），如果要表示更大的整数，就必须用更多的字节。例如，2 字节可以表示的最大整数是 65535，4 字节可以表示的最大整数是 4294967295。

最早只有 127 个字符被编码到计算机中，也就是大小写英文字母、数字和一些符号，这个编码被称为 ASCII 编码。例如，大写字母 A 的编码是 65，小写字母 z 的编码是 122。

但是要处理中文，显然 1 字节是不够的，至少需要 2 字节，而且还不能和 ASCII 编码冲突，所以，中国制定了 GB2312 编码，用来把中文编进去。

全世界有上百种语言，日本把日文编到 Shift_JIS 中，韩国把韩文编到 EUC-KR 中，各国有各国的标准，就会不可避免地出现冲突，结果就是，在多语言混合的文本中显示出来会有乱码。

因此，Unicode 应运而生。Unicode 把所有语言都统一到一套编码中，这样就不会再有乱码问题了。Unicode 标准也在不断发展，但最常见的是用 2 字节表示一个字符（如果要用到非常生僻的字符，就需要 4 字节）。现代操作系统和大多数编程语言都直接支持 Unicode。

ASCII 编码和 Unicode 编码的区别是：ASCII 编码是 1 字节，而 Unicode 编码通常是 2 字节。举例如下。

1）字母 A 用 ASCII 编码，十进制为 65，二进制为 01000001。

2）字符 0 用 ASCII 编码，十进制为 48，二进制为 00110000。需要注意的是，字符 '0' 和整数 0 是不同的。

3）汉字已经超出了 ASCII 编码的范围，以"你"为例，用 Unicode 编码，十进制为 20013，二进制为 01001110 00101101。

可以猜测，如果把 ASCII 编码的 A 用 Unicode 编码，只需要在前面补 0 就可以，因此，A 的 Unicode 编码是 00000000 01000001。

新的问题又出现了：如果统一用 Unicode 编码，乱码问题从此消失了，但是如果文本大部分是英文，那么用 Unicode 编码比 ASCII 编码需要多一倍的存储空间，在存储和传输上就十分不经济。

所以，为了节省空间，又出现了将 Unicode 编码转化为"可变长编码"的 UTF-8 编码。UTF-8 编码把一个 Unicode 字符根据不同的数字大小编码成 1 ~ 6 字节，常用的英文字母被编码成 1 字节，汉字通常是 3 字节，只有很生僻的字符才会被编码成 4 ~ 6 字节。如果要传输的文本包含大量英文字符，用 UTF-8 编码就能节省很多空间，如表 1-3 所示。

表1-3 编码对比

字符	ASCII	Unicode	UTF-8
A	01000001	00000000 01000001	01000001
中	×	01001110 00101101	11100100 10111000 10101101

从表 1-3 中还可以发现，UTF-8 编码有一个额外的好处，就是 ASCII 编码实际上可以被看成是 UTF-8 编码的一部分，所以，大量只支持 ASCII 编码的软件可以在 UTF-8 编码下继续工作。

弄清楚了 ASCII、Unicode 和 UTF-8 的关系，就可以总结一下现在计算机系统通用的字符编码工作方式：在计算机内存中，统一使用 Unicode 编码，当需要保存到硬盘或需要传输时，就转换为 UTF-8 编码。用记事本编辑时，从文件读取的 UTF-8 字符被转换为 Unicode 字符保存到内存中，编辑完成后，保存时再把 Unicode 字符转换为 UTF-8 字符保存到文件中。

1.2.5 列表

序列是 Python 中基本的数据结构。序列中的每个元素都被分配一个数字，这个数字代表该元素在序列中的位置或索引，第一个索引是 0，第二个索引是 1，以此类推。Python 中序列有 6 个内置类型，但常见的是列表和元组。序列可以进行的操作包括索引、切片、加、乘和检查成员。

此外，Python 已经内置确定序列长度及确定最大和最小的元素的方法。列表是常用的 Python 数据类型，以有序的方式存储一系列元素，这些元素被包含在一对方括号内，并且各元素之间通过逗号进行分隔。列表的数据项不需要具有相同的类型。

1. 创建列表

创建一个列表，只要把逗号分隔的不同的数据项使用方括号括起来即可。例如：

```
list1 = ['physics', 'chemistry', 1997, 2000]
list2 = [1, 2, 3, 4, 5]
list3 = ["a", "b", "c", "d"]
```

2. 访问列表中的值

使用下标索引可以访问列表中的值，同样也可以使用方括号的形式截取字符。例如：

```
list1 = ['physics', 'chemistry', 1997, 2000]
list2 = [1, 2, 3, 4, 5, 6, 7]
print("list1[0]: ", list1[0])
print("list2[1:5]: ", list2[1:5])
```

运行后控制台会输出：

```
list1[0]:  physics
list2[1:5]:  [2, 3, 4, 5]
```

3. 更新列表

对列表的数据项进行修改或更新，可以使用 append() 方法来添加列表项。例如：

```
list1 = []   # 空列表
list1.append('Google')   # 使用 append() 添加元素
list1.append('baidu')
print(list1)
```

运行后控制台会输出：

```
['Google', 'baidu']
```

4. 删除列表元素

使用 del 语句可以删除列表的元素。例如：

```
list1 = ['Google', 'Runoob', 1997, 2000]
print("原始列表 : ", list1)
del list1[2]
print("删除第三个元素 : ", list1)
```

运行后控制台会输出：

```
原始列表 :  ['Google', 'Runoob', 1997, 2000]
删除第三个元素 :  ['Google', 'Runoob', 2000]
```

1.2.6　元组

元组与列表类似，不同之处在于元组的元素不能修改。元组写在圆括号中，元素之间用逗号隔开。

1. 创建元组

元组的创建很简单，只需要在括号中添加元素，并使用逗号隔开即可。例如：

```
tup1 = ('Google', 'test', 1997, 2000)
print(tup1)
```

运行后控制台会输出：

```
('Google', 'test', 1997, 2000)
```

元组中只包含一个元素时，需要在元素后面添加逗号，否则括号会被当作运算符使用。

2. 访问元组

如果想要访问元组中的元素，可以像访问列表元素一样使用下标或切片来访问。例如：

```
tup1 = ('Google', 'test', 1997, 2000)
tup2 = (1, 2, 3, 4, 5, 6, 7)
print("tup1[0]: ", tup1[0])
print("tup2[1:5]: ", tup2[1:5])
```

运行后控制台会输出：

```
tup1[0]:  Google
tup2[1:5]:  (2, 3, 4, 5)
```

元组一经定义是不能修改和删除的，所以在使用元组时一定要慎重，要用在合适的地方。

1.2.7 字典

字典是一种可变容器模型，且可存储任意类型的对象，用"{}"标识。字典是一个无序的键（key）：值（value）对的集合。

1. 创建字典

下面通过一个简单的示例来说明如何创建一个字典，示例中的 name 和 age 为键，张三和 23 为值。

```
dic = {'name': '张三', 'age': 23}
print(dic)  # 运行打印
```

运行后控制台会输出：

```
{'name': '张三', 'age': 23}
```

2. 字典新增值和更新值

字典增加和更新数据时，可以用以下方法：

```
dic = {'name': '张三'}
print(dic)  # 运行打印
dic['age'] = 23 # 当键不存在时，则向字典内新增数据
print(dic)   # 运行打印
dic['age'] = 25 # 当键存在时，则更新键所对应的值
print(dic)   # 运行打印
```

运行后控制台会输出：

```
{'name': '张三'}
{'name': '张三', age: '23'}
{'name': '张三', age: '25'}
```

3. 字典删除数据

字典删除数据时可以使用 del 函数。例如：

```
dic = {'name': '张三', 'age': 23}
del dic['age']
print(dic)    # 打印删除后的结果
```

运行后控制台会输出：

```
{'name':'张三'}
```

字典在平常的实际开发中使用得非常多，它的格式与 JSON 格式一样，所以解析起来特别方便和快捷。

1.2.8　集合

集合也是一种可变容器模型，且可存储任意不可变类型的对象，集合中元素放在一对大括号 "{}" 中，并用逗号分隔。集合中元素不能重复，当存在重复元素时，会自动删除多余的元素，只保留一个。

1. 创建集合

当需要对一些元素进行去重时，就可以使用集合模型。创建集合有两种方式。

第一种方式，通过一对大括号包裹至少一个值创建集合。例如：

```
my_set = {1, "a"}
print("my_set", my_set, type(my_set))    # 通过内置函数type()查看对象的类型
empty_set = {}   # 通过空大括号无法创建集合，此时该对象会被认为是dict对象
print("empty_set", empty_set, type(empty_set))
```

控制台输出如下：

```
my_set {1, 'a'} <class 'set'>
empty_set {} <class 'dict'>
```

第二种方式，通过内置函数 set() 创建集合。例如：

```
empty_set = set()   # 此时创建一个空集合
print("empty_set", empty_set, type(empty_set))
my_set = set([1, "a", 0.1])    # 传入可迭代对象，可基于该对象内的元素创建集合
print("my_set", my_set, type(my_set))
```

控制台输出如下：

```
empty_set set() <class 'set'>
my_set {0.1, 1, 'a'} <class 'set'>
```

2. 集合新增元素

通过集合对象本身的 add() 方法可以向集合新增元素。例如：

```
my_set = {1, 2, 3}
print("原始集合: ", my_set)
my_set.add(4)    # 向集合中新增一个元素
print("新增数据后的集合: ", my_set)
```

控制台输出如下：

```
原始集合: {1, 2, 3}
新增数据后的集合: {1, 2, 3, 4}
```

3. 集合删除元素

当需要从集合中删除元素时，可以使用集合对象本身的 remove () 方法或 discard () 方法。例如：

```
my_set = set(range(5))
print("原始集合:", my_set)
my_set.remove(4)  # 从集合中移除一个元素，如果集合中不存在该元素则会报错
print("集合删除元素'4'之后内容:", my_set)
my_set.discard(3)  # 如果集合中存在该元素则将其移除
print("集合删除元素'3'之后内容:", my_set)
my_set.discard(10)
print("集合删除元素'10'之后内容:", my_set)
elem = my_set.pop()  # 从集合中移除并返回任意一个元素，如果集合为空则会报错
print("集合删除任意一个元素之后内容:", my_set, "删除元素:", elem)
my_set.clear()  # 从集合中移除所有元素
print("集合删除所有元素之后内容:", my_set)
```

控制台输出如下：

```
原始集合: {0, 1, 2, 3, 4}
集合删除元素'4'之后内容: {0, 1, 2, 3}
集合删除元素'3'之后内容: {0, 1, 2}
集合删除元素'10'之后内容: {0, 1, 2}
集合删除任意一个元素之后内容: {1, 2} 删除元素: 0
集合删除所有元素之后内容: set()
```

1.2.9 条件语句

1. if 语句

Python 中的 if 语句通过一条或多条语句的执行结果（True 或 False）来决定执行的代码块。使用 if 语句来进行判断，在 Python 中 if 语句的一般格式如下。

```
if condition_1:
    statement_block_1
elif condition_2:
    statement_block_2
else:
    statement_block_3
```

如果"condition_1"为 True，将执行"statement_block_1"块语句；如果"condition_1"为 False，将判断"condition_2"；如果"condition_2"为 True，将执行"statement_block_2"块语句；如果"condition_2"为 False，将执行"statement_block_3"块语句。

以下是一个简单的 if 语句示例。

```
var1 = 100
if var1:
    print("1 - if 表达式条件为 true")
```

```
    print(var1)
var2 = 0
if var2:
    print("2 - if 表达式条件为 true")
    print(var2)
print("Good bye!")
```

运行后控制台会输出：

```
1 - if 表达式条件为 true
100
Good bye!
```

从结果可以看到，由于变量 var2 为 0，因此对应的 if 内的语句没有执行。if 语句中常用的运算符如表 1-4 所示。

表1-4　if语句中常用的运算符

运算符	描述
<	小于
<=	小于或等于
>	大于
>=	大于或等于
==	等于，比较对象是否相等
!=	不等于

在 Python 中要注意缩进，一般情况下是 4 个空格。另外，条件语句会根据缩进来判断执行语句的归属。

2. match 语句

match 语句接受一个表达式，并将其值与作为一个或多个 case 块给出的模式进行比较，通过比较结果决定执行的代码块。Python 中 match 语句的一般形式如下所示：

```
match condition:
    case <pattern_1>:
        <statement_block_1>
    case <pattern_2>:
        <statement_block_2>
    case <pattern_3>:
        <statement_block_3>
    case _:
        <default_statement>
```

如果"condition"的结果等于"pattern_1"，将执行"statement_block_1"块语句；如果"condition"的结果等于"pattern_2"，将执行"statement_block_2"块语句；最后的模式名为"_"，这是一个通配符，不论"condition"的结果为何值，必定能匹配成功，并将执行"default_statement"块语句；如果没有模式匹配成功，则不会执行任何分支语句。

以下是一个简单的 match 语句示例。

```
status = 404
match status:
```

```
case 400:
    print("Bad request")
case 404:
    print("Not found")
case 418:
    print("I'm a teapot")
case _:
    print("Something's wrong with the internet")
```

运行后控制台输出如下：

```
Not found
```

1.2.10　循环语句

Python 中的循环语句有 for 和 while。Python 循环语句的控制结构如图 1-25 所示。

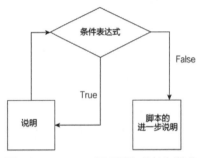

图1-25　Python循环语句的控制结构

1. for循环

在 Python 中，for 循环可以遍历任何序列的项目，如一个列表或者一个字符串。for 循环的一般格式如下：

```
for <variable> in <sequence>:
    <statements>
else:
    <statements>
```

下面用 for 语句来实现打印出 1 ~ 9 的数字，代码如下：

```
for x in range(1, 10):
    print(x)
```

运行后控制台会输出：

```
1
2
3
4
5
6
7
```

```
8
9
```

其中 range 表示范围，1 ~ 10 的数，x 表示从 1 开始迭代，每迭代一次，x 就会加 1，直到 x 变成 10 结束，因此 x=10 时不执行语句，for 循环是 9 次迭代。

如果是列表或者字典，就不用 range() 函数，直接用列表或者字典，此时 x 表示列表或者字典的元素，代码如下。

```
list1 = [1, 2, 3, 4]
for x in list1:
    print(x)
```

运行后控制台会输出：

```
1
2
3
4
```

2. while 循环

在 Python 中，while 循环的一般格式如下。

```
while 判断条件:
    语句
```

同样地，需要注意冒号和缩进。另外，在 Python 中没有 do…while 循环。以下示例使用 while 来计算 1 ~ 100 的总和。

```
n = 100
res = 0
counter = 1
while counter <= n:
    res = res + counter
    counter += 1
print("1 到 %d 之和为: %d" % (n, res))
```

运行后控制台会输出：

```
1 到 100 之和为: 5050
```

还可以通过设置条件表达式永远不为 False 来实现无限循环，示例如下。

```
var = 1
while var == 1:  # 表达式永远为 true
    num = int(input("输入一个数字  :"))
    print("你输入的数字是: ", num)
print("Good bye!")
```

运行后控制台会输出：

```
输入一个数字  :1
你输入的数字是:  1
输入一个数字  :2
你输入的数字是:  2
输入一个数字  :
```

3. while 循环使用 else 语句

while…else 在条件语句为 False 时执行 else 的语句块，示例如下。

```
count = 0
while count < 5:
    print(count, " 小于 5")
    count = count + 1
else:
    print(count, " 大于或等于 5")
```

运行后控制台会输出：

```
0  小于 5
1  小于 5
2  小于 5
3  小于 5
4  小于 5
5  大于或等于 5
```

1.2.11 函数

函数是组织好的、可重复使用的、用来实现单一或相关联功能的代码段。函数能提高应用的模块性和代码的重复利用率。Python 提供了许多内建函数，如 print()，但也可以自己创建函数，这被称为用户自定义函数。

1. 定义函数

要定义一个有自己想要功能的函数，以下是简单的规则。

1）函数代码块以 def 关键字开头，后接函数标识符名称和圆括号 ()。

2）任何传入参数和自变量必须放在圆括号中间，圆括号之间可以用于定义参数。

3）函数的第一行语句可以选择性地使用文档字符串（用于存放函数说明）。

4）函数内容以冒号起始，并且缩进。

5）return[表达式] 结束函数，选择性地返回一个值给调用方。不带表达式的 return 相当于返回 None。

Python 定义函数使用 def 关键字，一般格式如下。

```
def 函数名(参数列表):
    函数体
```

默认情况下，参数值和参数名称是按函数声明中定义的顺序匹配起来的。例如，使用函数来输出 "Hello World！"，示例代码如下。

```
def hello() :
    print("Hello World!")
hello()
```

2. 调用函数

首先定义一个函数，即给函数指定一个名称，指定函数中包含的参数和代码块结构。这个函数的基本结构定义完成以后，可以通过另一个函数调用执行，也可以直接从 Python 命令提示符执行。以下示例调用了 printme() 函数。

```
# 定义函数
def printme(str):
    # 打印任何传入的字符串
    print(str)
    return

# 调用函数
printme("我要调用用户自定义函数!")
printme("再次调用同一函数")
```

运行后控制台会输出：

```
我要调用用户自定义函数!
再次调用同一函数
```

1.2.12　类

Python 中的类提供了面向对象编程的所有基本功能：类的继承机制允许多个基类，派生类可以覆盖基类中的任何方法，方法中可以调用基类中的同名方法。

1. 类的定义

定义类的语法格式如下。

```
class ClassName:
    <statement-1>
    ...
    <statement-N>
```

类在实例化后，可以使用其属性。实际上，创建一个类之后，可以通过类名访问其属性。例如，定义一个学生类 Student。

```
class Student:

    def info(self):
        print("测试方法")
```

2. 类对象

类对象支持两种操作：属性引用和实例化。在 Python 中，属性引用遵循统一的标准语法：obj.name。其中，obj 代表实例对象，name 为该对象的属性名，点号（.）用来访问对象的属性。类对象创建后，类命名空间中所有的命名都是有效属性名。示例代码如下。

```
class MyClass:
    """一个简单的类实例"""
    i = 12345
    def f(self):
        return 'hello world'
```

```
# 实例化类
x = MyClass()

# 访问类的属性和方法
print("MyClass 类的属性 i 为: ", x.i)
print("MyClass 类的方法 f 输出为: ", 'x.f())
```

以上创建了一个新的类实例，并将该对象赋给局部变量 x，x 为空的对象。

运行后控制台会输出：

```
MyClass 类的属性 i 为: 12345
MyClass 类的方法 f 输出为: hello world
```

类有一个名为 __init__() 的特殊方法（构造方法），该方法在类实例化时会自动调用，具体如下。

```
def __init__(self):
    self.data = []
```

类定义了 __init__() 方法，类的实例化操作会自动调用 __init__() 方法。如下实例化类 MyClass 对应的 __init__() 方法就会被调用。

```
x = MyClass()
```

当然，__init__() 方法可以有参数，参数通过 __init__() 传递到类的实例化操作上。例如：

```
class Complex:
    def __init__(self, realpart, imagpart):
        self.r = realpart
        self.i = imagpart


x = Complex(3.0, -4.5)
print(x.r, x.i)    # 输出结果: 3.0 -4.5
```

self 代表类的实例，而非类。类的方法与普通的函数只有一个特别的区别——它们必须有一个额外的第一个参数名称，按照惯例它的名称是 self。

3. 类方法

在类的内部，使用 def 关键字来定义一个方法，与一般函数定义不同，类方法必须包含参数 self，且为第一个参数，self 代表的是类的实例。

```
#类定义
class people:
    # 定义基本属性
    name = ''
    age = 0
    # 定义私有属性,私有属性在类外部无法直接进行访问
    __weight = 0
    # 定义构造方法
    def __init__(self, n, a, w):
        self.name = n
        self.age = a
        self.__weight = w
    def speak(self):
```

```
        print("%s 说：我 %d 岁。" % (self.name, self.age))
# 实例化类
p = people('runoob', 10, 30)
p.speak()
```

运行后控制台会输出：

```
runoob说：我10岁。
```

4. 继承

Python 同样支持类的继承，如果一种语言不支持继承，类就没有意义。派生类的定义如下。

```
class DerivedClassName(BaseClassName1):
    <statement-1>
    ...
    <statement-N>
```

需要注意的是，圆括号中基类的顺序，若是基类中有相同的方法名，而在子类使用时未指定，Python 会按照类定义中基类列出的顺序从左到右搜索该方法，即方法在子类中未找到时，会从左到右查找基类中是否包含该方法。

BaseClassName（示例中的基类名）必须与派生类定义在一个作用域内。除了直接使用类名表示基类，还可以使用表达式表示其他模块中的基类，如下面代码所示，DerivedClassName 类从名为 modname 的模块中继承了 BaseClassName 类。

```
classDerivedClassName(modname.BaseClassName):
```

类继承的示例如下。

```
# 类定义
class people:
    # 定义基本属性
    name = ''
    age = 0
    # 定义私有属性，私有属性在类外部无法直接进行访问
    __weight = 0

    # 定义构造方法
    def __init__(self,n,a,w):
        self.name = n
        self.age = a
        self.__weight = w
    def speak(self):
        print("%s 说：我 %d 岁。" % (self.name,self.age))

# 单继承示例
class student(people):
    grade = ''
    def __init__(self, n, a, w, g):
        # 调用父类的构造方法
        people.__init__(self, n, a, w)
```

```
        self.grade = g
    # 覆写父类的方法
    def speak(self):
        print("%s 说：我 %d 岁了，我在读 %d 年级" % (self.name, self.age, self.
grade))

s = student('ken', 10, 60, 3)
s.speak()
```

执行以上程序，输出结果为：

```
ken 说：我 10 岁了，我在读 3 年级
```

> **温馨提示：**
>
> 由于本书是以爬虫为主，因此关于 Python 的基础知识只做简单介绍。想了解 Python 更多用
> 法的读者可以去查询 Python 的官方文档。

1.2.13　推导式

推导式是可以从一个数据序列构建另一个新的数据序列的语句。

1. 列表和集合的推导式

列表和集合的推导式比较相似，其一般格式为：

```
[out_exp_res for out_exp in input_list if condition]    # 列表推导式，最外层使用大括
                                                        # 号，可省略 if condition
{out_exp_res for out_exp in input_list if condition}    # 集合推导式，最外层使用大括
                                                        # 号，可省略 if condition
```

其中，out_exp_res 为元素生成表达式，表达式的值将成为列表或集合的元素；for out_exp in input_list 表示迭代 input_list，并将 out_exp 传给 out_exp_res 表达式；if condition 为条件语句，用于过滤 input_list 中不符合条件的值。

下面是一个获取 40 以内可以被 7 整除的整数列表的列表推导式：

```
my_list = [i for i in range(40) if i % 7 == 0]
print(my_list)
```

运行后控制台会输出：

```
[0, 7, 14, 21, 28, 35]
```

下面这个列表推导式，用于过滤字符串列表中长度小于或等于 4 的元素，并将未被过滤的元素转换成大写。

```
words = ["Hello", "world", "I", "am", "learning", "Python"]
my_list = [i.upper() for i in words if not len(i) <= 4]
print(my_list)
```

运行后控制台会输出：

```
['HELLO', 'WORLD', 'LEARNING', 'PYTHON']
```

下面这个集合推导式，用于获取 10 以内所有整数的三次方值。

```
my_set = {i**3 for i in range(10)}
print(my_set)
```

运行后控制台会输出：

```
{0, 1, 64, 512, 8, 343, 216, 729, 27, 125}
```

下面这个集合推导式，用于获取字符串列表中所有元素的小写值。

```
my_list = ['APPLE', 'banana', 'Apple', 'orange']
my_set = {i.lower() for i in my_list}
print(my_set)
```

运行后控制台会输出：

```
{'apple', 'orange', 'banana'}   # 'APPLE'和'Apple'的小写一致，集合具有元素不重复的特
                                # 性，所以最后只保留了一个'apple'
```

2. 字典的推导式

字典推导式的一般格式为：

```
{ key_expr: value_expr for out_exp in input_list if condition}
```

可见其格式与列表推导式相似，不同之处在于字典推导式最外层使用大括号，并且使用"键生成表达式：值生成表达式"代替了元素生成表达式。表达式各部分的作用与列表推导式基本一致。

下面这个字典表达式，以 10 以内的整数为键，整数的平方值为键的值：

```
my_dict = {i: i**2 for i in range(10)}
print(my_dict)
```

运行后控制台会输出：

```
{0: 0, 1: 1, 2: 4, 3: 9, 4: 16, 5: 25, 6: 36, 7: 49, 8: 64, 9: 81}
```

下面这个字典表达式，将一个字典的键、值互换。

```
old_dict = {"fruit": "apple", "animal": "panda"}
my_dict = {v: k for k, v in old_dict.items()}
print(my_dict)
```

运行后控制台会输出：

```
{'apple': 'fruit', 'panda': 'animal'}
```

1.2.14　赋值表达式

赋值表达式由一个"："和一个"="组成，即"："，一般称作海象运算符，因其形似海象旋转 90° 而成。赋值表达式的格式为：

```
identifier := expression
```

其作用为将一个 expression 赋值给一个 identifier，同时还会返回 expression 的值。

赋值表达式常用于 if 条件表达式，具体如下。

```
# 常规写法
print('常规写法')
```

```
value = 10
if value > 5:
    print(value)
    print('bigger than 5')

# 赋值表达式写法
print('赋值表达式写法')
if (value := 10) > 5:
    print(value)
    print('bigger than 5')
```

执行后控制台会输出：

```
常规写法
10
bigger than 5
赋值表达式写法
10
bigger than 5
```

赋值表达式还常用于 while 循环表达式，具体如下。

```
# 常规写法
print('常规写法')
n = 3
while n:
    print('hello')
    n -= 1

# 赋值表达式写法
print('赋值表达式写法')
n = 3
while (n := n - 1) + 1:  # 运行前会减1，所以加上1
    print('hello')
```

执行后制台会输出：

```
常规写法
hello
hello
hello
赋值表达式写法
hello
hello
hello
```

1.3 新手实训

学习完本章，下面结合前面所讲的知识做几个简单的实训练习。

实训一：使用 for 循环实现九九乘法表

下面实现用 for 循环在控制台打印出九九乘法表，效果如下。

```
1x1=1
1x2=2    2x2=4
1x3=3    2x3=6    3x3=9
1x4=4    2x4=8    3x4=12   4x4=16
1x5=5    2x5=10   3x5=15   4x5=20   5x5=25
1x6=6    2x6=12   3x6=18   4x6=24   5x6=30   6x6=36
1x7=7    2x7=14   3x7=21   4x7=28   5x7=35   6x7=42   7x7=49
1x8=8    2x8=16   3x8=24   4x8=32   5x8=40   6x8=48   7x8=56   8x8=64
1x9=9    2x9=18   3x9=27   4x9=36   5x9=45   6x9=54   7x9=63   8x9=72   9x9=81
```

要实现这个效果，需要使用两个 for 循环，相关示例代码如下。

```python
# 九九乘法表
for i in range(1, 10):
    for j in range(1, i + 1):
        print('{}x{}={}\t'.format(j, i, i * j), end='')
    print()
```

实训二：判断闰年

在控制台输入一个年份字符串，判断其是否为闰年，如果是闰年，则输出是闰年，否则就输出不是闰年，相关示例代码如下。

```python
year = int(input("输入一个年份: "))
if (year % 4) == 0:
    if (year % 100) == 0:
        if (year % 400) == 0:
            print("{0} 是闰年".format(year))    # 整百年能被400整除的是闰年
        else:
            print("{0} 不是闰年".format(year))
    else:
        print("{0} 是闰年".format(year))    # 非整百年能被4整除的为闰年
else:
    print("{0} 不是闰年".format(year))
```

运行后控制台会输出：

```
输入一个年份: 2000
2000 是闰年
```

实训三：计算二次方程

通过用户输入的数字来计算二次方程，相关示例代码如下。

```python
# 导入 cmath(复杂数学运算) 模块
import cmath
```

37

```
a = float(input('输入 a: '))
b = float(input('输入 b: '))
c = float(input('输入 c: '))

# 计算
d = (b ** 2) - (4 * a * c)

# 两种求解方式
sol1 = (-b - cmath.sqrt(d)) / (2 * a)
sol2 = (-b + cmath.sqrt(d)) / (2 * a)

print('结果为 {0} 和 {1}'.format(sol1,sol2))
```

代码运行后，控制台会输出：

```
输入 a: 1
输入 b: 5
输入 c: 6
结果为 (-3+0j) 和 (-2+0j)
```

1.4　新手问答

学习完本章之后，读者可能会有以下疑问。

1. 当有许多module，如几百个，想要使用时一个一个导入太麻烦，有没有简便的方法?

答：有，就是将这些模块组织成一个 package。其实就是将模块都放在一个目录中，然后再加一个 __init__.py 文件，Python 会将其看作 package，使用其中的函数就可以以 dotted-attribute 方式来访问。

2. Python写出来的程序是 .exe格式的可执行文件吗?

答：Python 写出来的程序默认是 .py 文件，需要在命令行运行，如果想使用 .exe 格式文件运行，可以借助某些工具。例如，py2exe 可以将它转换成可执行文件；又如，Cython 可以将它转换成 C 代码编码执行。

本章小结

本章主要介绍了 Python 开发环境的搭建、Python 常用的基础语法（如基本数据类型、字符串、布尔类型、列表、元组、字典、集合、条件语句、类等），以及函数的使用、字符串和编码等知识。

本章需要重点掌握的是列表、循环、字典和类，这几个知识点在爬虫中应用非常频繁，所以希望读者多加练习和理解。

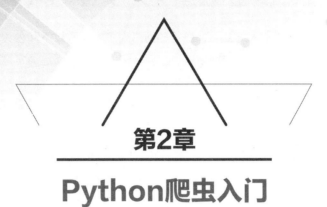

第2章
Python爬虫入门

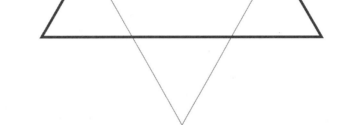

本章导读

    在学习爬虫之前，还需要了解一些基础知识，如 HTML 基础、HTTP 原理、Session 和 Cookie 的基本原理等。在本章中，将会对这些知识做一些简单的介绍，无论是零基础读者还是有一定功底的读者都能掌握其精髓，并能在后续深入学习中达到事半功倍的效果。

知识要点

- 爬虫的基本结构和工作流程
- HTTP基本原理
- HTML基础
- Session和Cookie

2.1　爬虫的分类

按照系统结构和实现技术进行分类，常见的网络爬虫主要有以下几种类型：通用网络爬虫、聚焦网络爬虫、增量式网络爬虫和深层网络爬虫。实际的网络爬虫系统通常是几种爬虫类型相交叉结合实现的。下面将分别对这几种常见爬虫做概念性的讲解。

2.1.1　通用网络爬虫

通用网络爬虫是指爬取目标资源在全互联网中，爬取目标数据量巨大，对爬取性能要求非常高，常应用于大型搜索引擎中，有非常高的应用价值。通用网络爬虫主要由初始 URL（Uniform Resource Locator，统一资源定位符）集合、URL 队列、页面爬行模块、页面分析模块、页面数据库、链接过滤模块等构成。通用网络爬虫的爬行策略主要有深度优先爬行策略和广度优先爬行策略。

2.1.2　聚焦网络爬虫

聚焦网络爬虫是指将爬取目标定位在与主题相关的页面中，主要应用在对特定信息的爬取中，主要为某一类特定的人群提供服务。聚焦网络爬虫主要由初始 URL 集合、URL 队列、页面爬行模块、页面分析模块、页面数据库、链接过滤模块、内容评价模块、链接评价模块等构成。

聚焦网络爬虫的爬行策略有基于内容评价的爬行策略、基于链接评价的爬行策略、基于增强学习的爬行策略和基于语境图的爬行策略。

2.1.3　增量式网络爬虫

增量式网络爬虫是指对已下载网页采取增量式更新和只爬行新产生的或已经发生变化网页的爬虫，它能够在一定程度上保证所爬行的页面是尽可能新的页面。与周期性爬行和刷新页面的网络爬虫相比，增量式网络爬虫只会在需要时爬行新产生或发生变化的页面，并不重新下载没有发生变化的页面，可有效减少数据下载量，及时更新已爬行的网页，减小时间和空间上的耗费，但是增加了爬行算法的复杂度和实现难度。增量式网络爬虫的体系结构包含爬行模块、排序模块、更新模块、本地页面集、待爬行 URL 集及本地页面 URL 集。

增量式网络爬虫有两个目标：保持本地页面集中存储的页面为最新页面；提高本地页面集中存储页面的质量。为实现第一个目标，增量式网络爬虫需要通过重新访问网页来更新本地页面集中存储的页面内容，常用的方法有以下几种。

1）统一更新法：爬虫以相同的频率访问所有网页，不考虑网页的改变频率。

2）个体更新法：爬虫根据个体网页的改变频率来重新访问各页面。

3）基于分类的更新法：爬虫根据网页改变频率将其分为更新较快网页子集和更新较慢网页子集两类，然后以不同的频率访问这两类网页。

2.1.4　深层网络爬虫

深层网络爬虫可以爬取互联网中的深层页面。在互联网中网页按存在方式分类，可分为表层页面和深层页面。所谓表层页面，指的是不需要提交表单，使用静态的链接就能够到达的静态页面；而深层页面则隐藏在表单后面，不能通过静态链接直接获取，是需要提交一定的关键词之后才能够获取到的页面。在互联网中，深层页面的数量往往比表层页面的数量要多很多，故而，需要想办法爬取深层页面。但爬取深层页面，需要想办法自动填写好对应表单，所以，深层网络爬虫最重要的部分为表单填写部分。

深层网络爬虫主要由 URL 列表、LVS（标签 / 数值集合，即填充表单的数据源）列表、爬行控制器、解析器、LVS 控制器、表单分析器、表单处理器、响应分析器等构成。

深层网络爬虫表单的填写有两种类型：第一种是基于领域知识的表单填写，简单地说，就是建立一个填写表单的关键词库，在需要填写时，根据语义分析选择对应的关键词进行填写；第二种是基于网页结构分析的表单填写，简单地说，这种填写方式一般在领域知识有限的情况下使用，这种方式会根据网页结构进行分析，并自动地进行表单填写。

2.2　爬虫的基本结构及工作流程

网络爬虫是搜索引擎抓取系统的重要组成部分。爬虫的主要目的是将互联网上的网页下载到本地形成一个互联网内容的镜像备份。

一个通用的普通网络爬虫的基本结构如图 2-1 所示。

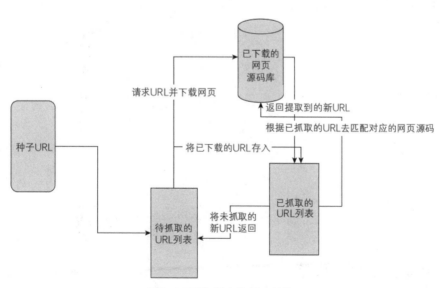

图2-1　网络爬虫的基本结构

网络爬虫的基本工作流程如下。

步骤❶：选取一些种子 URL，如某地区的新闻列表 1 ~ 10 页的 URL。

41

步骤❷：将这些 URL 放入待抓取的 URL 列表中。

步骤❸：依次从待抓取的 URL 列表中取出 URL 进行解析，得到网页源码，并存储到已下载网页源码库中，同时将这个已抓取过的 URL 放进已抓取的 URL 列表中。

步骤❹：分析已抓取 URL 列表中 URL 对应的网页源码，从中按照一定的需求或规则，提取出新 URL 放入待抓取的 URL 列表中，这样依次循环，直到待抓取 URL 列表中的 URL 抓取完为止。

例如，抓取新闻列表中每页每一条新闻的标题详情 URL。

2.3 爬虫策略

在实际的爬虫项目开发过程中，对于待抓取的 URL 列表的设计是很重要的一部分。比如，待抓取 URL 列表中的 URL 以什么样的顺序排列就是一个很重要的问题，因为这涉及先抓取哪个页面，后抓取哪个页面。而决定这些 URL 排列顺序的方法，称为爬虫策略。下面介绍几种常见的爬虫策略。

2.3.1 深度优先遍历策略

深度优先遍历策略是指网络爬虫会从起始页开始，一个链接一个链接跟踪下去，处理完这条线路之后再转入下一个起始页，继续跟踪链接。如图 2-2 所示，其中每一个节点表示一个 URL，采取深度优先遍历策略时，爬取的顺序为 A→B→D→E→G→I→H→C→F。

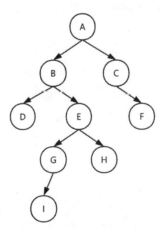

图2-2　深度优先遍历原理

2.3.2 宽度优先遍历策略

宽度优先遍历策略的基本思路是，将新下载网页中发现的链接直接插入待抓取 URL 队列的末尾。也就是指网络爬虫会首先抓取起始网页中链接的所有网页，然后再选择其中的一个链接网页，继续抓取在此网页中链接的所有网页。例如，以淘宝网首页为起始 URL 为例，如果采用宽度优先遍历策略，就会首先把淘宝网首页所有的 URL 提取出来放到待抓取 URL 列表中，然后再选择其中的一个 URL 进入，继续在进入的新页面中提取所有的 URL，层层递进，依次循环，直到所有的 URL 抓取完毕。

2.3.3　大站优先策略

大站优先策略是指以网站为单位来进行主题选择，确定优先性。对于待爬取 URL 队列中的网页，根据所属网站的归类，如果哪个网站等待下载的页面最多，则优先下载这些链接，其本质思想倾向于优先下载大型网站，因为大型网站往往包含更多的页面。鉴于大型网站往往是著名企业创建的，其网页质量一般较高，所以这个思路虽然简单，但是有一定依据。实验表明，这个算法效果也要略优先于宽度优先遍历策略。

2.3.4　最佳优先搜索策略

最佳优先搜索策略按照一定的网页分析算法，预测候选 URL 与目标网页的相似度，或与主题的相关性，并选取评价最好的一个或几个 URL 进行抓取。它只访问经过网页分析算法预测为"有用"的网页。存在的一个问题是，在爬虫抓取路径上的很多相关网页可能被忽略。因为最佳优先搜索策略是一种局部最优搜索算法，所以需要将最佳优先搜索策略结合具体的应用进行改进，以跳出局部最优点。

关于爬虫的策略，在实际应用中将会根据具体情况选择合适的策略进行爬取。

2.4　HTTP基本原理

本节将会详细介绍 HTTP 的基本原理，并介绍为什么在浏览器中输入 URL 就可以看到网页的内容，以及它们之间到底发生了什么。了解了这些内容，有助于进一步了解爬虫的基本原理。

2.4.1　URI 和 URL 介绍

先来了解一下 URI 和 URL。URI 是统一资源标识符，全称为 Uniform Resource Identifier，而 URL 是统一资源定位符，全称为 Uniform Resource Locator。

举例来说，"https://www.baidu.com/s?wd=爬虫教程"这个地址是百度搜索的一个链接，它是一个 URL，也是一个 URI。用 URL/URI 来唯一指定了它的访问方式，这其中包括访问协议 https、访问主机 www.baidu.com 和资源路径（"/"后面的内容）。通过这样一个链接，我们便可以从互联网上找到这个资源，这就是 URL/URI。这种链接一般习惯性地称为 URL。

因此，笼统地说，每个 URL 都是 URI，但不一定每个 URI 都是 URL。这是因为 URI 还包括一个子类，即统一资源名称（Uniform Resource Name，URN），它命名资源但不指定如何定位资源。URL 和 URI 的关系如图 2-3 所示。

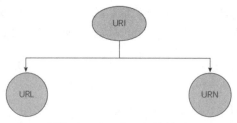

图2-3　URL和URI的关系

　　URI 是个纯粹的句法结构，用于指定标识 Web 资源的字符串的各个不同部分。URL 是 URI 的一个特例，它包含了定位 Web 资源的足够信息。其他 URI，如 mailto: cay@horstman.com 则不属于定位符，因为根据该标识符无法定位任何资源。

2.4.2　超文本

　　"超文本"是超级文本的中文缩写，它的英文名称为 Hypertext，我们经常上网打开浏览器所看到的网页其实就是超文本解析而成的。其网页源代码是一系列的 HTML 代码，其中包含各种标签，如 <img> 用于显示图片、<div> 用于布局、<p> 指定显示段落等。浏览器解析这些标签后，便形成了我们平常所看到的网页，而网页的源代码就可以称为超文本。

　　例如，用谷歌浏览器 Chrome 打开百度的首页，然后右击网页，在弹出的快捷菜单中选择【检查】命令（或者直接按【F12】键），即可打开浏览器的开发者模式，这时在【Eelements】选项卡中就可以看到当前网页的源代码，这些源代码都是超文本，如图 2-4 所示。

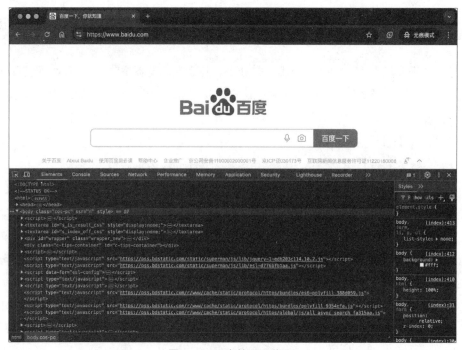

图2-4　百度首页源代码

2.4.3　HTTP 和 HTTPS

在上网过程中，访问的网址（URL）的开头会有 http 或 https，这就是访问资源需要的协议类型。有时还会看到 ftp、sftp、smb 开头的 URL，它们也都是协议类型。在爬虫中，抓取的页面通常是 http 或 https 协议的，下面先来了解一下这两个协议的含义。

HTTP（Hypertext Transfer Protocol，超文本传输协议）是用于从网络传输超文本数据到本地浏览器的传送协议，它能保证高效而准确地传送超文本文档。HTTP 是由万维网联盟（World Wide Web Consortium）和互联网工程任务组（Internet Engineering Task Force, IETF）共同合作指定的规范，目前广泛使用的是 HTTP 1.1 版本。

HTTPS（Hypertext Transfer Protocol Secure，超文本传输安全协议）是以安全为目标的 HTTP 通道，简单讲就是 HTTP 的安全版，即 HTTP 下加入 SSL 层。HTTPS 的安全基础是 SSL，因此加密的详细内容就需要 SSL。它是一个 URI scheme（抽象标识符体系），句法类同 http: 体系，用于安全的 HTTP 数据传输。https:URL 表明它使用了 HTTP，但 HTTPS 存在不同于 HTTP 的默认端口及一个加密 / 身份验证层（在 HTTP 与 TCP 之间）。这个系统的最初研发由网景（Netscape）公司进行，并内置于其浏览器 Netscape Navigator 中，提供了身份验证与加密通信方法。现在它被广泛用于万维网上安全敏感的通信，如交易支付方面。

现在越来越多的网站和 App 都在使用 HTTPS，如我们每天都在使用的即时通信聊天工具微信，以及微信中的微信公众号、微信小程序等。这说明未来肯定是以 HTTPS 为发展的方向。然而某些网站虽然使用了 HTTPS，但还是会被浏览器提示不安全。例如，使用谷歌浏览器 Chrome 打开国家统计局统计数据查询页面 https://data.stats.gov.cn，这时浏览器就会提示【您的连接不是私密连接】，如图 2-5 所示。

图2-5　国家统计局统计数据查询页面

这是因为该网站的 CA 证书是网站自行签发的，而这个证书是不被 CA 机构信任的，所以才会出现这样的提示，但是实际上它的数据传输依然是经过 SSL 加密认证的。如果爬取这样的站点就需要设置忽略证书的选项，否则会提示 SSL 连接错误。

2.4.4 HTTP 请求过程

通过前面的学习，我们了解了什么是 HTTP 和 HTTPS，下面再深入地了解一下它们的请求过程。由于 HTTP 和 HTTPS 的请求过程都是一样的，因此这里仅以 HTTP 为例。HTTP 的请求过程笼统来讲，可归纳为以下几个步骤：客户端浏览器向网站所在的服务器发送一个请求；网站服务器接收到这个请求后进行解析和处理，然后返回响应对应的数据给浏览器；浏览器中包含网页的源代码等内容，浏览器再对其进行解析，最终将结果呈现给用户，如图 2-6 所示。

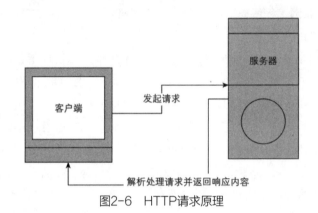

图2-6　HTTP请求原理

为了能够更加直观地体现这个过程，下面通过案例进行实际操作。打开 Chrome 浏览器，按【F12】键或在页面中右击，在弹出的快捷菜单中选择【检查】命令进入开发者模式。以淘宝网为例，输入 "https://www.taobao.com" 进入淘宝网首页，观察右侧开发者模式中的选项卡，选择【Network】选项卡，如图 2-7 所示。界面出现了很多的条目，其实这就是一个请求接收和响应的过程。

图2-7　淘宝首页

通过观察可以发现，它有很多列，各列的含义如下。

1）Name：代表的是请求的名称，一般情况下，URL 的最后一部分内容就是名称。

2）Status：响应的状态码，如果显示是 200 则代表正常响应，通过这个状态码可以判断发送了请求后是否得到了正常响应，常见的响应状态码还有 404、500 等。

3）Type：请求的类型，常见类型有 xhr、document 等，如这里有一个名称为 www.taobao.com 的请求，它的类型为 document，表示这次请求的是一个 HTML 文档，响应的内容就是一些 HTML 代码。

4）Initiator：请求源，用来标记请求是哪个进程或对象发起的。

5）Size：表示从服务器下载的文件和请求的资源大小。如果是从缓存中取得的资源，则该列会显示 fromcache。

6）Time：表示从发起请求到响应所耗费的总时间。

7）Waterfall：网络请求的可视化瀑布流。

下面再来单击 www.taobao.com 这个名称的请求，可以看到关于请求更详细的信息，如图 2-8 所示。

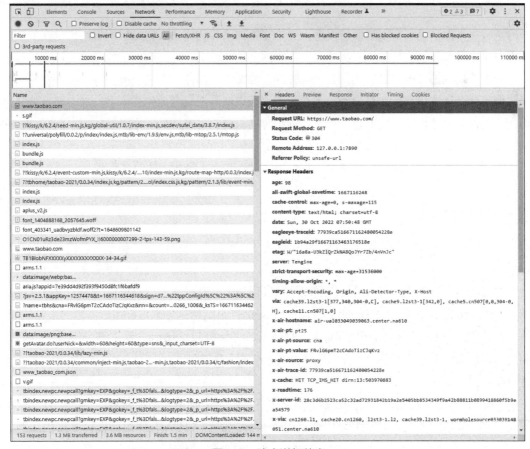

图2-8　请求详细信息

1）General 部分：Request URL 为请求的 URL，Request Method 为请求的方法，Status Code 为响应状态码，Remote Address 为远程服务器的地址和端口，Referrer Policy 为 Referrer 判别策略。

2）Response Headers 和 Request Headers 部分：该部分代表响应头和请求头。请求头中有许多信息，如浏览器标识、Cookie、Host 等，这是请求的一部分，服务器会根据请求头内部的信息判断请求是否合法，进而做出对应的响应。图 2-8 中可以看到的 Response Headers 就是响应的一部分，例如，其中包含了服务器的类型、文档类型、日期信息等，浏览器接收到响应后，会解析响应内容，进而展现给用户。

> **温馨提示：**
>
> 概括地说，其实请求主要包含请求方法、请求网址、请求头和请求体，而响应包含响应状态码、响应头和响应体。HTTP 的请求过程大致就是这样，这里只做一个简单的介绍，想要了解更多详情的读者可以到 W3School 网站去学习。

2.5 网页基础

网页听起来似乎是一个很难懂的概念，一个非常抽象的物体，看得见摸不着。但是在如今的社会，无论是通过计算机还是手机，都可以在互联网上进行活动，而互联网上的基本元件就是网页。网页是由若干代码编写的文件形式，其中包含许多的文字、图片、音乐、视频等丰富的资源。简单地说，网页就是计算机浏览器呈现的一个个页面。如果把一个网站比作一本书，那么网页就是这本书中的页。例如，我们在访问淘宝、百度、京东等平台时，所看到的一个个绚丽多彩的页面，就称为网页。

本节将对网页的一些基础知识做简单的介绍，了解其基本结构组成，为后面学习爬虫做铺垫。

2.5.1 网页的组成

一个网页的结构就是使用结构化的方法对网页中用到的信息进行整理和分类，使内容更具有条理性、逻辑性和易读性。如果网页没有自己的结构，那么打开的网页就像一团乱麻，很难在其中找到自己想要的信息。如同我们打开一本书，结果发现书中没有段落，没有标点，字间没有间隙，可能不出几秒就头晕眼花，看不下去了。所以，一个好的网页结构是带来良好用户体验的重要的一环。

一个完整的网页大致可以分成三部分：HTML、CSS 和 JavaScript，这三部分组成了我们平时看到的一张张绚丽多彩的网页。下面将分别介绍这三部分的功能。

1. HTML

HTML（Hypertext Markup Language，超文本标记语言）是用来描述网页的一种语言。这里需要说明一点，HTML 不是一种编程语言，而是一种标记语言。HTML 使用标记标签来描述网页，同时 HTML 文档包含了 <html> 标签及文本内容，所以 HTML 文档也称为 Web 页面。网页包括文字、按钮、图片、视频等各种复杂的元素，不同类型的元素通过不同类型的标签来表示，如图片用 <img> 标签来表示，段落用 <p> 标签来表示，它们之间的布局又常通过布局标签 <div> 嵌套组合而成，各种标签通过不同的排列和嵌套才形成了网页的框架。

在 Chrome 浏览器中打开一个网页，如以淘宝网为例。打开淘宝网后，右击网页，在弹出的快捷菜单中选择【查看网页源代码】命令，这时即可看到淘宝网首页的网页源代码，如图 2-9 所示。

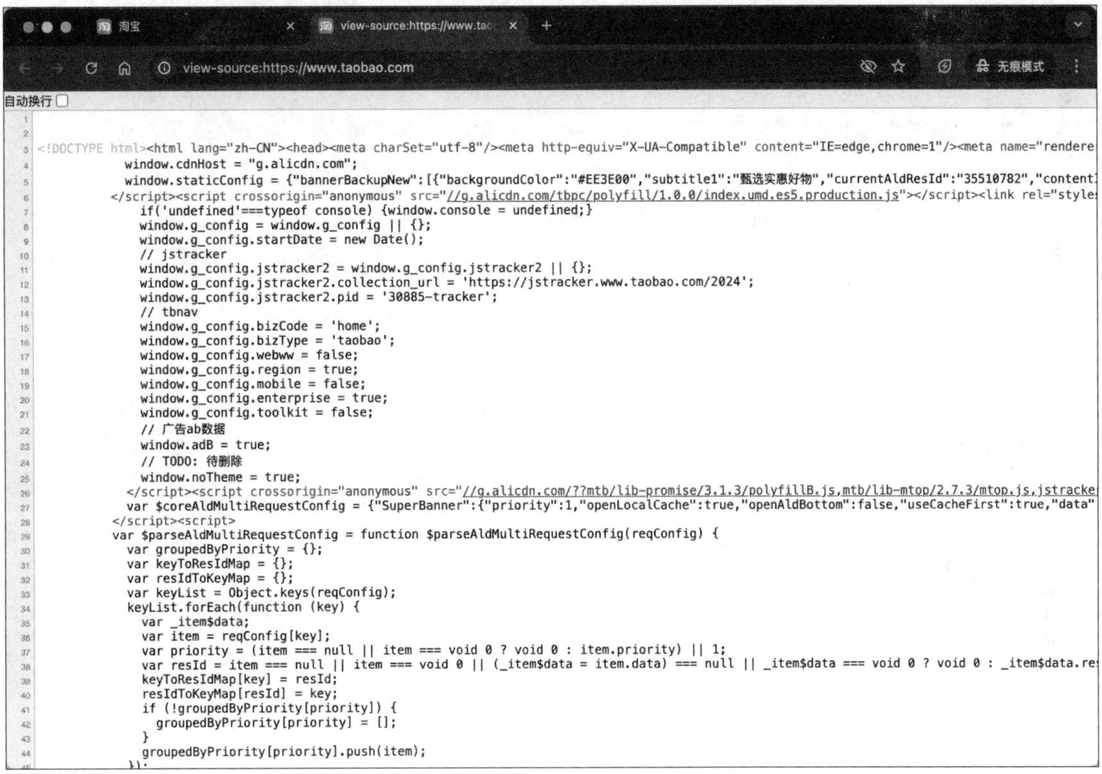

图2-9　淘宝首页的网页源代码

这里显示的就是 HTML，整个网页就是由各种标签嵌套组合而成的。这些标签定义的节点元素相互嵌套和组合形成了复杂的层次关系，从而形成了网页的架构。

2. CSS

通过前面的介绍，我们了解到 HTML 定义了网页的结构，但如果只有 HTML，则页面的布局并不美观，可能只是简单的节点元素的排列。为了让网页看起来更美观一些，需要借助 CSS（Cascading Style Sheet，层叠样式表）。CSS 是用来控制网页外观的一门技术。

在网页初期，是没有 CSS 的。那时的网页仅仅是用 HTML 标签来制作，CSS 的出现就是为了改造 HTML 标签在浏览器展示的外观，使其更加美观。如果没有 CSS，就不会有现在色彩缤纷的网页。

例如，以下代码就是一个 CSS 样式。

```
#test{
width:800px;
height:600px;
background-color:red;
}
```

大括号前面是一个 CSS 选择器，此选择器的意思是选中 id 为 test 的节点，大括号内部写的就是一条条的样式规则，例如，width 指定了元素的宽，height 指定了元素的高，background-color 指定了元素的背景颜色。也就是说，将宽、高、背景颜色等样式配置统一写成这样的形式，然后用大括号括起来，接着在开头加上 CSS 选择器，这就代表这个样式对 CSS 选择器选中的元素生效，元素就会根据此样式来展示了。

在网页中一般会统一定义整个网页的样式规则，并写入 CSS 文件（其后缀名为 .css）中。在 HTML 中，只需要用 <link> 标签即可引入写好的 CSS 文件，这样整个网页就会变得美观。

3. JavaScript

JavaScript（简称 JS）是一种脚本语言。HTML 和 CSS 配合使用，提供给用户的只是一种静态信息，缺乏交互性。在网页里可能会看到一些交互和动画效果，如下载进度条、提示框、轮播图、表单提交等，这通常就是 JavaScript 的功劳。它的出现使得用户与信息之间不只是一种浏览与显示的关系，而实现了一种实时、动态、交互的页面功能。

JavaScript 通常也是以单独的文件形式加载的，后缀为 .js，在 HTML 中通过 <script> 标签即可引入。例如：

```
<script src="test.js"></script>
```

综上所述，HTML 定义了网页的内容和结果，CSS 描述了网页的布局，JavaScript 定义了网页的行为。

2.5.2 网页的结构

下面用示例来了解一下 HTML 的基本结构。新建一个文件，名称自己确定，后缀名为 .html，在文件中输入以下内容。

```
<!DOCTYPE html>
    <html>
    <head>
        <title>网页的标题</title>
    </head>
    <body>
        <p>
            网页显示的内容
        </p>
    </body>
</html>
```

这就是一个简单的 HTML，首先在开头用 DOCTYPE 定义了文档的类型，其次在最外层添加了 <html> 标签，最后还有对应的结束标签来表示闭合，其内部是 <head>、<title> 和 <body> 标签，分别代表网页头、标题和网页体，它们也需要结束标签。<head> 标签定义了一些页面的配置和引用，如前面所说的 CSS 和 JS，一般都是放在这里引入的。<title> 标签定义了网页的标题，会显示在网页的选项卡中，不会出现在正文中。<body> 标签内则是网页正文显示的内容，可以在其中写入各种标签和布局。将代码保存后双击，在浏览器中打开，就可以看到如图 2-10 所示的内容。

图2-10　测试网页

一般情况下可以看到，在页面上显示了 "网页的标题" 字样，这是在 <head> 中的 <title> 中定义的文字（如果未看到 "网页的标题" 字样，说明可能被浏览器隐藏了，可以试试单击浏览器右上角的星号查看，如图 2-11 所示）。而网页正文是 <body> 标签内部定义的元素生成的，可以看到这里显示了 "网页显示的内容" 字样。

图2-11　查看网页的标题

这个示例便是网页的一般结构。一个网页的标准形式是 <html> 标签内嵌套 <head> 和 <body> 标签，<head> 内定义网页的配置和引用，<body> 内定义网页的正文。

2.6　Session和Cookie

在浏览网站的过程中，我们经常会遇到需要登录的情况，有些页面需要登录之后才能访问，而且登录之后可以连续访问很多次网站，但是有时过一段时间就需要重新登录。还有一些网站在打开浏览器时就自动登录了，而且很长时间都不会失效，为什么会出现这种情况呢？其实，这里主要涉及 Session 和 Cookie 的相关知识。

2.6.1　Session 和 Cookie 的工作原理

Session 和 Cookie 是用于保持 HTTP 连接状态的技术，在网页或 App 等应用中基本都会使用到。同时，鉴于后面在写爬虫时，也会经常涉及需要携带 Cookie 应对一般的反爬，下面将会分别对 Session 和 Cookie 的基本原理做简要讲解。

1. Session

Session 代表服务器与浏览器的一次会话过程，这个过程可以是连续的，也可以是时断时续的。Session 是一种服务器端的机制，Session 对象用来存储特定用户会话所需的信息。Session 由服务器端生成，保存在服务器的内存、缓存、硬盘或数据库中。

Session 的基本原理如下。

1）当用户访问一个服务器，如果服务器启用 Session，服务器就要为该用户创建一个 Session。在创建 Session 时，服务器首先检查这个用户发来的请求里是否包含了一个 Session ID，如果包含了一个 Session ID，则说明之前该用户已经登录过并为此用户创建过 Session，那么服务器就按照这个 Session ID 把这个 Session 在服务器的内存中查找出来（如果查找不到，就有可能新创建一个）。

2）如果客户端请求中不包含 Session ID，则为该客户端创建一个 Session 并生成一个与此 Session 相关的 Session ID。要求这个 Session ID 是唯一的、不重复的、不容易找到规律的字符串，这个 Session ID 将在本次响应中返回到客户端保存，而保存这个 Session ID 的是 Cookie，这样在交互过程中，浏览器可以自动地按照规则把这个标识发送给服务器。

2. Cookie

因为 HTTP 是无状态的，即服务器不知道用户上一次做了什么，这严重阻碍了交互式 Web 应用程序的实现。在典型的网上购物场景中，用户浏览了几个页面，买了一盒饼干和两瓶饮料。最后结账时，由于 HTTP 的无状态性，不通过额外的手段，服务器并不知道用户到底买了什么。为了避免这种情况，就需要使用到 Cookie。服务器可以设置或读取 Cookie 中包含的信息，借此维护用户与服务器会话中的状态。

Cookie 是由服务端生成后发送给客户端（通常是浏览器）的。Cookie 总是保存在客户端中，按在客户端中的存储位置，可分为内存 Cookie 和硬盘 Cookie。

1）内存 Cookie：由浏览器维护，保存在内存中，浏览器关闭后内存 Cookie 也就消失了，其存在时间是短暂的。

2）硬盘 Cookie：保存在硬盘里，有一个过期时间，除非用户手动清理或到了过期时间，硬盘 Cookie 不会被删除，其存在时间是长期的。所以，按存在时间分类，硬盘 Cookie 可分为非持久 Cookie 和持久 Cookie。

Cookie 的基本原理如下。

（1）创建 Cookie

当用户第一次浏览某个使用 Cookie 的网站时，该网站的服务器会进行如下工作。给该用户生成一个唯一的识别码（Cookie ID），创建一个 Cookie 对象，默认情况下，它是一个会话级别的 Cookie，存储在浏览器的内存中，用户退出浏览器之后被删除。如果网站希望浏览器将该 Cookie 存储在磁盘上，则需要设置最大时效（maxAge），并给出一个以秒为单位的时间（将最大时效设为 0 则是命令浏览器删除该 Cookie）；然后将 Cookie 放入 HTTP 响应报头，将 Cookie 插入一个 Set-Cookie HTTP 请求报头中。最终发送该 HTTP 响应报文。

（2）设置存储 Cookie

浏览器收到该响应报文之后，根据报文头里的 Set-Cookie 特殊的指示，生成相应的 Cookie，保存在客户端。该 Cookie 中记录着用户当前的信息。

（3）发送 Cookie

当用户再次访问该网站时，浏览器会先检查所存储的 Cookie，如果存在该网站的 Cookie，即该 Cookie 所声明的作用范围大于或等于将要请求的资源，则把该 Cookie 附在请求资源的 HTTP 请求头上发送给服务器。

（4）读取 Cookie

服务器接收到用户的 HTTP 请求报文之后，从报文头获取到该用户的 Cookie，从中找到所需要的内容。

简单来说，Cookie 的基本原理如图 2-12 所示。

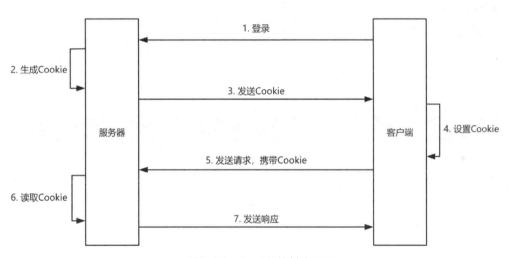

图2-12　Cookie的基本原理

2.6.2　Session 和 Cookie 的区别

在了解了 Session 和 Cookie 的基本原理后，再来了解一下它们之间的区别。Session 是存储在服务器端的，Cookie 是存储客户端的，所以 Session 的安全性要高于 Cookie。再者，我们获取的 Session 中的信息是通过存放在会话 Cookie 中的 Session ID 获取的，因为 Session 是存放在服务器中的，而 Session 中的东西不断增加会增加服务器的负担，所以我们会把一些重要的东西放在 Session 中，不太重要的东西放在客户端 Cookie 中。Cookie 分为两大类，即会话 Cookie 和持久化 Cookie，它们的生命周期和浏览器是一致的，浏览器关了会话 Cookie 也就消失了，而持久化 Cookie 会存储在客户端硬盘中。当浏览器关闭时，会话 Cookie 会消失，Session 也就消失了。而如果 Session ID 存储在持久化 Cookie 中，浏览器关闭不会导致出现 Cookie，SessionID 也就得以继续保存。

2.6.3　常见误区

在谈论会话机制时，常常会产生这样的误解——"只要关闭浏览器，会话就消失了"。可以想一下银行卡的例子，除非客户主动销卡，否则银行不会轻易销卡删除客户的资料信息。对于会话来说也是一样，除非程序通知服务器删除一个会话，否则服务器会一直保留这个对话。例如，程序一般都是在我们做注销的操作时才去删除会话。

当我们关闭浏览器时，浏览器不会在关闭之前主动通知服务器它将会关闭，所以服务器根本就不会知道浏览器已经关闭。之所以会有这种错觉，是因为大部分会话机制都会使用会话 Cookie 来保存会话 ID 信息，而关闭浏览器之后 Cookie 就消失了，再次连接服务器时，也就无法找到原来的会话了。如果服务器设置的 Cookie 保存到硬盘上，或者使用某种手段改写浏览器发出的 HTTP 请求头，把原来的 Cookie 发送给服务器，再次打开浏览器，仍然能够找到原来的会话 ID，依旧可以保持登录状态。

由于关闭浏览器不会导致会话被删除，这就需要服务器为会话设置一个失效时间，当距离客户端上一次使用会话的时间超过这个失效时间时，服务器就可以认为客户端已经停止了活动，才会把会话删除以节省存储空间。

2.7 新手实训

学习完本章，让我们结合前面所讲知识做几个简单的实训练习。

实训一：编写网页

编写一个简单的网页，效果如图 2-13 所示。

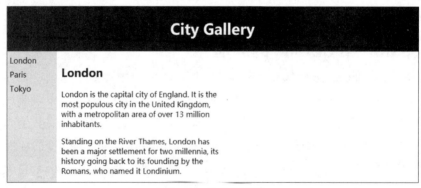

图2-13　简单的网页

参考示例代码如下。

```
<!DOCTYPE html>
   <html>

   <head>
   <style>
```

```
#header {
    background-color:black;
    color:white;
    text-align:center;
    padding:5px;
}
#nav {
    line-height:30px;
    background-color:#eeeeee;
    height:300px;
    width:100px;
    float:left;
    padding:5px;
}
#section {
    width:350px;
    float:left;
    padding:10px;
}
#footer {
    background-color:black;
    color:white;
    clear:both;
    text-align:center;
        padding:5px;
}
</style>
</head>

<body>

<div id="header">
    <h1>City Gallery</h1>
</div>

<div id="nav">
    London<br>
    Paris<br>
    Tokyo<br>
</div>

<div id="section">
    <h2>London</h2>
    <p>
        London is the capital city of England. It is the most populous city
in the United Kingdom,
        with a metropolitan area of over 13 million inhabitants.
    </p>
    <p>
```

```
        Standing on the River Thames, London has been a major settlement for
two millennia,
        its history going back to its founding by the Romans, who named it
Londinium.
    </p>
  </div>

  </body>
</html>
```

实训二：在网页中插入标签

编写一个简单网页，插入一个视频播放的标签，效果如图 2-14 所示。

图2-14　插入视频播放的标签

参考示例代码如下。

```
<video width="320" height="240" controls="controls">
  <source src="movie.mp4" type="video/mp4" />
  <source src="movie.ogg" type="video/ogg" />
  <source src="movie.webm" type="video/webm" />
  <object data="movie.mp4" width="320" height="240">
    <embed src="movie.swf" width="320" height="240" />
  </object>
</video>
```

2.8　新手问答

学习完本章之后，读者可能会有以下疑问。

1. HTTP的GET方法与POST方法有什么区别？

答：① GET 的重点在于从服务器上获取资源，POST 的重点在于向服务器发送数据。

② GET 传输数据是通过 URL 请求，以 field（字段）=value 的形式，置于 URL 后，并用"?"连接，

多个请求数据间用 "&" 连接，如 http://127.0.0.1/Test/login.action?name=admin&password=admin，这个过程用户是可见的；POST 传输数据通过 HTTP 的 POST 机制，将字段与对应值封存在请求实体中发送给服务器，这个过程对用户是不可见的。

③ GET 因为受 URL 长度限制，传输的数据量小，但效率较高；POST 可以传输大量数据，所以上传文件时只能用 POST 方式。

④ GET 是不安全的，因为 URL 是可见的，可能会泄露私密信息，如密码等；POST 与 GET 相比，安全性较高。

⑤ GET 方式只能支持 ASCII 字符，向服务器传递的中文字符可能会出现乱码；POST 支持标准字符集，可以正确传递中文字符。

2. 学习爬虫是否要求必须学会网页和JS的编写？

答：关于网页和 JS 的知识，只需要了解它的基本组成和结构即可，不强制要求会编写网页。因为爬虫涉及的主要是数据提取，对于 JS，最好能学会基本的语法，后期学习中偶尔会用到。

3. Cookie有哪些弊端？

答：① Cookie 数量和长度的限制。每个 domain 最多只能有 20 条 Cookie，每个 Cookie 长度不能超过 4KB，否则会被截去。

②安全性问题。如果 Cookie 被人拦截了，拦截者就可以取得所有的 Session 信息。即使加密也于事无补，因为拦截者并不需要知道 Cookie 的意义，他只要原样转发 Cookie 就可以达到目的。

4. 所有网页都能够通过爬虫获取？

答：不能。一方面，想让爬虫爬取某个页面，必须提供该页面的 URL。假如想爬取微博上粉丝最多的用户的主页，则必须提供该用户的主页 URL，爬虫无法知道微博上哪个用户的粉丝数最多，也不知道该用户主页对应的 URL；再假如想爬取提供 Web 3.0 资料的页面，也必须提供相关页面的 URL，爬虫同样无法知道有哪些页面提供相关资料。

另一方面，某些网站会部署反爬虫措施，爬虫想要爬取这些站点的内容，则必须突破这些措施。例如，淘宝网在登录时必须通过验证码验证，豆瓣网会封禁短时间内频繁发送请求的 IP，等等。这些措施都会阻碍爬虫的爬取。当然，在本书中会介绍一些常见的反爬措施和应对方法。

本章小结

本章主要介绍了为什么要写爬虫，爬虫的几种常用类型及爬虫的基本结构和工作流程，HTTP 的基本原理，网页的一些基础知识，如网页的组成、网页的结构等，还介绍了 Session 和 Cookie 的基本原理和它们之间的区别。

第3章

基本库的使用

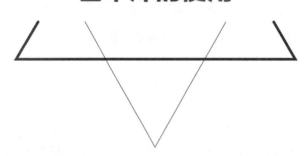

 本章导读

　　关于爬虫，较常见的就是模拟浏览器向服务器发送请求，并在收到响应后解析和提取相关数据。学习爬虫时，该从何入手？是否需要了解HTTP、TCP、IP层的网络传输通信？是否需要知道服务器的响应和应答原理？请求的这个数据结构需要自己实现吗？在收到响应后如何解析响应内容？如何从响应内容中提取目标数据？

　　如果你现在正处于迷茫的阶段，不知道如何下手，不用担心，Python 的强大之处就是提供了功能齐全的类库来帮助我们完成这些请求。最基础的库有 urllib、requests、re 和BeautifulSoup 等。

　　就以 requests 库来说，有了它，我们只需要关注请求的链接是什么，需要传什么参数，以及如何设置请求头就可以了，不用深入地去看它的底层是怎样传输和通信的。有了它，两行代码就可以完成一个请求和响应的处理过程，得到我们想要的内容。

　　接下来我们从最基础的部分开始一点一点地了解这些库的使用方法。

 知识要点

- urllib网络请求库的基本认识和使用
- requests库的基本使用
- 熟练使用urllib和requests编写一个简单的爬虫
- re正则提取数据
- XPath提取数据
- BeautifulSoup提取数据

3.1　urllib

本节主要讲解 Python 3 中的 urllib 库的用法。urllib 是 Python 标准库中用于网络请求的库。该库有 4 个模块,分别是 urllib.request、urllib.error、urllib.parse 和 urllib.robotparser。其中,urllib.request 和 urllib.error 两个库在爬虫程序中应用比较频繁。

3.1.1　urlopen()

模拟浏览器发起一个 HTTP 请求,需要用到 urllib.request 模块。urllib.request 的作用不仅是发起请求,还能获取请求返回结果。下面先看一下 urlopen() 的应用程序编程接口(Application Programming Interface, API)。

```
urllib.request.urlopen(
  url,
  data=None,
  [timeout,]*,
  cafile=None,
  capath=None,
  cadefault=False,
  context=None
)
```

参数说明如下。

1)url 参数是 string 类型的地址,也就是要访问的 URL,如 http://www.baidu.com。

2)data 参数是 bytes 类型的内容,可通过 bytes() 函数转换为字节流,它也是可选参数。使用 data 参数,请求方式变成以 post 方式提交表单。使用标准格式是 application/x-www-formurlencoded。

3)timeout 参数用于设置请求超时时间,单位是秒。

4)cafile 和 capath 参数代表 CA 证书和 CA 证书的路径,如果使用 HTTPS 则需要用到。

5)cadefault 参数已经被弃用,可以略去。

6)context 参数必须是 ssl.SSLContext 类型,用来指定安全套接层(Secure Sockets Layer, SSL)设置。

urlopen() 可以单独传入 urllib.request.Request 对象。urlopen() 返回的结果是一个 http.client. HTTPResponse 对象。在实际使用过程中,用得最多的参数就是 url 和 data。

3.1.2　简单抓取网页

下面来看一个简单的示例,我们使用 urllib.request.urlopen() 去请求百度贴吧,并获取到它页面的源代码。输出结果如图 3-1 所示。

```
import urllib.request

url = "http://tieba.baidu.com"
```

```
response = urllib.request.urlopen(url)
html = response.read()              # 获取到页面的源代码
print(html.decode('utf-8'))         # 转化为 utf-8 编码
```

图3-1　请求百度贴吧

通过上面的示例可以看到，使用 urllib.request.urlopen() 方法，传入 http://tieba.baidu.com（百度贴吧）这个网址，就可以成功地得到它的网页源代码。

3.1.3　设置请求超时

在访问网页时常常会遇到这样的情况，比如因为自己的计算机网络慢或对方网站服务器不堪重负而崩溃等，导致在请求时迟迟无法得到响应。同样地，在程序中去请求时也会遇到这样的问题。因此，可以手动设置超时时间。当请求超时，可以采取进一步措施，如选择直接丢弃该请求或再请求一次。为了应对这个问题，在 urllib. request. urlopen() 中可以通过 timeout 参数设置超时时间。

从下面的代码中可以看到，只需要在 url 参数的后面再加上一个参数就可以了——设置 timeout 参数，如果时间超过 1 秒就舍弃它或重新尝试访问。

```
import urllib.request

url = "http://tieba.baidu.com"
response = urllib.request.urlopen(url, timeout=1)
print(response.read().decode('utf-8'))
```

3.1.4　使用 data 参数提交数据

在前面介绍的 API 中，除了可以传递 url 和 timeout（超时时间），还可以传递其他的内容，如 data。data 参数是可选的，如果要添加 data，需要它是字节流编码格式的内容，即 bytes 类型，通过 bytes() 函数可以进行转换。另外，如果传递了 data 参数，那么它的请求方式就不再是 GET 方式，而是 POST 方式。下面看一下如何传递这个参数。

通过下面的示例代码可以看到，data 需要被转码成字节流。而 data 是一个字典，需要使用 urllib. parse.urlencode() 将字典转换为字符串，再使用 bytes() 函数转换为字节流。最后使用 urlopen() 发起请求，请求是模拟用 POST 方法提交表单数据。

```
import urllib.parse
import urllib.request

data = bytes(urllib.parse.urlencode({'word': 'hello'}), encoding='utf-8')
response = urllib.request.urlopen('http://httpbin.org/post', data=data)
print(response.read().decode('utf-8'))
```

运行代码后控制台会输出：

```
{
  "args": {},
  "data": "",
  "files": {},
  "form": {
    "word": "hello"
  },
  "headers": {
    "Accept-Encoding": "identity",
    "Content-Length": "10",
    "Content-Type": "application/x-www-form-urlencoded",
    "Host": "httpbin.org",
    "User-Agent": "Python-urllib/3.10",
    "X-Amzn-Trace-Id": "Root=1-660f86b4-4b2243fc26bb954c15d507e3"
  },
  "json": null,
  "origin": "38.150.12.138",
  "url": "http://httpbin.org/post"
}'
```

3.1.5　Request

通过 3.1.1 节介绍的 urlopen() 可以发起简单的请求，但它的几个简单的参数并不足以构建一个完整的请求。如果请求中需要加入 headers（请求头）、指定请求方式等信息，那么就可以利用更强大的 Request 类来构建一个请求。下面看一下 Request 的构造方法。

```
urllib.request.Request(
  url,
  data=None,
  headers={},
  origin_req_host=None,
  unverifiable=False,
  method=None
)
```

参数说明如下。

1）url 参数是请求链接，它是必选参数，其他的都是可选参数。

2）data 参数与 urlopen() 中的 data 参数用法相同。

3）headers 参数是指定发起的 HTTP 请求的头部信息。headers 是一个字典，除了可以在 Request 中添加，还可以通过调用 Request 实例的 add_header() 方法来添加。

4）origin_req_host 参数指的是请求方的 host 名称或 IP 地址。

5）unverifiable 参数表示这个请求是否无法验证，默认值是 False。意思就是说用户没有足够权限来选择接收这个请求的结果。例如，我们请求一个 HTML 文档中的图片，但是我们没有自动抓取图像的权限，我们就要将 unverifiable 的值设置成 True。

6）method 参数指的是发起的 HTTP 请求的方式，有 GET、POST、DELETE 和 PUT 等。

3.1.6　简单使用 Request

了解了 Request 的参数后，下面就来简单地请求一下 http://tieba.baidu.com（百度贴吧）这个网址。需要注意的是，使用 Request 伪装成浏览器发起 HTTP 请求，如果不设置 headers 中的 User-Agent，默认的 User-Agent 是 Python-urllib/3.5。因为一些网站可能会拦截该请求，所以需要伪装成浏览器发起请求。例如，使用的 User-Agent 为 Chrome 浏览器。运行以下代码，结果如图 3-2 所示。

```python
import urllib.request

url = "http://tieba.baidu.com"
headers = {
    'User-Agent': 'Mozilla/5.0(Windows NT 6.1;Win64;x64)AppleWebKit/'
    '537.36 (KHTML,like Gecko)Chrome/56.0.2924.87Safari/537.36'
}
request = urllib.request.Request(url=url, headers=headers)
response = urllib.request.urlopen(request)
print(response.read().decode('utf-8'))
```

图3-2　运行结果

这里涉及的"User-Agent"这个头部信息的获取，可以使用谷歌浏览器打开一个网站，然后按

【F12】键打开调试界面，切换到【Network】选项卡刷新页面，随意选择一个请求，如图3-3所示，即可找到需要的"User-Agent"，将其复制过来就可以了。

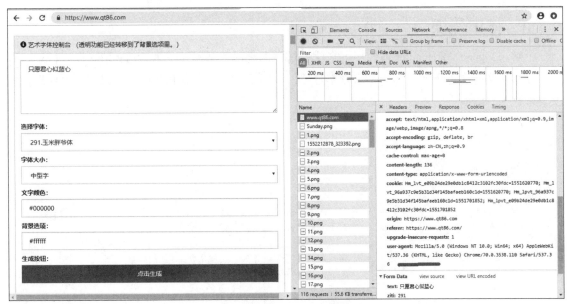

图3-3　User-Agent的获取

3.1.7　Request 高级用法

如果需要在请求中添加代理、处理请求的 Cookie，那么就需要用到 Handler 和 OpenerDirector 两个知识点。

1. Handler

Handler 即处理者、处理器，能处理请求（HTTP、HTTPS、FTP 等）中的各种事情。Handler 的具体实现是 urllib.request.BaseHandler 类。urllib.request.BaseHandler 类是所有其他 Handler 的基类，其提供了最基本的 Handler 的方法，如 default_open()、protocol_request() 等。继承 BaseHandler 类的 Handle 子类有很多，这里列举几个比较常见的类。

1）ProxyHandler：为请求设置代理。

2）HTTPCookieProcessor：处理 HTTP 请求中的 Cookie。

3）HTTPDefaultErrorHandler：处理 HTTP 响应错误。

4）HTTPRedirectHandler：处理 HTTP 重定向。

5）HTTPPasswordMgr：用于管理密码，它维护了包含用户名和密码的映射表。

6）HTTPBasicAuthHandler：用于登录认证，一般和 HTTPPasswordMgr 结合使用。

2. OpenerDirector

OpenerDirector，也可以称为 Opener。之前用过的 urlopen() 实际上就是 urllib 提供的一个 Opener。那么，Opener 和 Handler 又有什么关系呢？ Opener 对象是由 build_opener(handler) 方法创建出来的。

创建自定义的 Opener，就需要使用 install_opener(opener) 方法。值得注意的是，install_opener 实例化会得到一个全局的 OpenerDirector 对象。

3.1.8 使用代理

了解了 Opener 和 Handler 后，接下来就通过示例来深入学习——为 HTTP 请求设置代理。有些网站做了浏览频率限制，如果请求频率过高，该网站会封 IP，禁止访问，所以就需要使用代理来突破这个"枷锁"。

下面来看一个示例。

```
import urllib.request

url = "http://tieba.baidu.com/"
headers = {
    'User-Agent': 'Mozilla/5.0 (Windows NT 6.1;Win64;x64)AppleWebKit/537.36'
    '(KHTML,likeGecko)Chrome/56.0.2924.87Safari/537.36'
}
proxy_handler = urllib.request.ProxyHandler(
    {
        'http': '172.12.24.45:8080',
        'https': '120.34.5.46:8080'
    }
)
opener = urllib.request.build_opener(proxy_handler)
urllib.request.install_opener(opener)

request = urllib.request.Request(url=url,headers=headers)
response = urllib.request.urlopen(request)
print(response.read().decode('utf-8'))
```

通过以上示例代码可以看到，调用 ProxyHandler() 方法就可以设置代理，模拟成多个不同的客户端，成功"欺骗"网站，获取了数据。

> **温馨提示：**
> 在实际项目中，如果需要大量使用代理 IP，可去专门做代理 IP 的提供商处购买。

3.1.9 认证登录

有些网站需要携带账号和密码进行登录之后才能继续浏览网页。遇到这样的网站，就需要用到认证登录。首先需要使用 HTTPPasswordMgrWithDefaultRealm() 实例化一个账号密码管理对象；然后使用 add_password() 函数添加账号和密码；接着使用 HTTPBasicAuthHandler() 得到 Handler；再使用 build_opener() 获取 Opener 对象；最后使用 Opener 的 open() 函数发起请求。下面以携带账号和密码请求登录百度贴吧为例，代码如下。

```
import urllib.request
```

```
url = "http://tieba.baidu.com"
user = 'test_user'
password = 'test_password'
pwdmgr = urllib.request.HTTPPasswordMgrWithDefaultRealm()
pwdmgr.add_password(None, url, user, password)
auth_handler = urllib.request.HTTPBasicAuthHandler(pwdmgr)
opener = urllib.request.build_opener(auth_handler)
response = opener.open(url)
print(response.read().decode('utf-8'))
```

3.1.10　Cookie 设置

如果请求的页面每次都需要身份验证，那么就可以使用 Cookie 来自动登录，免去重复登录验证的操作。获取 Cookie，需要先用 http.cookiejar.CookieJar() 实例化一个 Cookie 对象，再用 urllib.request.HTTPCookie Processor 构建出 Handler 对象，最后使用 Opener 的 open() 函数即可。下面以获取请求百度贴吧的 Cookie 并保存到文件中为例，代码如下。

```
import http.cookiejar
import urllib.request

url = "http://tieba.baidu.com/"
fileName = 'cookie.txt'

cookie = http.cookiejar.CookieJar()
handler = urllib.request.HTTPCookieProcessor(cookie)
opener = urllib.request.build_opener(handler)
response = opener.open(url)

f = open(fileName, 'a')
for item in cookie:
    f.write(item.name + "=" + item.value+'\n')
f.close()
```

3.1.11　HTTPResponse

从前面的例子可知，使用 urllib.request.urlopen() 或 opener.open(url) 返回的结果是一个 http.client.HTTPResponse 对象。http.client.HTTPResponse 对象包含 msg、version、status、reason、debuglevel、closed 等属性及 read()、readinto()、getheader(name)、getheaders()、fileno() 等函数。

3.1.12　错误解析

发起请求难免会出现各种异常，因此就需要对异常进行处理。异常处理主要用到两个类：urllib.error.URLError 和 urllib.error.HTTPError。

1. URLError

URLError 是 urllib.error 异常类的基类，可以捕获由 urllib.request 产生的异常。它具有一个属性 reason，即返回错误的原因。捕获 URL 异常的示例代码如下。

```
import urllib.request
import urllib.error

url = "htt://www.google.com"
try:
    response = urllib.request.urlopen(url)
except urllib.error.URLError as e:
    print(e.reason)
```

2. HTTPError

HTTPError 是 URLError 的子类，专门处理 HTTP 和 HTTPS 请求的错误。它具有以下 3 个属性：

1）code：HTTP 请求返回的状态码。

2）reason：与基类用法一样，表示返回错误的原因。

3）headers：HTTP 请求返回的响应头信息。

获取 HTTP 异常的示例代码（输出了错误状态码、错误原因、服务器响应头）如下。

```
import urllib.request
import urllib.error

url = "http://www.google.com"

try:
    response = urllib.request.urlopen(url)
except urllib.error.HTTPError as e:
    print('code:', e.code)
    print('reason:', e.reason)
    print('headers:', e.headers)
```

3.2   requests

Python 爬虫中的库除了前面讲到的 urllib，还有一个用得比较多的是 HTTP 请求库 requests。这个库也是一个常用的用于 HTTP 请求的模块，它使用 Python 语言编写，可以方便地对网页进行爬取。本节将对它的基本使用方法进行讲解。

3.2.1   requests 库的安装

Python 3 中默认没有安装 requests 库，所以需要使用者自己安装，安装方式主要有两种：pip 命令安装和源码安装，下面对这两种安装方式分别进行讲解。

1. pip命令安装

在 Windows 系统或 macOS 系统下只要已经安装了 pip，就可以直接执行以下命令安装 requests 库。

```
pip install requests
```

2. 源码安装

有时因为某些原因可能会导致使用 pip 命令安装 requests 失败，这时就可以通过下载 requests 的源码来进行安装，相关步骤如下。

步骤❶：在 GitHub 官网中进行下载 requests 的源码。

步骤❷：下载文件到本地之后，解压到 Python 安装目录，之后打开解压文件。

步骤❸：运行命令行并输入 "python setup.py install"，即可进行安装。

步骤❹：测试 requests 库是否安装正确，在交互式环境中输入 "import requests"。如果没有任何报错，说明 requests 库已经安装成功了。

3.2.2　requests 库的使用方法介绍

在使用 requests 库之前，先来看一下它有哪些方法。requests 库的 7 个主要方法如表 3-1 所示。（在后文将对其中一些方法进行详细介绍。）

表3-1　requests库的7个主要方法

方法	解释
requests.request()	构造一个请求，支持以下各种方法
requests.get()	获取HTML的主要方法
requests.head()	获取HTML头部信息的主要方法
requests.post()	向HTML网页提交POST请求的方法
requests.put()	向HTML网页提交PUT请求的方法
requests.patch()	向HTML提交局部修改的请求
requests.delete()	向HTML提交删除请求

3.2.3　requests.get()

requests.get() 方法是常用的方法之一，通过该方法可以了解到其他的方法，使用方法如下面的示例代码。

```
res=requests.get(url,params,**kwargs)
```

参数说明如下。

1）url：需要爬取的网站地址。

2）params：URL 中的额外参数，字典或字节流格式，为可选参数。

3）**kwargs：12 个控制访问的参数。

下面先来介绍 **kwargs。**kwargs 的参数如表 3-2 所示。

表3-2　**kwargs参数

参数名称	描述
params	字典或字节序列，作为参数增加到URL中,使用这个参数可以把一些键值对以?key1=value1&key2=value2的模式增加到URL中
data	字典、列表或元组的字节的文件，作用是向服务器提交资源，作为请求的内容。与params不同的是，data提交的数据并不放在URL链接里，而是放在URL链接对应位置的地方作为数据来存储。它也可以接收一个字符串对象
json	JSON格式的数据，JSON是HTTP中经常使用的数据格式，作为内容部分可以被发送到服务器。例如： kv={'key1':'value1'} r=requests.request('POST','http://python123.io/ws',json=kv)
headers	字典是HTTP的组成部分，对应了向某个URL访问时所发起的HTTP的头字段，可以用这个字段来定义HTTP的访问的HTTP头，可以用来模拟我们想模拟的任何浏览器来对URL发起访问。例如： hd={'user-agent':'Chrome/10'} r=requests.request('POST','http://python123.io/ws',headers=hd)
cookies	字典或CookieJar，指的是从HTTP中解析Cookie
auth	元组，用来支持HTTP认证功能
files	字典，是用来向服务器传输文件时使用的字段。例如： fs={'files':open('data.txt','rb')}
timeout	用于设定超时时间，单位为秒，当发起一个GET请求时可以设置一个timeout时间，如果在timeout时间内请求内容没有返回，将产生一个timeout的异常
proxies	字典，用来设置访问代理服务器
allow_redirects	开关，表示是否允许对URL进行重定向，默认为True
stream	开关，指是否对获取内容进行立即下载，默认为True
verify	开关，用于认证SSL证书，默认为True
cert	用于设置保存本地SSL证书路径

前面示例中的代码是构造一个服务器请求，返回一个包含服务器资源的 Response 对象。其中 Response 对象属性如表 3-3 所示。

表3-3　Response对象属性

属性	说明
status_code	HTTP请求的返回状态，若为200则表示请求成功
text	HTTP响应内容的字符串形式，即返回的页面内容
encoding	从HTTPheader中猜测的相应内容编码方式
apparent_encoding	从内容中分析出的响应内容编码方式（备选编码方式）
content	HTTP响应内容的二进制形式

对 requests.get() 方法进行举例说明，如下面代码所示。

```
import requests

r = requests.get("http://www.baidu.com")
print(r.status_code)
print(r.encoding)
print(r.apparent_encoding)
print(r.text)
```

运行结果如图 3-4 所示。

图3-4　运行结果

以上打印出来的 r.text 内容过长，自行删除了部分，这里能看出编码效果即可。

3.2.4　requests 库的异常

requests 库有时会产生异常，如网络连接错误、HTTP 错误异常、重定向异常、请求 URL 超时异常等。这里可以利用 r.raise_for_status() 语句来捕捉异常，该语句在方法内部判断 r.status_code 是否等于 200，如果不等于，则抛出异常，示例代码如下。

```
import requests

try:
    r = requests.get("www.baidu.com", timeout=30)   # 请求超时时间为30秒
    r.raise_for_status()  # 如果状态不是200，则引发异常
    r.encoding = r.apparent_encoding   # 配置编码
    print(r.text)
except:
    print("产生异常")
```

3.2.5　request.head()

通过 requests.head() 方法，可以获取请求地址的头部信息，示例代码如下。

```
import requests

r = requests.head("http://httpbin.org/get")
print(r.headers)
```

运行结果如图 3-5 所示。

图3-5　运行结果

3.2.6　requests.post()

requests.post() 方法一般用于表单提交，向指定 URL 提交数据，可提交字符串、字典、文件等数据，示例代码如下。

```
import requests

# 向URL 提交一个字典
payload = {"key1": "value1", "key2": "value2"}
r = requests.post("http://httpbin.org/post", data=payload)
print(r.text)
# 向URL 提交一个字符串，自动编码为data
r = requests.post("http://httpbin.org/post", data='helloworld')
print(r.text)
```

3.2.7　requests.put() 和 requests.patch()

requests.patch() 与 requests.put() 类似，两者不同的是：当用 requests.patch() 方法时，仅需提交需要修改的字段；当用 requests.put() 方法时，必须将 20 个字段一起提交到 URL，未提交字段将会被删除。requests.patch() 方法的优点是节省网络带宽，示例代码如下。

```
import requests
```

```
# requests.put()
payload = {"key1": "value1", "key2": "value2"}
r = requests.put("http://httpbin.org/put", data=payload)

# requests.patch()
payload = {"key1": "value1", "key2": "value2"}
r = requests.patch("http://httpbin.org/post", data=payload)
```

关于 Python 爬虫中常用的两个网络请求库本节暂讲到此，至于如何在实际中使用它们编写爬虫爬取数据，将会在后面的内容中讲到。

3.3　re正则使用

正则表达式是一个特殊的字符序列，它能帮助用户便捷地检查一个字符串是否与某种模式匹配。在爬虫中我们经常会使用它从抓取到的网页源码或接口返回内容中匹配提取我们想要的数据。Python 自 1.5 版本增加了 re 模块，它提供 Perl 风格的正则表达式模式。re 模块使 Python 语言拥有全部的正则表达式功能。compile() 函数根据一个模式字符串和可选的标志参数生成一个正则表达式对象。该对象拥有一系列方法用于正则表达式匹配和替换。

re 模块也提供了与这些方法功能完全一致的函数，这些函数使用一个模式字符串作为它们的第一个参数。本节主要介绍 Python 中常用的正则表达式处理函数。

3.3.1　re.match()

re.match() 尝试从字符串的起始位置匹配一个模式，如果不是起始位置匹配成功的话，match() 就返回 None。re.match() 语法格式如下。

```
re.match(pattern,string,flags=0)
```

参数说明如表 3-4。

表3-4　re.match()参数说明

参数	说明
pattern	匹配的正则表达式
string	要匹配的字符串
flags	标志位，用于控制正则表达式的匹配方式，例如，是否区分大小写，是否多行匹配等

如果 re.match() 匹配成功，就返回一个匹配的对象，否则返回 None。我们还可以使用 group() 或 groups() 匹配对象函数来获取匹配表达式，如表 3-5 所示。

表3-5　匹配对象函数说明

匹配对象函数	说明
group()	匹配的整个表达式的字符串，group()可以一次输入多个组号，在这种情况下它将返回一个包含那些组所对应值的元组
groups()	返回一个包含所有小组字符串的元组，从1到所含的小组号

了解了以上内容，下面我们来看一个示例，代码如下。

```
import re

print(re.match('www','www.baidu.com').span())  # 在起始位置匹配
print(re.match('com','www.baidu.com'))  # 不在起始位置匹配
```

运行代码后将会在控制台输出：

```
(0,3)
None
```

获取匹配表达式的示例代码如下。

```
import re

line = "Cats are smarter than dogs"
matchObj = re.match(r'(.*)are(.*?).*', line)

if matchObj:
    print("matchObj.group():", matchObj.group())
    print("matchObj.group(1):", matchObj.group(1))
    print("matchObj.group(2):", matchObj.group(2))
else:
    print("No match!!")
```

运行后控制台会输出：

```
matchObj.group():Cats are smarter than dogs
matchObj.group(1):Cats
matchObj.group(2):smarter
```

3.3.2　re.search()

re.search() 用于扫描整个字符串并返回第一个匹配成功的内容。re.search() 的语法格式如下。

```
re.search(pattern,string,flags=0)
```

re.search 也有 3 个参数，这 3 个参数的作用与表 3-4 中所介绍的是一样的。需要注意的是，flags 参数可写可不写，不写也能正常返回结果，原因是它在底层规定了默认值。

示例代码如下。

```
import re

print(re.search('www', 'www.runoob.com').span())  # 在起始位置匹配
```

```
print(re.search('com', 'www.runoob.com').span())    # 不在起始位置匹配
```

运行后将会在控制台输出：

```
(0,3)
(11,14)
```

可以看到，匹配成功后它会返回一个元组，该元组包含了匹配内容的起始位置和结束位置。

3.3.3　re.match() 与 re.search() 的区别

re.match() 只匹配字符串的开始，如果字符串开始不符合正则表达式，则匹配失败，函数返回 None；而 re.search() 会匹配整个字符串，直到找到符合的内容。

示例代码如下。

```
import re

line = "Cats are smarter than dogs"

matchObj = re.match(r'dogs', line)
if matchObj:
    print("match-->matchObj.group():", matchObj.group())
else:
    print("No match!!")

matchObj = re.search(r'dogs', line)
if matchObj:
    print("search-->matchObj.group():", matchObj.group())
else:
    print("No match!!")
```

运行后控制台会输出：

```
No match!!
search-->matchObj.group():dogs
```

从运行结果中可以看到，使用 re.match() 时，它会从 "Cats are smarter than dogs" 这个字符串的起始位置开始匹配，这里起始位置的内容 "Cats" 并不满足它的要求，它从这停止了匹配，所以返回了未匹配到。使用 re.search() 时，虽然从起始位置没匹配到，但它会继续往后匹配，直到把 "Cats are smarter than dogs" 这个字符串匹配完，这里在字符串的结束位置找到了它要匹配的内容，所以返回了匹配到的数据。

3.3.4　检索和替换

当需要替换某段文字中的某些内容时，例如，有一句话："忙完这一阵，就可以接着忙下一阵了。"想要把"忙"字替换成"过"，这时该如何去实现替换呢？Python 的 re 模块提供了 re.sub()，可用于替换字符串中的匹配项。通过 re.sub() 就可以将字符串中满足匹配条件的内容全部替换，re.sub() 的语法格式如下。

```
re.sub(pattern,repl,string,count=0,flags=0)
```

可以看出，re.sub() 有以下几个比较重要的参数。

1）pattern：正则中的模式字符串。

2）repl：替换的字符串，也可为一个函数。

3）string：要被查找替换的原始字符串。

4）count：模式匹配后替换的最大次数，默认为 0，表示替换所有的匹配。

re.sub() 的示例代码如下。

```
import re

st = "忙完这一阵，就可以接着忙下一阵了。"

# 替换其中的"忙"字
new_st = re.sub(r'忙', "过", st)
print("替换后的句子:", new_st)
```

运行后控制台会输出：

```
替换后的句子:过完这一阵，就可以接着过下一阵了。
```

从运行结果中可以看到，已经成功地把"忙"字替换成"过"了。

3.3.5　re.compile()

re.compile() 用于编译正则表达式，生成一个正则表达式（Pattern）对象，供 match() 和 search() 函数使用。re.compile() 的语法格式如下。

```
re.compile(pattern[,flags])
```

参数说明如下。

1）pattern：一个字符串形式的正则表达式。

2）flags：可选参数，表示匹配模式，如忽略大小写、多行模式等，具体参数如下。

① re.I：忽略大小写。

② re.L：表示特殊字符集 \w、\W、\b、\B、\s、\S 依赖于当前环境。

③ re.M：多行模式。

④ re.S：即"."能够匹配包括换行符在内的任意字符。

⑤ re.U：表示特殊字符集 \w、\W、\b、\B、\d、\D、\s、\S 依赖于 Unicode 字符属性数据库。

⑥ re.X：为了增加可读性，忽略空格和 # 后面的注释。

下面来看一个示例。

```
import re

pattern = re.compile(r'\d+')  # 用于匹配至少一个数字
m1 = pattern.match('one12twothree34four')  # 查找头部，没有匹配
m2 = pattern.match('one12twothree34four', 2, 10)  # 从'e'的位置开始匹配，没有匹配
m3 = pattern.match('one12twothree34four', 3, 10)  # 从'1'的位置开始匹配，正好匹配
```

```
print(m1)
print(m2)
print(m3)
print(m3.group(0))
print(m3.start(0))
print(m3.end(0))
print(m3.span(0))
```

运行结果如图 3-6 所示。

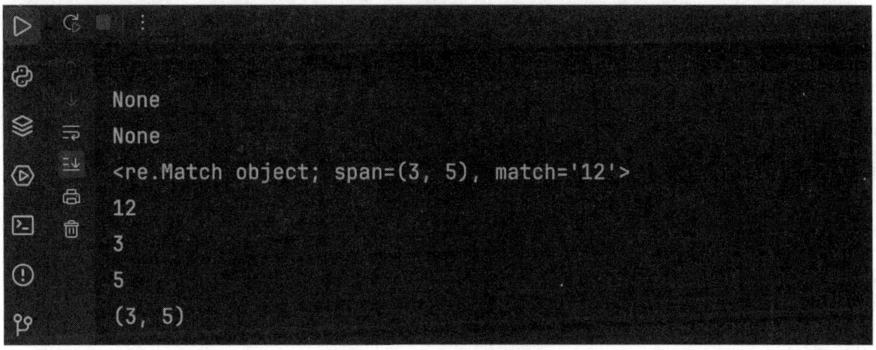

图3-6　运行结果1

在上面的例子中，当匹配成功时返回一个 Match 对象，其中 group([group1,…]) 方法用于获得一个或多个分组匹配的字符串，当要获得整个匹配的子串时，可直接使用 group() 或 group(0)；start([group]) 方法用于获取分组匹配的子串在整个字符串中的起始位置（子串第一个字符的索引），参数默认值为 0；end([group]) 方法用于获取分组匹配的子串在整个字符串中的结束位置（子串最后一个字符的索引 +1），参数默认值为 0；span([group]) 方法返回 (start(group),end(group))。

再来看一个示例。

```
import re

pattern = re.compile(r'([a-z]+)([a-z]+)', re.I)   # re.I表示忽略大小写
m = pattern.match('Hello World Wide Web')

print(m)
print(m.group(0))     # 返回匹配成功的整个子串
print(m.span(0))      # 返回匹配成功的整个子串的索引
print(m.group(1))     # 返回第一个分组匹配成功的子串
print(m.span(1))      # 返回第一个分组匹配成功的子串的索引
print(m.group(2))     # 返回第二个分组匹配成功的子串
print(m.span(2))      # 返回第二个分组匹配成功的子串的索引
print(m.groups())     # 等价于(m.group(1), m.group(2),...)
print(m.group(3))     # 不存在第三个分组
```

运行结果如图 3-7 所示。

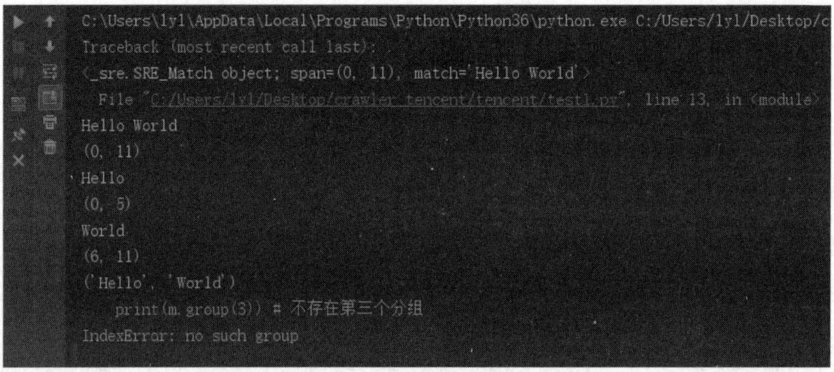

图3-7 运行结果2

3.3.6 findall()

findall() 用于在字符串中找到正则表达式所匹配的所有子串，并返回一个列表，如果没有找到匹配的子串，则返回空列表。findall() 的语法格式如下。

```
findall(string[,pos[,endpos]])
```

参数说明如下。

1）string：待匹配的字符串。

2）pos：可选参数，指定字符串的起始位置，默认为 0。

3）endpos：可选参数，指定字符串的结束位置，默认为字符串的长度。

下面来看一个示例：查找字符串中的所有数字。

```python
import re

pattern = re.compile(r'\d+')    # 查找数字
result1 = pattern.findall('runoob 123 google 456')
result2 = pattern.findall('run88oob123google456', 0, 10)

print(result1)
print(result2)
```

运行结果如图 3-8 所示。

图3-8 运行结果

3.4　XPath

XPath 是一种在 XML 文档中查找信息的语言。XPath 可用来在 XML 文档中对元素和属性进行遍历。XPath 是万维网联盟可扩展样式表转换语言（Extensible Stylesheet Language Transformations, XSLT）标准的主要元素，并且 XQuery 和 XPointer 都构建于 XPath 表达之上。在 Python 的爬虫学习中，XPath 起着举足轻重的作用，对比正则表达式 re，两者可以完成同样的工作，实现的功能也类似，但 XPath 明显比 re 具有优势。

XPath 的全称为 XML Path Language，是一种小型的查询语言，其有如下优点。

1）可在 XML 中查找信息。

2）支持 HTML 的查找。

3）可通过元素和属性进行导航。

Python 开发使用 XPath 条件：由于 XPath 属于 lxml 库模块，因此需要先安装 lxml 库，具体的安装步骤如下。

步骤 ❶：这里使用下载 lxml 的 whl 文件进行安装，下载地址可参见 "本书赠送资源" 文件，从中下载对应的版本。例如，这里下载的是 lxml-5.2.1-cp310-cp310-win_amd64.whl。

步骤 ❷：下载完成之后，放在一个文件夹中，然后按住【Shift】键的同时右击，在弹出的快捷菜单中选择【在此处打开命令窗口】命令，打开 cmd 命令行窗口。

步骤 ❸：使用如下 pip 命令进行安装。

```
pip install lxml-5.2.1-cp310-cp310-win_amd64.whl
```

3.4.1　XPath 的使用方法

XPath 常见的使用方法主要有以下几种。

1）//（双斜杠）：定位根节点，会对全文进行扫描，在文档中选取所有符合条件的内容，以列表的形式返回。

2）/（单斜杠）：寻找当前标签路径的下一层路径标签或对当前路径标签内容进行操作。

3）/text()：获取当前路径下的文本内容。

4）/@xxxx：提取当前路径下标签的属性值。

5）|（可选符）：使用 "|" 可选取若干个路径，如 //p|//div，即在当前路径下选取所有符合条件的 <p> 标签和 <div> 标签。

6）.（点）：选取当前节点。

7）..（双点）：选取当前节点的父节点。

3.4.2　利用实例讲解 XPath 的使用

以下是一段 HTML 示例代码。

```
<div>
 <ul>
    <liclass="item-0"><a href="www.baidu.com">baidu</a>
    <liclass="item-1"><a href="https://blog.csdn.net/qq_25343557">myblog</a>
    <liclass="item-2"><a href="https://www.csdn.net/">csdn</a>
    <liclass="item-3"><a href="https://hao.360.cn/?a1004">hao123</a>
```

显然，这段 HTML 代码中的节点没有闭合，我们可以使用 lxml 中的 etree 模块进行补全。示例代码如下。

```
from lxml import etree

text='''
<div>
 <ul>
    <liclass="item-0"><a href="www.baidu.com">baidu</a>
    <liclass="item-1"><a href="https://blog.csdn.net/qq_32502511">myblog</a>
    <liclass="item-2"><a href="https://www.csdn.net/">csdn</a>
    <liclass="item-3"><a href="https://hao.360.cn/?a1004">hao123</a>
'''

html = etree.HTML(text)
result = etree.tostring(html)
print(result.decode('UTF-8'))
```

运行后控制台会输出：

```
<html><body><div>
 <ul>
    <li class="item-0"><a href="www.baidu.com">baidu</a>
    </li><li class="item-1"><a href="https://blog.csdn.net/qq_32502511">myblog</a>
    </li><li class="item-2"><a href="https://www.csdn.net/">csdn</a>
    </li><li class="item-3"><a href="https://hao.360.cn/?a1004">hao123</a>
</li></ul></div></body></html>
```

可以看到，etree 不仅闭合了节点，还添加了其他需要的标签。除了可以直接读取文本进行解析，etree 也可以读取文件进行解析，示例代码如下。

```
from lxml import etree

html = etree.parse('./test.html', etree.HTMLParser())
result = etree.tostring(html)
print(result.decode('UTF-8'))
```

3.4.3 获取所有节点

根据 XPath 常用规则可知，通过"//"可以查找当前节点下的子孙节点，以上面的 HTML 代码为例获取所有节点，示例代码如下。

```
from lxml import etree

html = etree.parse('./test.html', etree.HTMLParser())
# //表示获取当前节点子孙节点
# *表示获取所有节点
# //*表示获取当前节点下所有节点
result = html.xpath('//*')
for item in result:
    print(item)
```

如果我们不是获取所有节点而是指定获取某个节点，只需要将"*"改为指定节点名称即可，如获取所有的 li 节点。这个 HTML 代码可以直接放在代码的变量中，也可以放在文件中，效果都一样。

3.4.4　获取子节点

根据 XPath 常用规则可知，通过"/"或"//"可以获取子孙节点或子节点。如果要获取 li 节点下的 a 节点，也可以使用 //ul//a，首先选择所有的 ul 节点，然后再获取 ul 节点下的所有 a 节点，最后结果是一样的。但如果使用 //ul/a 就不行了，首先选择所有的 ul 节点，然后再获取 ul 节点下的直接子节点 a，然而 ul 节点下没有直接子节点 a，当然获取不到。需要深刻理解"//"和"/"的不同之处。"/"用于获取直接子节点，"//"用于获取子孙节点，示例代码如下。

```
from lxml import etree

html = etree.parse('./test.html', etree.HTMLParser())
# //li选择所有的li节点
# /a选择li节点下的直接子节点a
result = html.xpath('//li/a')
for item in result:
    print(item)
```

3.4.5　获取文本信息

很多时候找到指定的节点都是要获取节点内的文本信息。这里使用 text() 方法获取节点中的文本。例如，获取所有 <a> 标签的文本信息，示例代码如下。

```
from lxml import etree

html = etree.parse('./test.html', etree.HTMLParser())
result = html.xpath('//ul//a/text()')
print(result)
```

XPath 在爬虫中使用得最频繁的方法基本就是这些，当然，除了前面的讲解，它还有很多使用方法，有兴趣的读者可以去 W3School 官网查看 XPath 教程。

3.4.6　通过谷歌浏览器获取 XPath 表达式

通过谷歌浏览器可以非常方便地获取定位节点的 XPath 表达式。以百度为例，打开百度的页面后，按【F12】键打开开发者调试工具，切换到【Elements】栏，直接右击想要定位的节点，在弹出的快捷菜单中选择【Copy】→【Copy Xpath】命令，即可复制对应的 XPath 语句，如图 3-9 所示。

图3-9　通过谷歌浏览器获取XPath表达式

复制出来的 XPath 表达式内容如下。

```
//*[@id="su"]
```

3.5　BeautifulSoup

在实践中，除了使用正则表达式和 XPath 提取网页数据，还经常使用 BeautifulSoup。BeautifulSoup 是一个可以从 HTML 或 XML 文件中提取数据的 Python 库，它依据 HTML 的结构和属性特点，实现对节点的定位和对数据的提取。

3.5.1　BeautifulSoup 模块的安装

只要在安装 Python 时已经安装好了 pip 工具，就可以直接通过以下命令安装 BeautifulSoup 模块。

```
pip install beautifulsoup4
```

在安装完 BeautifulSoup 模块后，还需要安装解析器模块，因为 BeautifulSoup 在解析网页时需要解析器支持。BeautifulSoup 支持 Python 标准库中的 HTML 解析器，还支持一些第三方的解析器。表 3-6 列出了主要的解析器及其优劣势。

表3-6　BeautifulSoup各解析器对比

解析器	使用方法	优势	劣势
Python标准库	BeautifulSoup(markup, "html.parser")	Python的内置标准库，执行速度适中，文档容错能力强	Python 2.7.3或Python 3.2.2前的版本中文档容错能力差
lxml HTML 解析器	BeautifulSoup(markup, "lxml")	速度快，文档容错能力强	需要安装C语言库
lxml XML 解析器	BeautifulSoup(markup, "xml")	速度快，唯一支持XML的解析器	需要安装C语言库
html5lib	BeautifulSoup(markup, "html5lib")	最好的容错性，以浏览器的方式解析文档，生成HTML5格式的文档	速度慢，不依赖外部扩展

在实践中，一般选用 lxml 解析器，可通过以下命令安装。

```
pip install lxml
```

3.5.2　定位节点

想要获取网页中的数据，需要先定位节点，接下来将介绍 BeautifulSoup 定位节点的几种方法。

假设现已获取了一个网页的 HTML 源码如下，并以该源码构建了 BeautifulSoup 对象，本小节及 3.5.3 节中的示例，都会基于如下代码进行演示。

```
html_doc = """
<html><head><title>The Dormouse's story</title></head>
    <body>
<p class="title"><b>The Dormouse's story</b></p>

<p class="story">Once upon a time there were three little sisters; and their
names were
<a href="http://example.com/elsie" class="sister" id="link1">Elsie</a>,
<a href="http://example.com/lacie" class="sister" id="link2">Lacie</a> and
<a href="http://example.com/tillie" class="sister" id="link3">Tillie</a>;
and they lived at the bottom of a well.</p>

<p class="story">...</p>
"""
from bs4 import BeautifulSoup
soup = BeautifulSoup(html_doc, 'lxml')
```

1. 标签名称

通过标签的名称可以直接定位节点。示例代码如下。

```
# 通过名称直接定位节点
title = soup.title
print('title: ', title)
# 可多次调用该方法，获取节点的子孙节点
b = soup.body.b
print('b: ', b)
# 有多个同名节点时，只能获取第一个节点
p = soup.body.p
print('p: ', p)
```

控制台输出：

```
title: <title>The Dormouse's story</title>
b: <b>The Dormouse's story</b>
p: <p class="title"><b>The Dormouse's story</b></p>
```

2. find_all()和find()

BeautifulSoup 还提供了一些搜索方法，通过这些搜索方法可以快速地定位节点。

find_all() 方法是最常用的搜索方法，它搜索当前节点的所有子节点，并判断是否符合过滤器的条件，使用方法如下。

```
find_all(name=None, attrs={}, recursive=True, string=None, limit=None, **kwargs)
```

参数说明可参看表 3-7。

表3-7 find_all()方法的参数

参数	描述
name	字符串类型，查找名称为该值的节点
attrs	字典类型，键为属性名（如class或id），值为属性值，按照属性的值过滤符合条件的节点
recursive	布尔类型，为True时只搜索当前节点的直接子节点，为False时搜索当前节点的所有子孙节点
string	字符串类型，搜索文档中的字符串内容
limit	数字类型，限制返回结果的数量
**kwargs	关键字参数，搜索时会把关键字参数当作节点的属性来搜索

下面是 find_all() 方法的示例。

```
# 通过节点名称进行搜索
title = soup.find_all('title')
print('title:', title)
# 通过节点属性进行搜索
names = soup.find_all(attrs={'class': 'sister'})
print('names: ', names)
# 通过节点属性进行搜索，并限制最大返回结果数为1
names_limit = soup.find_all(attrs={'class': 'sister'}, limit=1)
print('names_limit: ', names_limit)
# 通过节点属性进行搜索，并限制只从当前节点的子节点查找，由于soup为根节点，所以搜索结果将会为空
names_recursive = soup.find_all(attrs={'class': 'sister'}, recursive=False)
```

```
print('names_recursive: ', names_recursive)
# 通过节点内容进行搜索
names_string = soup.find_all(string='Elsie')
print('names_string: ', names_string)
# 通过关键字参数进行搜索，搜索class值为sister的节点，由于class为Python的关键字，所以需要
# 使用class_
names_class = soup.find_all(class_='sister')
print('names_class: ', names_class)
# 通过关键字参数进行搜索，搜索id值为link2的节点
names_id = soup.find_all(id='link2')
print('names_id: ', names_id)
```

控制台输出：

```
title: [<title>The Dormouse's story</title>]
names: [<a class="sister" href="http://example.com/elsie" id="link1">Elsie</
a>, <a class="sister" href="http://example.com/lacie" id="link2">Lacie</a>, <a
class="sister" href="http://example.com/tillie" id="link3">Tillie</a>]
names_limit: [<a class="sister" href="http://example.com/elsie"
id="link1">Elsie</a>]
names_recursive: []
names_string: ['Elsie']
names_class: [<a class="sister" href="http://example.com/elsie"
id="link1">Elsie</a>, <a class="sister" href="http://example.com/lacie"
id="link2">Lacie</a>, <a class="sister" href="http://example.com/tillie"
id="link3">Tillie</a>]
names_id: [<a class="sister" href="http://example.com/lacie"
id="link2">Lacie</a>]
```

BeautifulSoup 还提供了 find() 方法，find() 方法和 find_all() 方法的使用方法基本一致，区别在于 find_all() 方法会返回包含所有符合条件的节点列表，而 find() 方法只会返回符合条件的第一个节点。

3. CSS选择器

BeautifulSoup 还支持通过 CSS 选择器定位节点，只需要调用 select() 方法，并传入 CSS 选择器即可。CSS 选择器的具体用法可参照文档说明，文档地址参见"本书赠送资源"。下面通过示例代码展示几个常用的 CSS 选择器用法。

```
# 通过标签名称进行搜索
title = soup.select('title')
print('title: ', title)
# 通过标签id进行搜索
link3 = soup.select('#link3')
print('link3: ', link3)
# 通过标签class属性进行搜索
sisters = soup.select('.sister')
print('sisters: ', sisters)
```

控制台输出：

```
title: [<title>The Dormouse's story</title>]
```

```
link3:  [<a class="sister" href="http://example.com/tillie"
id="link3">Tillie</a>]
sisters:  [<a class="sister" href="http://example.com/elsie"
id="link1">Elsie</a>, <a class="sister" href="http://example.com/lacie"
id="link2">Lacie</a>, <a class="sister" href="http://example.com/tillie"
id="link3">Tillie</a>]
```

4. 关联选择

HTML 中的节点存在着一定的关联关系，BeautifulSoup 提供了一些基于关联关系定位元素的方法。以下是示例代码。

```python
# 先定位一个节点
story = soup.find(class_='story')
print('story: ', story)
# 获取节点的父节点
story_parent = story.parent
print('story_parent: ', story_parent.name)
# 获取节点的所有祖先节点，获取到的是一个生成器
story_parents = story.parents
for i in story_parents:
    # 节点内容较多，故只输出节点的名字
    print('story_parents: ', i.name)
# 获取节点的所有直接子节点，获取到的是一个列表
story_contents = story.contents
print('story_contents: ', story_contents)
# 获取节点的所有子孙节点，获取到的是一个生成器
story_children = story.children
for i in story_children:
    print('story_children: ', i.name)
# 获取节点的前一个兄弟节点
story_pre_sibling = story.previous_sibling
print('story_pre_sibling: ', story_pre_sibling.name)
# 获取节点前面的所有兄弟节点，获取到的是一个生成器
story_pre_siblings = story.previous_siblings
for i in story_pre_siblings:
    print('story_pre_siblings: ', i.name)
# 获取节点的后一个兄弟节点
story_next_sibling = story.next_sibling
print('story_next_sibling: ', story_next_sibling.name)
# 获取节点后面的所有兄弟节点，获取到的是一个生成器
story_next_siblings = story.next_siblings
for i in story_next_siblings:
    print('story_next_siblings: ', i.name, i)
```

控制台输出：

```
story:  <p class="story">Once upon a time there were three little sisters; and
their names were<a class="sister" href="http://example.com/elsie"
id="link1">Elsie</a>,<a class="sister" href="http://example.com/lacie"
id="link2">Lacie</a> and<a class="sister" href="http://example.com/tillie"
```

```
id="link3">Tillie</a>;and they lived at the bottom of a well.</p>
story_parent:  body
story_parents:  body
story_parents:  html
story_parents:  [document]
story_contents:  ['Once upon a time there were three little sisters; and their
names were', <a class="sister" href="http://example.com/elsie"
id="link1">Elsie</a>, ',', <a class="sister" href="http://example.com/lacie"
id="link2">Lacie</a>, ' and', <a class="sister" href="http://example.com/
tillie" id="link3">Tillie</a>, ';and they lived at the bottom of a well.']
story_children:  None
story_children:  a
story_children:  None
story_children:  a
story_children:  None
story_children:  a
story_children:  None
story_pre_sibling:  p
story_pre_siblings:  p
story_next_sibling:  p
story_next_siblings:  p <p class="story">...</p>
```

BeautifulSoup 还提供一些用法和 find_all()、find() 完全相同的搜索方法，用以进行关联选择，方法如表 3-8 所示。

表3-8　BeautifulSoup关联选择方法

方法	描述
find_parent()	搜索符合条件的父节点
find_parents()	搜索符合条件的所有祖先节点
find_previous_sibling()	搜索前面符合条件的兄弟节点
find_previous_siblings()	搜索前面符合条件的所有兄弟节点
find_next_sibling()	搜索后面符合条件的兄弟节点
find_next_siblings()	搜索后面符合条件的所有兄弟节点
find_previous()	搜索前面符合条件的节点
find_all_previous()	搜索前面符合条件的所有节点
find_next()	搜索后面符合条件的节点
find_all_next()	搜索后面符合条件的所有节点

3.5.3　提取数据

在了解了如何定位节点后，下面来介绍如何提取节点中的数据。本小节中的代码依旧基于 3.5.2 节中构建的 BeautifulSoup 对象进行示例展示。

1. 获取名称

利用 name 属性可获取节点的名称。示例代码如下。

```
link2 = soup.find(id='link2')
print('link2: ', link2)

name = link2.name
print('name: ', name)
```

控制台输出：

```
link2:  <a class="sister" href="http://example.com/lacie" id="link2">Lacie</a>
name:  a
```

2. 获取内容

利用 string 属性可获取节点的内容。示例代码如下。

```
link2 = soup.find(id='link2')
print('link2: ', link2)

text = link2.string
print('string: ', text)
```

控制台输出：

```
link2:  <a class="sister" href="http://example.com/lacie" id="link2">Lacie</a>
string:   Lacie
```

3. 获取属性

利用 sttrs 属性可获取节点的属性，节点的属性是一个字典，包含该节点所有的属性。示例代码如下。

```
link2 = soup.find(id='link2')
print('link2: ', link2)

class_ = link2.attrs
print('class_: ', class_)
href = link2.attrs['href']
print('href: ', href)
```

控制台输出：

```
link2:  <a class="sister" href="http://example.com/lacie" id="link2">Lacie</a>
class_:  {'href': 'http://example.com/lacie', 'class': ['sister'], 'id': 'link2'}
href:   http://example.com/lacie
```

3.6 新手实训

通过前面几节的学习，相信读者已经对 Python 中常用的两个 HTTP 请求库有了基本的认识和理解，下面来做几个小练习，巩固并加深对知识的理解。

实训一：requests 库爬取豆瓣电影 Top250 页面

本实训主要是希望读者练习 requests 库的使用，试着用它请求豆瓣电影 Top250 页面，获取网页源码并在控制台打印出来，请求地址为 https://movie.douban.com/top250，需要实现的目标如下。

1）构造一个访问豆瓣电影网的请求 (url，headers)。

2）输出请求的状态码。

3）输出请求的网页源码。

4）将源码打印到控制台。

为了实现目标，这里给出一个大概的参考步骤，读者可以参考此步骤，实现对豆瓣电影 Top250 页面的请求，达到举一反三的目的。相关的步骤如下。

步骤 ❶：输入网址 https://movie.douban.com/top250，进入豆瓣电影网的首页，如图 3-10 所示。

图3-10　豆瓣电影Top250页面

步骤 ❷：寻找 headers 信息。按【F12】键进入调试模式，然后切换到【Network】选项卡，选择一个请求查找 headers 相关信息。

步骤 ❸：分析页面源码结构，获取编码方式。在网页中右击，在弹出的快捷菜单中选择【查看网页源代码】命令进入源代码页面，如图 3-11 所示。通过分析网页源代码顶部的 <meta http-equiv="Content-Type" content="text/html; charset=utf-8">，可以发现 charset 是 utf-8 的。

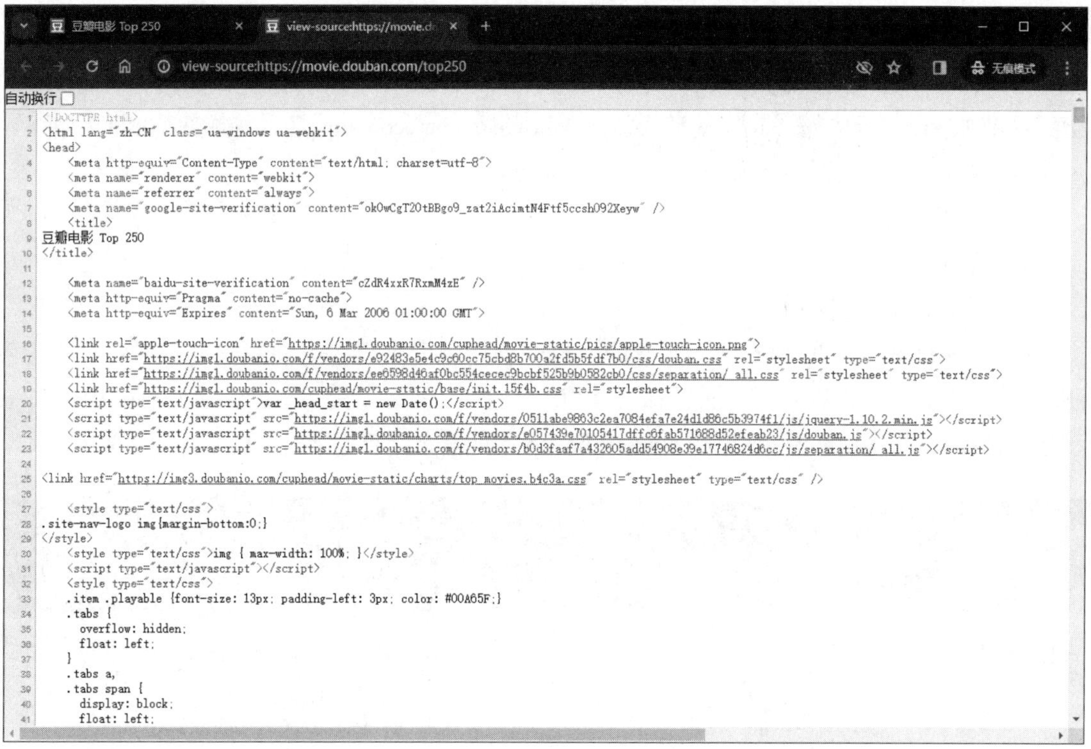

图3-11　网页源代码

步骤 ❹：编写代码实现请求获取源码并打印，示例代码如下。

```python
import requests

url = 'https://movie.douban.com/top250'
headers = {
    'Accept': 'text/html,application/xhtml+xml,application/xml;'
              'q=0.9,image/avif,image/webp,image/apng,*/*;'
              'q=0.8,application/signed-exchange;v=b3;q=0.7',
    'Accept-Language': 'zh-CN,zh;q=0.9',
    'Cache-Control': 'no-cache',
    'Connection': 'keep-alive',
    'DNT': '1',
    'Pragma': 'no-cache',
    'Sec-Fetch-Dest': 'document',
    'Sec-Fetch-Mode': 'navigate',
    'Sec-Fetch-Site': 'none',
    'Sec-Fetch-User': '?1',
    'Upgrade-Insecure-Requests': '1',
    'User-Agent': 'Mozilla/5.0 (Windows NT 10.0; Win64; x64) '
                  'AppleWebKit/537.36 (KHTML, like Gecko) '
                  'Chrome/123.0.0.0 Safari/537.36',
    'sec-ch-ua': '"Google Chrome";v="123", "Not:A-Brand";v="8", "Chromium";v="123"',
    'sec-ch-ua-mobile': '?0',
    'sec-ch-ua-platform': '"Windows"',
```

```
}
# 定义req为一个请求的对象
req = requests.get(url, headers=headers)
# 获取请求的状态码
status_code = req.status_code
print(status_code)
# 指定网页编码方式
req.encoding = 'utf-8'
# 获取网页源代码，用html变量接收
html = req.content
print(html)
```

实训二：百度搜索关键字提交

通过 requests 库携带参数去请求百度搜索，然后获取返回的 HTML 源码。百度搜索地址为 https://www.baidu.com/s?wd=keyword，参考步骤如下。

步骤❶：打开百度首页，在搜索框中输入"python"，输入之后会自动跳转到搜索结果页面，如图 3-12 所示。

图3-12 百度搜索结果

步骤❷：观察 URL 地址栏，发现有一个 wd 的参数，这个表示的就是输入的要搜索的内容。如图 3-13 所示。

图3-13　URL地址栏

步骤 ❸：知道了 wd 参数，就可以使用 Python 编写代码模拟这个过程了，示例代码如下。

```
import requests

keyword = 'python'

try:
    kv = {'wd': keyword}
    r = requests.get('https://www.baidu.com/s', params=kv)
    r.raise_for_status()
    r.encoding = r.apparent_encoding
    print(len(r.text))
except:
    print("失败")
```

温馨提示：
　　学习爬虫是一件快乐有趣的事情，读者一定要多动手写代码，善于观察发现，带着问题去学习，这样才能达到事半功倍的效果。

3.7　新手问答

学习完本章之后，读者可能会有以下疑问。

1. 异常处理中except的用法和作用是什么？

答：执行 try 语句，如果引发异常，则执行过程会跳到 except 语句。对每个 except 分支顺序尝试执行，如果引发的异常与 except 中的异常组匹配，则执行相应的语句；如果所有的 except 都不匹配，则异常会传递到下一个调用本代码的最高层 try 代码中。

try 语句正常执行的话，则执行 else 块代码。如果发生异常，就不会执行；如果存在 finally 语句，里面的代码最后总是会被执行。

2. 如何解决urllib.request找不到问题？

答：Python 3.x 中 urllib 库和 urllib2 库合并成了 urllib 库，其中：urllib2.urlopen() 变成了 urllib.request.urlopen()，urllib2.Request() 变成了 urllib.request.Request()。

因此，Python 3.x 版本中可以使用 urllib.request 库；但是在 Python 2.x 的库中，还是使用 urllib2.urlopen()。

本章小结

本章主要介绍了 urllib、requests、re 和 BeautifulSoup 库的基本使用方法，以及如何用它们编写简单的爬虫。学习本章的内容还需要读者积极配合练习进行巩固加深，一步一个脚印，才能真正学会使用这些库进行网络请求抓取数据并解析提取数据。

第4章

Ajax数据抓取

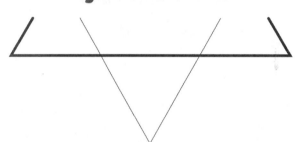

本章导读

　　通过前面几章的学习，我们已经了解了爬虫的工作原理和一些基本库的使用。但我们会发现一个问题：在使用 requests 库或 urllib 库抓取页面时，有时得到的结果可能与在浏览器中看到的不一样。例如，在抓取飞常准网站代码查询页面时，通过浏览器看到的页面数据是正常的，但是通过 requests 直接去请求这个地址，返回的网页源代码数据和在浏览器上看到的是不同的。

　　这是为什么呢？实际上，这是因为 requests 获取到的都是原始的 HTML 文档，而浏览器中的页面是经过 JavaScript 处理数据后生成的结果，这些数据来源有多种，可能是通过 Ajax 加载的，也可能是包含在 HTML 文档中的，还有可能是经过 JavaScript 和特殊的算法计算后生成的。对于第一种情况，数据加载是一种异步加载方式，原始的页面最初不会包含某些数据，原始页面加载完成后，再通过 JS 向服务器发送一个或多个请求获取数据，数据才会被处理并呈现在网页上，这其实就是发送了一个 Ajax 请求。

　　依照当今乃至以后的 Web 发展趋势来看，采用这种形式的页面会越来越多。网页的原始 HTML 文档不会再包含任何数据，都是通过 Ajax 加载数据后再渲染，达到前后端分离的效果，而且这样能降低服务器之间渲染页面带来的压力。所以如果遇到这样的页面，直接利用 requests 等库来抓取，是无法获取到数据的，这时就需要借助一些工具去分析网页的 Ajax 请求接口，然后再利用 requests 等库去模拟 Ajax 请求，这样就能成功地抓取到数据了。本章将会讲解 Ajax 的含义，以及如何分析和抓取 Ajax 请求。

知识要点

◆ Ajax的基本原理及方法

◆ 分析抓取目标网站的Ajax接口

◆ 使用Python网络请求库请求分析到的Ajax接口获取数据

4.1　Ajax简介

Ajax 的全称为 Asynchronous JavaScript and XML，即异步的 JavaScript 和 XML，它不是新的编程语言，而是一种使用现有标准的新方法，它可以在不重新加载整个页面的情况下与服务器交换数据并更新部分网页的数据。例如，访问飞常准网站代码查询页面时，在搜索框中输入想要查询的机场、城市、三字码、四字码等，然后单击【搜索】按钮就可以在网址不变的情况下刷新已查询出来的数据。

在 W3School 网站上也有几个关于 Ajax 的实例，有兴趣的读者可以打开网址（参见"本书赠送资源"文件）去体验一下。

4.1.1　实例引入

下面通过一个实例来了解 Ajax 请求，这里以飞常准大数据网页为例，在浏览器中打开链接，如图 4-1 所示。

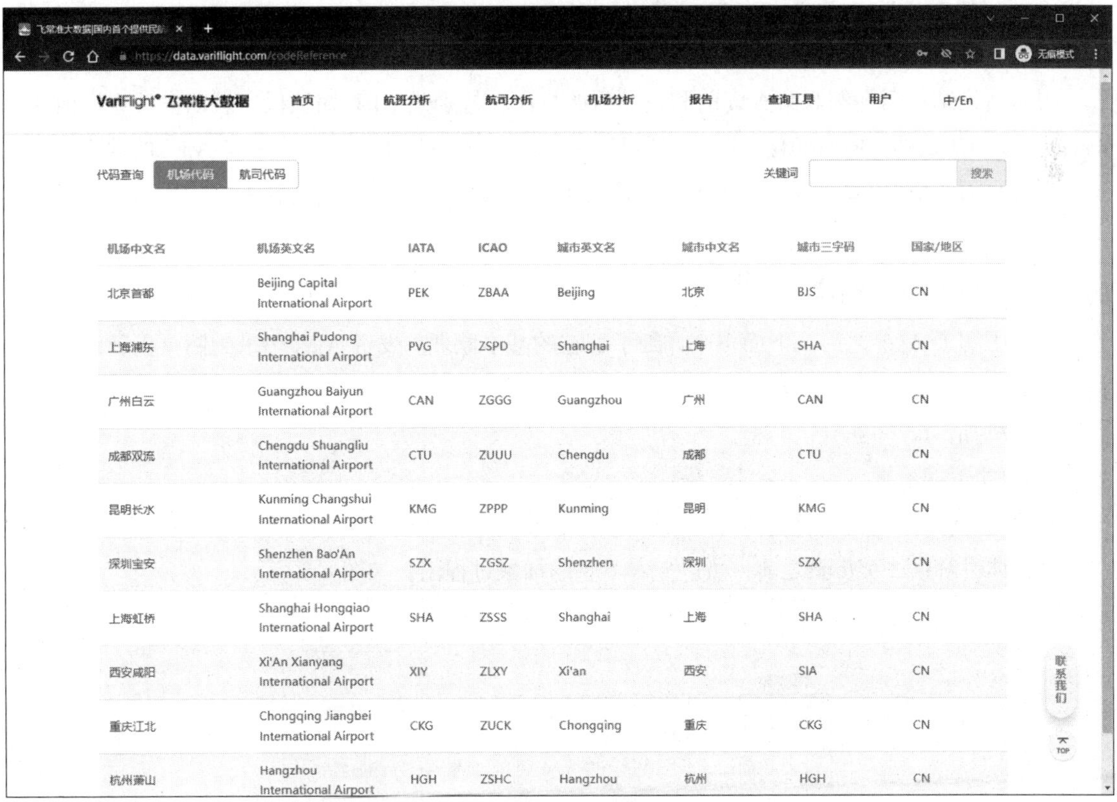

图4-1　飞常准代码查询页面

在界面右上方的条件筛选输入框中输入"PEK"，然后单击【搜索】按钮，如图 4-2 所示。

图4-2　PEK查询结果

得到查询结果后仔细观察查询前和查询后的页面，特别是 URL 地址栏，可以发现查询前和查询后页面的 URL 没有任何变化，但下面列表中的数据却不一样了。这其实就是 Ajax 的效果，在不刷新全部页面的情况下，通过 Ajax 异步加载数据，可以实现数据局部更新。

4.1.2　Ajax 的基本原理

初步了解了 Ajax 之后，下面再来详细了解它的基本原理。发送 Ajax 请求到网页更新的这个过程可以简单地分为以下 3 个步骤。

1）发送请求。

2）解析返回数据。

3）渲染网页。

在具体讲解这 3 个步骤之前，可以先看下它的抽象过程图，如图 4-3 所示。

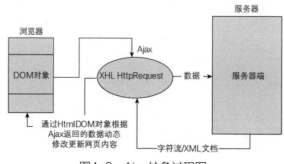

图4-3　Ajax抽象过程图

1. 发送请求

我们知道，JavaScript 可以实现页面的各种交互功能。Ajax 也不例外，它的底层也是由 JavaScript 实现的。要使用 Ajax 技术，需要先创建一个 XMLHttpRequest 对象，缺少它就不能实现异步传输。所以执行 Ajax 时，实际上需要执行以下代码。

```
var xmlhttp;
if (window.XMLHttpRequest) {
// IE7+、Firefox、Chrome、Opera、Safari 浏览器执行代码
xmlhttp=new XMLHttpRequest();
}else {
// IE6、IE5 浏览器执行代码
xmlhttp=new ActiveXObject("Microsoft.XMLHTTP");
}
xmlhttp.open("GET","/try/ajax/demo_get2.php?fname=Henry&lname=Ford",true);
xmlhttp.send();

xmlhttp.open("POST","/try/ajax/demo_post2.php",true);
xmlhttp.setRequestHeader("Content-type","application/x-www-form-urlen coded");
xmlhttp.send("fname=Henry&lname=Ford");
```

在网页中为某些事件的响应绑定异步操作：通过上面创建的 xmlhttp 对象传输请求、携带数据。在发出请求前要先定义请求对象的 method、要提交给服务器中哪个文件进行请求的处理、要携带哪些数据，以及判断是否异步。

其中，与普通的 Request 提交数据一样，这里也分两种方式：GET 和 POST，在实际使用时可根据需求自主选择。GET 和 POST 都是向服务器提交数据，并且都会从服务器获取数据。它们之间的区别如下。

1）传送方式：GET 通过地址栏传输，POST 通过报文传输。

2）传送长度：GET 参数有长度限制（受限于 URL 长度），而 POST 无限制。

对于 GET 方式的请求，浏览器会把 HTTPheader 和 data 一并发送出去，服务器响应 200（返回数据）；而对于 POST 方式的请求，浏览器先发送 header，服务器响应 100continue，浏览器再发送 data，服务器响应 200OK（返回数据）。也就相当于，GET 只需要汽车跑一趟就把货送到了，而 POST 得跑两趟，先去和服务器打个招呼"嗨，我等下要送一批货来，你们打开门迎接我"，再回头把货送过去。因为 POST 需要两步，时间上消耗的要多一点，看起来 GET 比 POST 更有效。因此，推荐用 GET 替换 POST 来优化网站性能。

2. 解析返回数据

服务器在收到请求后，就会把附带的参数数据作为输入传给处理请求的文件。例如，前面代码中所示，把 fname=Henry&lname=Ford 作为输入，传给"/try/ajax/demo_get2.php"文件。然后该文件根据传入的数据做出处理，最终返回结果，并通过 Response 对象发回去。客户端根据 xmlhttp 对象来获取 Response 的内容，返回的 Response 内容可能是 HTML 也可能是 JSON，接下来只需要在方法中用 JavaScript 做进一步的处理即可。例如，当为 JSON 时可以进行解析和转化。

例如，这里使用谷歌浏览器打开飞常准网站代码查询页面（具体网址参见"本书赠送资源"），按【F12】键打开调试模式，然后在页面的搜索框中输入"PEK"并单击【搜索】按钮。之后在调试面板中切换到【Network】选项卡，找到名称为 airportCode 的请求并单击即可以查看 Ajax 发起请求之后返回的 JSON 数据，如图 4-4 所示。

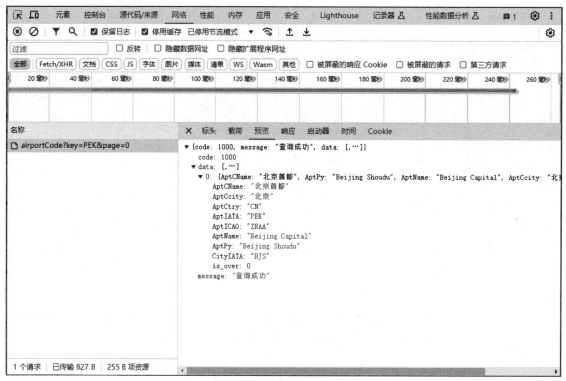

图4-4　返回结果

3. 渲染网页

JavaScript 有改变网页内容的能力，所以在通过 Ajax 请求获取到返回数据后，通过解析就可以调用 JavaScript 获取指定的网页 DOM 对象进行更新、修改等数据处理。例如，通过 document. getElementById().innerHTML 操作，便可以对某个元素内的元素进行修改，这样网页显示的内容就改变了，这样的操作也被称为 DOM 操作，即对 Document 网页文档进行操作，如修改、删除等。

例如，通过 document.gctElementById("intro") 可以将 ID 为 intro 的节点内容的 HTML 代码改为服务器返回的内容，这样 intro 元素内部便会呈现出服务器返回的新数据，网页的部分内容看上去就更新了。假使服务器返回"11"这个数据，按如图 4-5 所示将其填充进去。

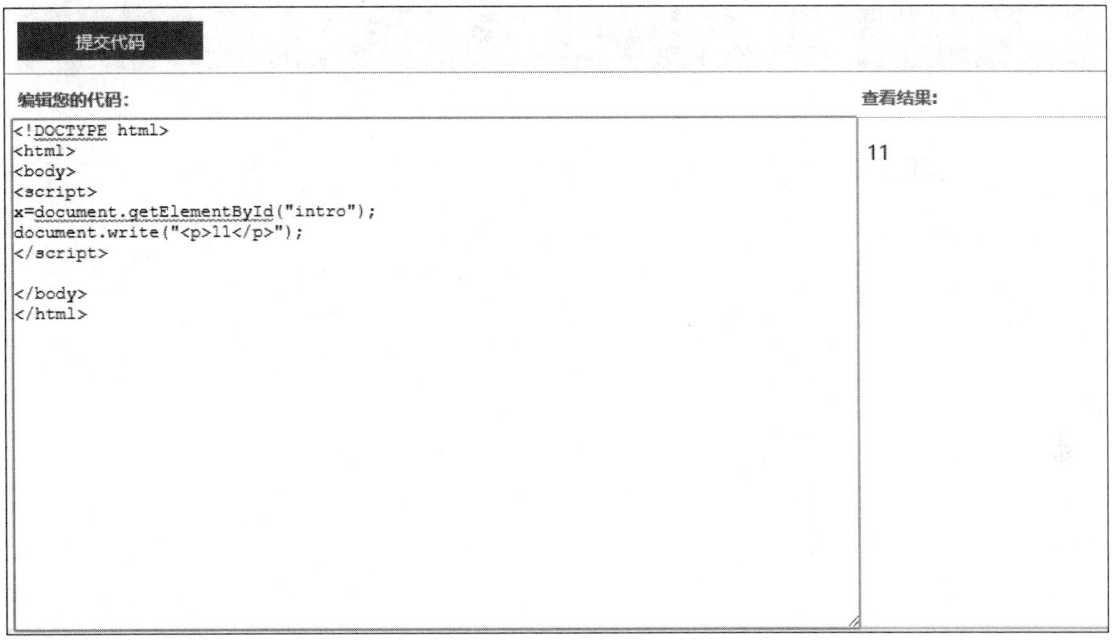

```
提交代码
```

编辑您的代码：　　　　　　　　　　　　　　　　　　　　　　　查看结果：

```
<!DOCTYPE html>
<html>                                                        11
<body>
<script>
x=document.getElementById("intro");
document.write("<p>11</p>");
</script>

</body>
</html>
```

图4-5　渲染数据

通过观察可以发现，上述 3 个步骤其实都是由 JavaScript 完成的，即 JavaScript 完成了整个请求、解析和渲染过程。现在再回过头去想一下，前面的例子中的飞常准大数据网页，其实就是 JavaScript 向服务器发送了一个 Ajax 请求，然后获取新的数据解析，并将其渲染在网页中。

4.1.3　Ajax 方法分析

这里仍以飞常准网站代码查询页面为例，我们知道，在条件筛选框中输入机场三字码时刷新内容将由 Ajax 加载，而且页面的 URL 没有变化，那么应该到哪里去查看这些 Ajax 请求呢？

这里还需要借助浏览器的开发者工具，下面以 Chrome 浏览器为例来介绍。

步骤❶：用 Chrome 打开网址飞常准网站代码查询页面。

步骤❷：在页面中右击，在弹出的快捷菜单中选择【检查】命令或按【F12】键，此时会弹出开发者工具，如图 4-6 所示，在【Elements】选项卡中会显示网页的源代码，其下方是节点的样式。不过这不是我们想要寻找的内容。

步骤❸：切换到【Network】选项卡，重新刷新当前页面，可以发现这里出现了非常多的条目，其实这些条目就是页面在加载过程中浏览器与服务器之间发送请求和接收响应的所有记录，如图 4-7 所示。

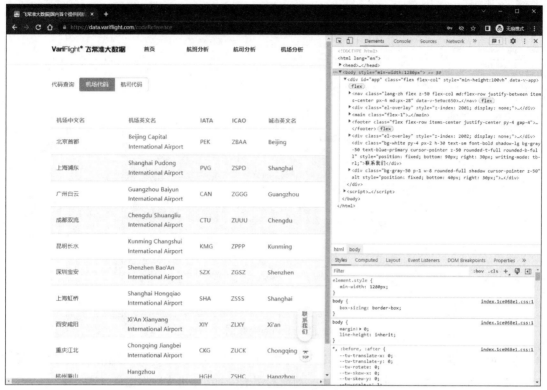

图4-6　开发者工具

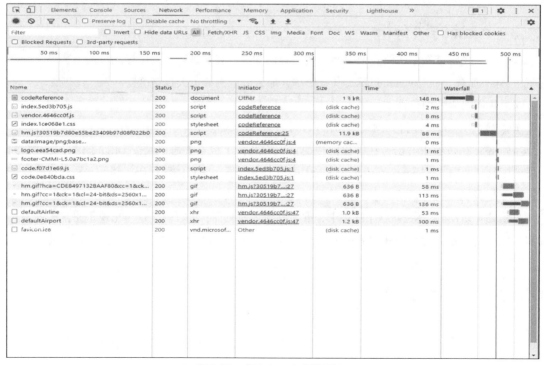

图4-7　【Network】选项卡

　　Ajax 有其特殊的请求类型，叫作 xhr。图 4-8 中带底色且名称为 "defaultAirport" 的请求，其 Type 为 xhr，这就是一个名副其实的 Ajax 请求。单击这个请求就可以看到它的详细信息。

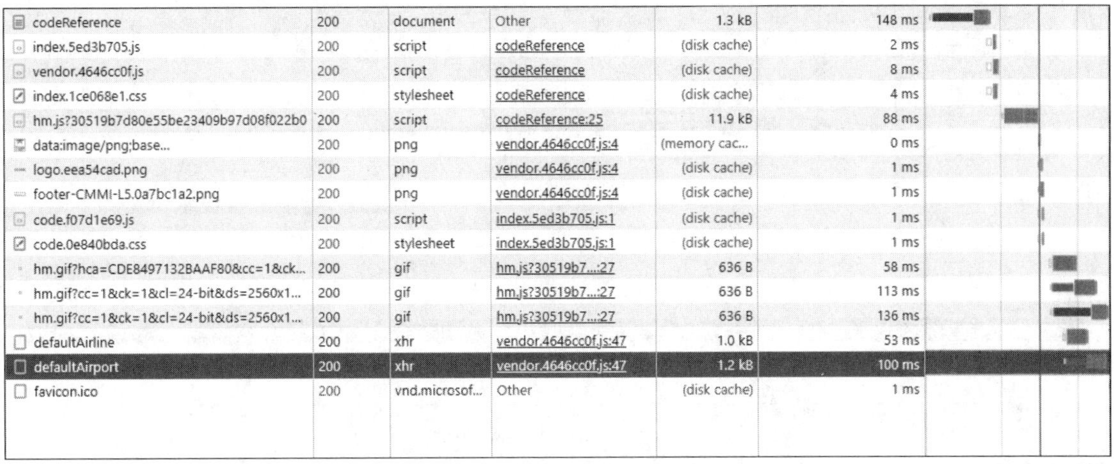

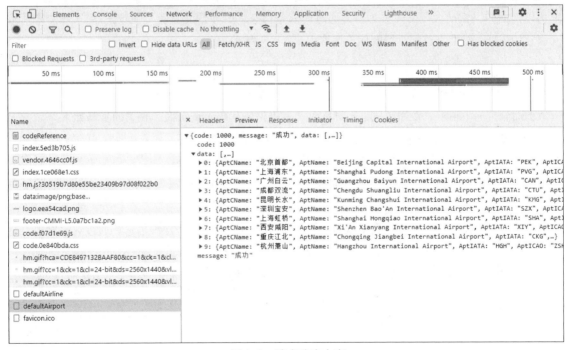

图4-8　defaultAirport请求

　　步骤❹：单击【defaultAirport】请求，会看到右侧有它的一些详细信息，如图 4-9 所示，选择【Preview】或【Response】选项卡就会看到当前 Ajax 请求向服务器端发起请求后服务器端响应的内容了。得到这些内容后，JS 就可以对它进行解析处理，并将它更新到网页中。

图4-9　请求响应内容

温馨提示：

在进行请求分析时，若发现条目太多，不方便直接找出 xhr 方法时，这里教大家一个小技巧：选择图 4-10 中的【Fetch/XHR】选项，就可以快速地筛选出 xhr 方法。

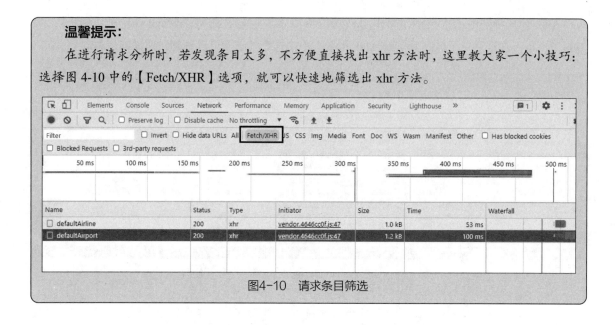

图4-10　请求条目筛选

4.2 使用Python模拟Ajax请求数据

通过前面的学习，认识和了解了 Ajax 的基本原理，下面用 Python 来模拟这些 Ajax 请求。这里仍以前面的飞常准大数据网页为例，通过传入条件查询的参数北京首都机场三字码 PEK 来请求获取它的数据，把北京首都机场的信息提取出来。

4.2.1 分析请求

下面分析一下请求，使用浏览器打开网址飞常准网站代码查询页面，相关的步骤如下。

步骤❶：按【F12】键进入开发者工具，选择【Network】选项卡，在条件搜索框中输入 "PEK" 并单击【搜索】按钮，可以看到【Network】选项卡下出现了很多条目。

步骤❷：选择【Fetch/XHR】进行筛选，找到名称为 "airportCode" 的请求并单击，如图 4-11 所示。

步骤❸：单击之后，可以看到【Headers】下面有很多关于请求的详细信息。通过观察发现，请求链接 RequestURL 为 "https://data.variflight.com/api/analytics/Codeapi/airportCode?key=PEK&page=0"，请求方法 RequestMethod 为 "POST"，从 URL 中可以看到这里有两个查询参数：key 和 page，key 就是输入 PEK 要查询的三字码，page 是页数。

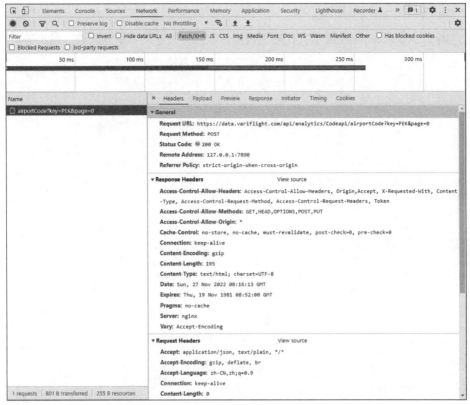

图4-11　airportCode请求

4.2.2　分析响应结果

前面已经分析了请求的详细信息，如请求的链接、方法、需要传递的参数等，下面再来看看它的响应结果是什么样的。选择【Preview】选项卡，将会出现如图 4-12 所示的内容，这些内容是 JSON 格式，浏览器开发工具自动做了解析以方便查看。可以看到有 3 条信息，一是 code，代表响应状态码是失败还是成功；二是 data，data 就是我们想要的内容，里面包含了北京机场的相关信息；三是 message，代表提示消息。

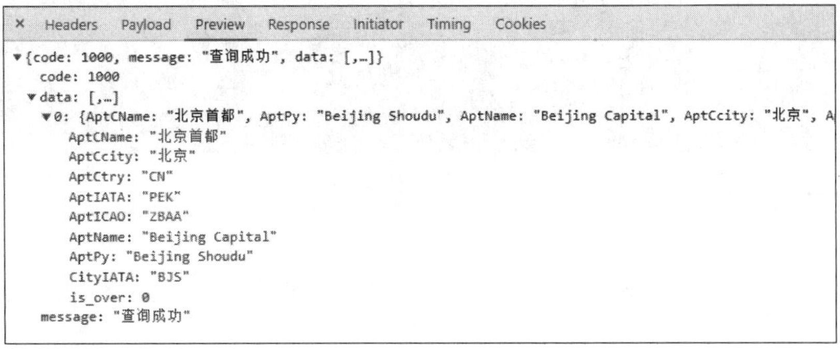

图4-12　响应内容

4.2.3　编写代码模拟抓取

下面使用 Python 的 requests 库编写代码来模拟抓取。首先定义一个方法获取每次请求的结果。在请求时，key 和 page 是一个可变的参数，所以将它们作为方法的参数传递进来，相关示例代码如下。

```python
import requests
import json


# 获取请求数据
def get_data(key, page):
    url = "https://data.variflight.com/analytics/Codeapi/airportCode"
    data = {
        "key": key,
        "page": page
    }
    res = requests.request("post", url, data=data)
    return res.text


# 获取解析结果
def get_parse(data):
    return json.loads(data)


data = get_data("PEK", 0)
apt_info = get_parse(data)
print(apt_info["data"])
```

这里定义了 get_data() 方法来表示获取请求数据，通过传入的 key 三字码和页数 page 作为参数。从前面使用浏览器开发工具分析请求详细信息得知，要抓取的请求链接 RequestURL 为 "https://data.variflight.com/api/analytics/Codeapi/airportCode"，方法为 POST，需要传递的参数是 key 和 page。然后返回请求响应结果，接着又定义了 get_parse() 方法，这个方法主要是用来解析结果的，通过传入请求获取到的数据，解析并返回，由前面的分析可知，它返回的是 JSON 字符串格式的数据，因此需要使用 json.loads 方法去解析并返回，最终得到的结果如图 4-13 所示。

```
D:\python\python.exe C:/Users/xqh/Desktop/book/source_code/chapter4.py
[{'AptCName': '北京首都', 'AptPy': 'Beijing Shoudu', 'AptName': 'Beijing Capital', 'AptCcity': '北京',

Process finished with exit code 0
```

图4-13　解析结果

通过上述方法成功得到了关于北京首都机场的相关信息，另外，还可以增加一个方法，用于将数据保存到数据库或 Excel 中等。关于保存数据的方法，将会在后面的章节中讲到，这里不做讲解。

4.3　新手实训

前面介绍了关于 Ajax 的基本内容，在学习了它的基本原理和分析方法后，下面结合所学知识做几个实训练习。

实训一：分析猎聘网的 xhr 请求并编写代码模拟抓取数据

以在猎聘网上抓取与 Python 相关的招聘信息为例，相关步骤如下。

步骤❶：用浏览器打开猎聘网招聘信息搜索页"https://www.liepin.com/zhaopin"，然后按【F12】键或右击网页，在弹出的快捷菜单中选择【检查】命令，打开开发者模式，如图 4-14 所示。

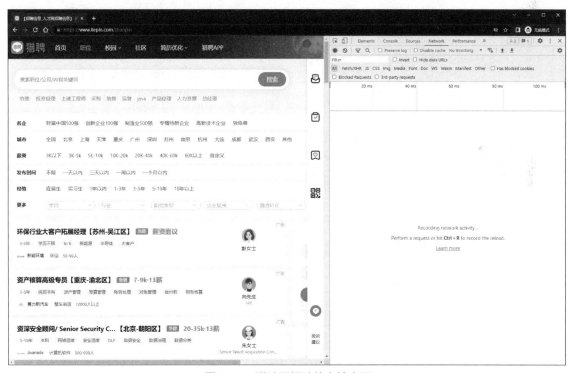

图4-14　猎聘网招聘信息搜索页

步骤❷：单击【搜索】按钮进行搜索，这时【Network】下会出现相关的 xhr 请求条目，如图 4-15 所示，找到一个名称为"com.liepin.searchfront4c.pc-search-job"的请求并单击，即可看到返回的搜索结果数据。

步骤❸：切换到【Headers】选项卡，观察所提交的参数和方法及数据等信息，如图 4-16 所示。

图4-15　返回结果

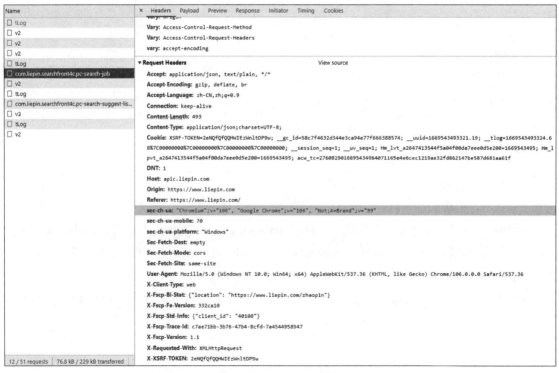

图4-16　Headers详情

步骤 ❹：编写代码，模拟这个过程，代码如下。

```python
import requests

url = "https://apic.liepin.com/api/com.liepin.searchfront4c.pc-search-job"
headers = {
    'X-Client-Type': 'web',
    'X-Fscp-Bi-Stat': '{"location": "https://www.liepin.com/zhaopin"}',
    'X-Fscp-Fe-Version': '332ca10',
    'X-Fscp-Std-Info': '{"client_id": "40108"}',
    'X-Fscp-Trace-Id': '2a08f283-be47-4b22-aff9-3b8bfacf7455',
    'X-Fscp-Version': '1.1',
    'X-Requested-With': 'XMLHttpRequest',
}
data = {
    "data": {
        "mainSearchPcConditionForm": {
            "city": "410",
            "dq": "410",
            "pubTime": "",
            "currentPage": 0,
            "pageSize": 40,
            "key": "python",
            "suggestTag": "",
            "workYearCode": "",
            "compId": "",
            "compName": "",
            "compTag": "",
            "industry": "",
            "salary": "",
            "jobKind": "",
            "compScale": "",
            "compKind": "",
            "compStage": "",
            "eduLevel": "",
            "otherCity": ""
        },
        "passThroughForm": {
            "ckId": "o4ncsz5es4gbksakwpgi13fb6p1m4iw8",
            "scene": "input",
            "skId": "gge7qt42u646raf8i3hm4arbcmryp4t8",
            "fkId": "gge7qt42u646raf8i3hm4arbcmryp4t8",
            "sfrom": "search_job_pc"
        }
    }
}
res = requests.post(url, json=data, headers=headers)
print(res.json())
```

实训二：分析南方航空官网的机票查询 xhr 请求抓取数据

有了实训一的练习经验以后，接着再来看一个网页，通过对它的分析和观察，进一步加深对 Ajax 请求接口的理解。由于分析步骤与实训一类似，这里不做重复讲解。下面给出接口截图和相关示例代码。接口详情如图 4-17 所示。

图4-17　接口详情图

相关示例代码如下。

```python
import requests

url = "https://b2c.csair.com/portal/flight/czaddon/query?type__1188-WqGx2DR7Wr
DsNq0KoYvxGIhmiDuD3D"
data = {
    "depCity": "SZX",
    "arrCity": "HAK",
    "flightDate": "20221128",
    "adultNum": "1",
    "childNum": "0",
    "infantNum": "0",
    "cabinOrder": "0",
    "airLine": 1,
    "flyType": 2,
    "international": "0",
    "action": "0",
    "segType": "1",
    "cache": 0,
    "preUrl": "",
    "tariffRules": [],
```

```
    "isMember": ""
}
headers = {
    'x-requested-with': 'XMLHttpRequest',
    'cookie': 'JSESSIONID=894E7238',  # 此处cookie值请按照页面实际cookie值填写
    'user-agent': 'Mozilla/5.0 (Windows NT 10.0; Win64; x64)
AppleWebKit/537.36 (KHTML, like Gecko) Chrome/106.0.0.0 Safari/537.36',
    'referer': 'https://b2c.csair.com/B2C40/newTrips/static/main/page/booking/
index.html?t=S&c1=SZX&c2=HAK&d1=2022-11-28&at=1&ct=0&it=0&b1=SZX&b2=HAK',
    'sec-ch-ua': '"Chromium";v="106", "Google Chrome";v="106",
"Not;A=Brand";v="99"',
    'sec-ch-ua-mobile': '?0',
    'sec-ch-ua-platform': 'Windows"',
    'sec-fetch-dest': 'empty',
    'sec-fetch-mode': 'cors',
    'sec-fetch-site': 'same-origin',
}
res = requests.post(url,json=data, headers=headers)
print(res.json())
```

4.4　新手问答

通过对本章的学习，读者可能会有以下疑问。

1. 为什么有些Ajax接口在模拟了它的参数请求之后却抓取不到数据？

答：这里需要了解的一点就是，现在很多网站是有反爬策略的，也就是说，它不想让别人通过爬虫获取到它的数据，所以采取了一些手段，如对接口的参数加密、对 IP 访问频率进行控制等。遇到这种问题，很可能是你模拟的接口中有些参数是需要加密或用别的特殊方法获取值携带到请求中的，如 token 之类的。遇到这种网站就需要进一步地分析它的参数或换思路爬取。关于这方面的内容将会在后面的章节中讲到。

2. Ajax接收到的数据类型是什么？

答：后台返回的数据主要有 3 种类型：JSON 对象、JSON 串和 String。接收到这 3 种类型的数据，可以通过 JSON 对象直接循环使用、JSON 串转 JSON 使用和 String 直接使用。具体方式可根据实际得到的数据来选择。

本章小结

本章主要介绍了 Ajax 的基本原理，并通过实例，使用 Python 模拟 Ajax 请求，并成功抓取到了数据。本章中的内容需要熟练掌握，在后面的实战中会用到很多次这样的分析和抓取。

第5章
动态渲染页面爬取

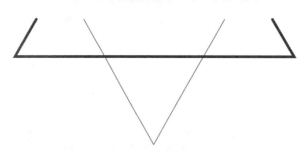

本章导读

在第 4 章中，了解了 Ajax 的分析和抓取方式，这其实也是 JavaScript 动态渲染页面的一种情形，通过直接分析 Ajax，用户仍然可以借助 requests 或 urllib 实现数据抓取。

不过，JavaScript 动态渲染不止 Ajax 这一种。例如，中国青年网（https://news.youth.cn/gn）的分页部分是由 JavaScript 生成的，并非原始 HTML 代码，其中并不包含 Ajax 请求。又如，ECharts 的官方示例（地址参见"本书赠送资源"文件）中的图像都是经过 JavaScript 计算后生成的。再如，淘宝、京东这些网站中的很多页面虽然是 Ajax 获取的数据，但是其中的 Ajax 接口有很多加密参数，难以直接找出其规律，也很难直接分析 Ajax 来抓取。

为了解决这些问题，可以直接使用模拟浏览器的方式来实现，这样就可以做到在浏览器中看到的是什么样，抓取的源码就是什么样，也就是可见即可爬。这样就不用再管网页内部的 JavaScript 用了什么算法渲染页面，以及网页后台的 Ajax 接口到底有哪些参数。

Python 提供了很多模拟浏览器运行的库，如 Selenium、Splash、execjs、Ghost 和 Playwright 等。本章着重介绍 Selenium 和 Playwright 库的用法。

知识要点

- ◆ Selenium的基本用法
- ◆ Playwright的基本用法
- ◆ 使用Selenium和Playwright实现一个动态网页抓取练习

5.1　Selenium的使用

Selenium 是一个自动化测试工具。Selenium 测试直接运行在浏览器中，支持的浏览器包括 Mozilla Firefox、Chrome 等。这个工具的主要功能包括测试与浏览器的兼容性，即测试应用程序是否能够很好地工作在不同浏览器和操作系统之上；驱动浏览器执行特定的动作，如鼠标单击、下拉列表选择等动作，同时还可以获取浏览器当前呈现的网页源代码，做到可见即可爬。对于一些 JavaScript 动态渲染的页面来说，此种抓取方式非常有效。

5.1.1　安装 Selenium 库

步骤❶：安装 Selenium 库非常简单，只需要在 cmd 命令行窗口中直接执行 pip 命令"pip install selenium==3.14"即可安装。

步骤❷：安装浏览器驱动。因为 Selenium 调用浏览器必须有一个 WebDriver 驱动文件，且不同的浏览器对应的驱动文件是不一样的，相关下载地址请参见"本书赠送资源"文件。驱动文件下载完成后，手动创建一个存放浏览器驱动的目录，如 D:\apk\chromedriver，将下载的浏览器驱动文件（如 chromedriver、geckodriver）放到该目录下。如果是 Linux 系统，把下载的文件放在 \usr\bin 目录下就可以了。

步骤❸：设置浏览器驱动的环境变量。有了浏览器驱动之后，还需要将驱动所在的文件夹路径配置到环境变量中，Selenium 才能读取到驱动。在桌面找到【此电脑】图标，右击后在弹出的快捷菜单中选择【属性】命令，打开系统设置界面，选择【高级系统设置】，如图 5-1 所示。

图5-1　系统设置界面

步骤❹：在打开的【系统属性】对话框中选择【高级】选项卡，然后单击【环境变量】按钮，如图 5-2 所示。

步骤❺：在打开的【环境变量】对话框中可以看到标注出的 Path 变量，如图 5-3 所示。双击该变量，即可打开【编辑环境变量】对话框，如图 5-4 所示，在该对话框中可以看到 Path 变量包含的所有值，单击右侧的【新建】按钮，将在值列表的最下方展示一个输入框，在其中输入步骤❷中存放驱动文件的目录，然后按【Enter】键即可，最终结果如图 5-5 所示。此时就完成了浏览器驱动的环境变量设置。

步骤❻：在 Python 中执行以下代码，用 Chrome 浏览器测试是否安装成功。

```
from selenium import webdriver

browser = webdriver.Chrome()
browser.get('https://www.baidu.com/')
```

运行这段代码，会自动打开浏览器，然后访问百度。如果程序执行错误，浏览器没有打开，那么应该是环境设置出现问题。

> **温馨提示：**
>
> chromedriver 的版本需要与使用的 Chrome 浏览器版本对应，否则会报错。如果浏览器为 Firefox，需要将 webdriver.Chrome() 替换成 webdriver.Firefox()，其他方法不变，后面所涉及的代码示例都是这样。

图5-2 【系统属性】对话框

图5-3 【环境变量】对话框

图5-4 【编辑环境变量】对话框

图5-5 设置环境变量

5.1.2 Selenium 定位方法

Selenium 提供了 8 种元素定位方法，通过这些定位方法，用户可以定位指定元素，提取数据或给指定的元素绑定事件设置样式等。这 8 种方法分别为 id、name、class name、tag name、link text、partial link text、xpath 和 css selector。这 8 种定位方法在 Python 中所对应的方法如表 5-1 所示。

表5-1 Selenium中的8种定位方法与Python中的方法对照

在Selenium中的方法	在Python中的方法
id	find_element_by_id()
name	find_element_by_name()
class name	find_element_by_class_name()
tag name	find_element_by_tag_name()
link text	find_element_by_link_text()
partial link text	find_element_by_partial_link_text()
xpath	find_element_by_xpath()
css selector	find_element_by_css_selector()

下面来看看这些方法应该如何使用，以百度首页为例，通过前端工具（如 Chrome 或者 Firebug）查看到一个元素的属性，如图 5-6 所示。

```
▼<form id="form" name="f" action="/s" class="fm has-soutu">
  ▶<div class="bdsug bdsug-new bdsugbg" style="height: auto; display: none;">…</div>
   <input type="hidden" name="ie" value="utf-8">
   <input type="hidden" name="f" value="8">
   <input type="hidden" name="rsv_bp" value="1">
   <input type="hidden" name="rsv_idx" value="1">
   <input type="hidden" name="ch" value>
   <input type="hidden" name="tn" value="baidu">
   <input type="hidden" name="bar" value>
  ▼<span class="bg s_ipt_wr new-pmd quickdelete-wrap">
     <span class="soutu-btn"></span>
     <input id="kw" name="wd" class="s_ipt" value maxlength="255" autocomplete="off">
     <i class="c-icon quickdelete c-color-gray2" title="清空" style="display: inline;">⌫</i>
     <i class="quickdelete-line" style="display: inline;"></i>
     <span class="soutu-hover-tip" style="display: none;">按图片搜索</span>
   </span>
  ▶<span class="bg s_btn_wr">…</span>
  ▶<span class="tools">…</span>
   <input type="hidden" name="rn" value> == $0
   <input type="hidden" name="fenlei" value="256">
   <input type="hidden" name="oq" value>
   <input type="hidden" name="rsv_pq" value="0xf0c63aa000085e10">
   <input type="hidden" name="rsv_t" value="5fe3WxHNR6L6AT7pNHde1KGi+I47uC1nrUM6gPSvk/YPxqdQzD4oJgbS3JkO">
   <input type="hidden" name="rqlang" value="en">
   <input type="hidden" name="rsv_enter" value="1">
   <input type="hidden" name="rsv_dl" value="ib">
   <input type="hidden" name="rsv_sug3" value="2">
   <input type="hidden" name="rsv_sug1" value="2">
   <input type="hidden" name="rsv_sug7" value="101">
</form>
```

图5-6　百度首页源代码

图 5-6 所示的源代码是百度首页的，我们的目的是要定位 input 标签的输入框，所以依次使用前面提到的 8 种定位方法来定位，观察它在 Python 中是如何使用的。

1）通过 id 定位。

```
browser.find_element_by_id("kw")
```

2）通过 name 定位。

```
browser.find_element_by_name("wd")
```

3）通过 class name 定位。

```
browser.find_elements_by_class_name("wd")
```

4）通过 tag name 定位。

```
browser.find_element_by_tag_name("input")
```

5）通过 link text 定位。

```
browser.find_element_by_link_text("新闻")
browser.find_element_by_link_text("hao123")
```

6）通过 partial link text 定位。partial_link_text 主要用来定位 HTML 中的 <a href="url"> 超链接载体 </a>。例如：

```
# 模糊匹配超链接载体
browser.find_element_by_partial_link_text("度")
```

7）通过 xpath 定位。xpath 定位有多种写法，这里列举几个常用写法。

```
browser.find_element_by_xpath("//*[@id='kw']")
browser.find_element_by_xpath("//*[@name='wd']")
browser.find_element_by_xpath("//input[@class='s_ipt']")
browser.find_element_by_xpath("/html/body/form/span/input")
browser.find_element_by_xpath("//span[@class='soutu-btn']/input")
browser.find_element_by_xpath("//form[@id='form']/span/input")
browser.find_element_by_xpath("//input[@id='kw'and@name='wd']")
```

8）通过 css selector 定位。

css selector 定位有多种写法，这里列举几个常用写法。

```
browser.find_element_by_css_selector("#kw")
browser.find_element_by_css_selector("[name=wd]")
browser.find_element_by_css_selector(".s_ipt")
browser.find_element_by_css_selector("html>body>form>span>input")
browser.find_element_by_css_selector("span.soutu-btn>input#kw")
browser.find_element_by_css_selector("form#form>span>input")
```

关于 Selenium 的定位使用的基本情况已介绍完毕，在实际开发中可能用不了这么多，用户根据实际情况选择一两种就可以了。

5.1.3　控制浏览器操作

Selenium 不仅能够定位元素，还能控制浏览器的操作，如设置浏览器的大小，控制浏览器后退、前进，刷新页面等。

1. 设置浏览器大小

有时用户会希望页面能以某种浏览器尺寸打开，让访问的页面在这种尺寸下运行。例如，将浏览器设置成移动端大小（480 像素 ×800 像素），然后访问移动站点，并对其样式进行评估。WebDriver 提供了 set_window_size() 方法来设置浏览器的大小，示例代码如下。

```
from selenium import webdriver

browser = webdriver.Chrome()
browser.get('https://www.baidu.com/')
# 参数数字为像素点
print("设置浏览器宽480像素、高800像素显示")
browser.set_window_size(480, 800)
browser.quit()
```

执行此代码，将会弹出谷歌浏览器到百度首页，并将浏览器窗口大小设置成 480 像素 ×800 像素。由于在弹出浏览器之后执行了 browser.quit() 方法，所以浏览器会在打开几秒后自动关闭。

2. 控制浏览器后退、前进

在使用浏览器浏览网页时，浏览器提供了后退和前进按钮，可以方便地在浏览过的网页之间切换，WebDriver 也提供了对应的 back() 和 forward() 方法来模拟后退和前进按钮。下面通过例子来演示这两个方法的使用。

```
from selenium import webdriver

browser = webdriver.Chrome()

# 访问百度首页
first_url = 'https://www.baidu.com'
print("now access %s" % first_url)
browser.get(first_url)

# 访问新闻页面
second_url = 'https://news.baidu.com'
print("now access %s" % second_url)
browser.get(second_url)

# 返回（后退）到百度首页
print("back to  %s " % first_url)
browser.back()

# 前进到新闻页
print("forward to  %s" % second_url)
browser.forward()
browser.quit()
```

为了看清脚本的执行过程，上面每操作一步都通过 print() 来打印当前的 URL 地址。执行代码后将会在控制台看到如下结果。

```
now access https://news.baidu.com
back to  https://www.baidu.com
forward to  https://news.baidu.com
```

由结果可知，它已经访问了 3 个不同的 URL。

3. 刷新页面

只需要使用 browser.refresh() 方法就可以刷新页面，示例代码如下。

```
from selenium import webdriver

browser = webdriver.Chrome()

# 访问百度首页
url = 'https://www.baidu.com'
browser.get(url)
# 刷新当前页面
browser.refresh()
```

5.1.4 WebDriver 常用方法

前面已经学习了定位元素，定位只是第一步，定位之后需要对这个元素进行操作，或单击（按钮）或输入（输入框）。下面就来认识 WebDriver 中常用的几个方法。

1. clear()清除文本

通过 clear() 方法，可以清除如 input、textarea 等 form 表单文本，如下代码通过选择器获取到元素后调用 clear() 方法清除。图 5-7 所示为清除出发城市 input 输入框的默认值。

```
browser.find_element_by_id("fDepCity").clear()
```

图5-7　南航机票查询input输入框

2. send_keys()模拟按键输入

如果用户想要模拟表单输入，可以使用 send_keys() 方法，通过它就能设置 input 的值，示例代码如下。

```
browser.find_elements_by_id("kw").send_keys("测试输入值")
```

运行这行代码可能会报错，这是因为通过 find_elements_by_id() 方法返回的是一个 webElements 列表，所以需要对代码进行修改，改为取第 0 个，修改后的代码如下。

```
browser.find_elements_by_id("kw")[0].send_keys("测试输入值")
```

细心的读者在实际操作中会发现，根据 ID 定位会提示有两种方法：find_elements_by_id() 和 find_element_by_id()。前者返回的是一个列表，后者返回的是一个单一对象，所以这里推荐大家在实际开发中使用后者。这时代码可以修改如下。

```
browser.find_element_by_id("kw").send_keys("测试输入值")
```

3. click()模拟单击

在提交表单时需要单击按钮，这时用 Selenium 的 click() 方法就可以了。通过选择器获取到按钮元素，直接调用 click() 方法，相关示例代码如下。

```
browser.find_element_by_id("su").click()
```

4. submit()提交

在访问百度时，需要在搜索框中输入关键词，然后单击【搜索】按钮提交。在 Selenium 中，除了可以使用 click() 方法模拟单击，还可以使用 submit() 方法进行模拟，示例代码如下。

```
from selenium import webdriver

driver = webdriver.Chrome()
driver.get("https://www.baidu.com")
search_text = driver.find_element_by_id('kw')
search_text.send_keys('selenium')
search_text.submit()
driver.quit()
```

有时 submit() 方法可以与 click() 方法互换来使用，submit() 方法同样可以提交一个按钮，但 submit() 方法的应用范围远不及 click() 方法广泛。

除了前面的几种方法，还有几种方法也是实际开发中用得比较多的，具体如下。

1）size：返回元素的尺寸。

2）text：获取元素的文本。

3）get_attribute(name)：获得属性值。

4）is_displayed()：设置该元素是否用户可见。

相关示例代码如下。

```
from selenium import webdriver

driver = webdriver.Chrome()
driver.get("https://www.baidu.com")
# 获得输入框的尺寸
size = driver.find_element_by_id('kw').size
print(size)
# 返回百度页面底部备案信息
text = driver.find_element_by_id("bottom_layer").text
print(text)
# 返回元素的属性值，可以是id、name、type或其他任意属性
attribute = driver.find_element_by_id("kw").get_attribute('type')
print(attribute)
# 返回元素的结果是否可见，返回结果为True或False
result = driver.find_element_by_id("kw").is_displayed()
print(result)
driver.quit()
```

5.1.5 鼠标事件和键盘事件

在 Selenium WebDriver 中也提供了一些关于鼠标和键盘操作的方法，如鼠标指针悬浮、鼠标指针滑动、键盘输入等。

1. 鼠标事件

Selenium WebDriver 将关于鼠标操作的方法封装在 ActionChains 类中来使用。ActionChains 类方法如表 5-2 所示。

表5-2　ActionChains类方法

方法	说明
ActionChains(driver)	构造ActionChains对象
context_click()	右击
double_click()	双击鼠标左键
drag_and_drop(source,target)	将鼠标拖曳到某个元素后松开
drag_and_drop_by_offset (source,xoffset,yoffset)	将鼠标拖曳到某个坐标后松开

续表

方法	说明
key_down(value,element=None)	按下键盘上的某个键
key_up(value,element=None)	松开某个按键
move_by_offset(xoffset,yoffset)	将鼠标从当前位置移动到某个坐标
move_to_element(to_element)	将鼠标移动到某个元素
move_to_element_with_offset (to_element,xoffset,yoffset)	移动到距某个元素（左上角坐标）多少距离的位置
release(on_element=None)	在某个元素位置松开鼠标左键
send_keys(*keys_to_send)	发送某个键到当前焦点的元素
send_keys_to_element (element,*keys_to_send)	发送某个键到指定元素

下面通过一个示例来看看如何使用鼠标事件。以百度首页（https://www.baidu.com）为例，通常来说，如果用户把鼠标指针移动到百度首页的【设置】菜单项上悬浮，此时会出现一个隐藏的菜单，如果将鼠标指针移开，它就又会消失。下面使用 Selenium WebDriver 实现模拟鼠标指针移动到百度首页设置菜单项悬浮的事件，相关示例代码如下。

```
from selenium import webdriver
# 引入ActionChains类
from selenium.webdriver.common.action_chains import ActionChains

driver = webdriver.Chrome()
driver.get("https://www.baidu.com")

# 定位到要悬停的元素
above = driver.find_element_by_id("s-usersetting-top")
# 对定位到的元素执行鼠标悬停操作
ActionChains(driver).move_to_element(above).perform()
```

运行代码，效果如图 5-8 所示。

图5-8　Selenium WebDriver鼠标悬浮截图

通过上面的代码可以看出，关键代码是 ActionChains(driver).move_to_element(above).perform() 这句，其表示使用 ActionChains 类去调用 move_to_element(above) 悬浮事件，然后再执行 perform() 方法提交动作。

2. 键盘事件

前面了解到，send_keys() 方法可以用来模拟键盘输入，除此之外，还可以用它来输入键盘上的按键，甚至是组合键，如【Ctrl+A】组合键和【Ctrl+C】组合键。Keys 类提供了键盘上几乎所有按键的使用方法。

Keys 类常用方法如表 5-3 所示。

表5-3　Keys类常用方法

方法	说明
send_keys(Keys.BACK_SPACE)	删除键（Backspace）
send_keys(Keys.SPACE)	空格键（Space）
send_keys(Keys.TAB)	制表键（Tab）
send_keys(Keys.ESCAPE)	回退键（Esc）
send_keys(Keys.ENTER)	回车键（Enter）
send_keys(Keys.CONTROL, 'a')	全选（Ctrl+A）
send_keys(Keys.CONTROL, 'c')	复制（Ctrl+C）
send_keys(Keys.CONTROL, 'x')	剪切（Ctrl+X）
send_keys(Keys.CONTROL, 'v')	粘贴（Ctrl+V）
send_keys(Keys.F1)	【F1】键
send_keys(Keys.F12)	【F12】键

关于 Selenium WebDriver 常用的鼠标键盘事件方法已介绍完毕，以百度首页为例，键盘事件方法的相关示例代码如下。

```python
from selenium import webdriver
# 引入Keys模块
from selenium.webdriver.common.keys import Keys

driver = webdriver.Chrome()
driver.get("https://www.baidu.com")

# 输入框输入内容
driver.find_element_by_id("kw").send_keys("seleniumm")

# 删除多输入的内容
driver.find_element_by_id("kw").send_keys(Keys.BACK_SPACE)

# 输入空格键+"教程"
driver.find_element_by_id("kw").send_keys(Keys.SPACE)
driver.find_element_by_id("kw").send_keys("教程")

# 按【Ctrl+A】组合键全选输入框内容
driver.find_element_by_id("kw").send_keys(Keys.CONTROL, 'a')

# 按【Ctrl+X】组合键剪切输入框内容
driver.find_element_by_id("kw").send_keys(Keys.CONTROL, 'x')

# 按【Ctrl+V】组合键粘贴内容到输入框
driver.find_element_by_id("kw").send_keys(Keys.CONTROL, 'v')
```

```
# 通过【Enter】键代替单击操作
driver.find_element_by_id("su").send_keys(Keys.ENTER)
driver.quit()
```

5.1.6　获取断言信息

　　不管是做功能测试还是自动化测试，最后一步都需要将实际结果与预期进行比较，这个比较称为断言。通常可以通过获取 title、URL 和 text 等信息进行断言。text 方法在前面已经讲过，它用于获取标签对之间的文本信息。下面同样以百度首页为例，介绍如何获取这些信息，示例代码如下。

```
from selenium import webdriver
from time import sleep

driver = webdriver.Chrome()
driver.get("https://www.baidu.com")


print('------------搜索以前------------')

# 打印当前页面title
title = driver.title
print(title)

# 打印当前页面URL
now_url = driver.current_url
print(now_url)

driver.find_element_by_id("kw").send_keys("selenium")
driver.find_element_by_id("su").click()
sleep(1)

print('----------弹出搜索----------------')

# 再次打印当前页面title
title = driver.title
print(title)

# 打印当前页面URL
now_url = driver.current_url
print(now_url)

driver.quit()
```

　　运行结果如图 5-9 所示。

图5-9　运行结果

通过代码可知，title 用于获得当前页面的标题；current_url 用于获得当前页面的 URL；text 用于获取搜索条目的文本信息。

5.1.7　设置元素等待

现在大多数 Web 应用程序使用的是 Ajax 技术。当一个页面被加载到浏览器时，该页面内的元素可以在不同的时间点被加载。这使得定位元素变得困难，如果元素不在页面之中，会抛出 Element Not Visible Exception 异常。使用 waits，可以解决这个问题。waits 提供了一些操作之间的时间间隔，主要是定位元素或针对该元素的任何其他操作。

Selenium WebDriver 提供两种类型的 waits——显式和隐式。显式等待会让 WebDriver 等待满足一定的条件以后再进一步执行，而隐式等待会让 WebDriver 等待一定的时间后再查找某元素。

1. 显式等待

显式等待为在代码中定义等待一定条件发生后再进一步执行代码。例如，用户需要在等待此网页加载完成后再执行代码，否则会在达到最大时长时抛出超时异常，示例代码如下。

```
from selenium import webdriver
from selenium.webdriver.common.by import By
from selenium.webdriver.support.ui import WebDriverWait
from selenium.webdriver.support import expected_conditions as EC

driver = webdriver.Chrome()
driver.get("https://www.baidu.com")

element = WebDriverWait(driver, 5, 0.5).until(
        EC.presence_of_element_located((By.ID, "kw"))
      )
element.send_keys('selenium')
driver.quit()
```

WebDriverWait 类是由 WebDriver 提供的等待方法。在设置时间内，默认每隔一段时间检测一次当前页面元素是否存在，如果超过设置时间检测不到则抛出异常，具体格式如下。

```
WebDriverWait(driver,timeout,poll_frequency=0.5,ignored_exceptions=None)
```

参数说明如下。

1）driver：浏览器驱动。

2）timeout：最长超时时间，默认以秒为单位。

3）poll_frequency：检测的间隔（步长）时间，默认为 0.5 秒。

4）ignored_exceptions：超时后的异常信息，默认情况下，抛出 NoSuchElementException 异常。

WebDriverWait() 一般与 until() 或 until_not() 方法配合使用，下面是 until() 和 until_not() 方法的相关说明。*until(method,message='') 调用该方法提供的驱动程序作为一个参数，直到返回值为 True；*until_not(method,message='') 调用该方法提供的驱动程序作为一个参数，直到返回值为 False。在本例中，通过 as 关键字将 expected_conditions 重命名为 EC，并调用 presence_of_element_located() 方法判断元素是否存在。

2. 隐式等待

WebDriver 提供了 implicitly_wait() 方法来实现隐式等待，默认设置为 0。它的用法相对来说要简单得多。implicitly_wait() 默认参数的单位为秒，本例中设置等待时长为 10 秒。首先，这 10 秒并非一个固定的等待时间，它并不影响脚本的执行速度；其次，它并不针对页面上的某一元素进行等待。当脚本执行到某个元素定位时，如果元素可以定位，则继续执行；如果元素定位不到，则它将以轮询的方式不断地判断元素是否被定位到。假设在第 6 秒定位到了元素则继续执行，若直到超出设置时长（10 秒）还没有定位到元素，则抛出异常，示例代码如下。

```
from selenium import webdriver
from selenium.common.exceptions import NoSuchElementException
from time import ctime

driver = webdriver.Chrome()
# 设置隐式等待为10秒
driver.implicitly_wait(10)
driver.get("https://www.baidu.com")

try:
    print(ctime())
    driver.find_element_by_id("kw22").send_keys('selenium')
except NoSuchElementException as e:
    print(e)
finally:
    print(ctime())
    driver.quit()
```

5.1.8 多表单切换

在 Web 应用中经常会遇到 frame/iframe 表单嵌套页面的应用，WebDriver 只能在一个页面上对元素识别与定位，对于 frame/iframe 表单内嵌页面上的元素无法直接定位。这时就需要通过 switch_to.frame() 方法将当前定位的主体切换到 frame/iframe 表单的内嵌页面中。图 5-10 所示为 CSDN 博客内容页面登录提示，页面正中的登录框就位于 iframe 中，所以想要操作登录框必须先切换到 iframe 表单。

图5-10　CSDN博客内容页提示登录

这时在 Selenium WebDriver 中就可以使用 switch_to.frame() 方法去切换，示例代码如下。

```
from selenium import webdriver

driver = webdriver.Chrome()
driver.get("https://blog.csdn.net/weixin_40608713/article/details/114997098")

driver.switch_to.frame('passport_iframe')
driver.find_element_by_xpath("//span[text()='密码登录']").click()
driver.find_element_by_xpath("//input[@autocomplete='username']").clear()
driver.find_element_by_xpath("//input[@autocomplete='username']").send_
keys("xqh")
driver.find_element_by_xpath("//input[@autocomplete='current-password']").
clear()
driver.find_element_by_xpath("//input[@autocomplete='current-password']").
send_keys("123456")
driver.find_element_by_xpath("//button[text()='登录']").click()
driver.switch_to.default_content()

driver.quit()
```

switch_to.frame() 默认可以直接获取表单的 id 或 name 属性。如果 iframe 没有可用的 id 和 name 属性，则可以通过下面的方式进行定位。

```
......
# 先通过XPath定位到iframe
xf = driver.find_element_by_xpath('//*[@name="passport_iframe"]')

# 再将定位对象传给switch_to.frame()方法
driver.switch_to.frame(xf)
......
```

```
driver.switch_to.parent_frame()
```

此外，在进入多级表单的情况下，还可以通过 switch_to.default_content() 跳回最外层的页面。

5.1.9 下拉框选择

有时我们会遇到下拉框，WebDriver 提供了 Select 类来处理下拉框，如 W3School 的下拉框示例页面如图 5-11 所示。

图5-11 W3School下拉框示例页面

在 Selenium 中实现此功能的示例代码如下。

```
from selenium import webdriver
from selenium.webdriver.support.select import Select
from time import sleep


driver = webdriver.Chrome()
driver.implicitly_wait(10)
driver.get('https://www.w3school.com.cn/tiy/t.asp?f=eg_html_dropdownbox')

# 切换到对应的frame
driver.switch_to.frame('iframeResult')
# 选择下拉列表元素
sel = driver.find_element_by_name("cars")
# 设置选中的值
Select(sel).select_by_value('audi')
# 退出浏览器
driver.quit()
```

总的来说，Select 类用于定位 <select> 标签。select_by_value() 方法用于定位下拉选项中的 value 值。

5.1.10　调用 JavaScript 代码

虽然 WebDriver 提供了操作浏览器的前进和后退方法，但对于浏览器滚动条并没有提供相应的操作方法。在这种情况下，可以借助 JavaScript 来控制浏览器的滚动条。WebDriver 提供了 execute_script() 方法来执行 JavaScript 代码。

用于调整浏览器滚动条位置的 JavaScript 代码如下。

```
window.scrollTo(0, 450);
```

window.scrollTo() 方法用于设置浏览器窗口滚动条的水平和垂直位置，方法的第一个参数表示水平的左间距，第二个参数表示垂直的上边距，示例代码如下。

```
from selenium import webdriver
from time import sleep

# 访问百度
driver = webdriver.Chrome()
driver.get("https://www.baidu.com")

# 设置浏览器窗口大小
driver.set_window_size(800, 1000)

# 搜索
driver.find_element_by_id("kw").send_keys("selenium")
sleep(2)
driver.find_element_by_id("su").click()
sleep(2)

# 通过JavaScript设置浏览器窗口的滚动条位置
js = "window.scrollTo(100, 450);"
driver.execute_script(js)
sleep(3)
```

通过浏览器打开百度进行搜索，并且提前通过 set_window_size() 方法将浏览器窗口设置为固定宽高显示，目的是让窗口出现水平和垂直滚动条。然后通过 execute_script() 方法执行 JavaScript 代码来移动滚动条的位置。

5.1.11　窗口截图

自动化用例是由程序去执行的，因此有时打印的错误信息并不十分明确。如果在脚本执行出错时能对当前窗口截图保存，那么通过图片就可以非常直观地看出出错的原因。WebDriver 提供了截图函数 get_screenshot_as_file()，用来截取当前窗口，示例代码如下。

```
from selenium import webdriver
from time import sleep
```

```
driver = webdriver.Chrome()
driver.get('https://www.baidu.com')
driver.find_element_by_id('kw').send_keys('selenium')
driver.find_element_by_id('su').click()
sleep(2)

# 截取当前窗口, 并指定截图图片的保存位置
driver.get_screenshot_as_file("D:\\baidu_img.jpg")
driver.quit()
```

脚本运行完成后打开 D 盘, 就可以找到 baidu_img.jpg 图片文件了。

5.1.12　无头浏览模式

在 Linux 系统中, 一般都是一个命令行窗口, 没有界面, 所以使用 Selenium 时, 它肯定不会像在 Windows 系统中一样会弹出一个浏览器窗口。那么在 Linux 系统中要如何进行 Selenium 程序的运行呢?

这时就要用到谷歌或火狐的无头浏览模式了。无头浏览, 顾名思义, 其实就是一个纯命令行的浏览器, 它没有界面, 但它所包含的功能与有界面的相差无几。

使用无头浏览只需要将前面的示例代码稍加改动, 将多个实例化参数传进去, 相关示例代码如下。

```
# 谷歌驱动示例

from selenium import webdriver
from selenium.webdriver.chrome.options import Options

chrome_options = Options()
chrome_options.add_argument('--headless')
# 使用谷歌驱动
driver = webdriver.Chrome(chrome_options=chrome_options)
# 打开URL
driver.get("https://www.baidu.com/")

# 火狐驱动示例

from selenium import webdriver
from selenium.webdriver.firefox.options import Options

firefox_options = Options()
firefox_options.add_argument('--headless')
# 使用火狐驱动
driver = webdriver.Firefox(firefox_options=firefox_options)
# 打开URL
driver.get("https://www.baidu.com/")
```

可以看到, 在实例化时, 只是多加了一个无头参数 "--headless" 便可以实现无头浏览, 这时运行代码, 就会发现不再弹出浏览器窗体。其他的都没变, 一样地可以打开指定 URL 定位指定元素等。

5.2 Playwright的基本使用

前面学习了 Selenium，知道 Selenium 可以抓取动态渲染页面、操作浏览器等。下面来介绍另外一款工具 Playwright。Playwright 是一个和 Selenium 类似的第三方库。相比于 Selenium，Playwright 不需要手动安装浏览器驱动，它会自动处理元素等待，执行速度也更快。利用它可以实现动态渲染页面的抓取。

5.2.1 Playwright 的安装

安装 Playwright 库非常简单，只需要在命令行执行以下命令即可。

```
pip install playwright
```

在安装完 Playwright 库之后，再执行以下命令安装对应驱动。

```
playwright install
```

执行完以上命令后，运行以下代码，测试 Playwright 是否安装成功。

```
from playwright.sync_api import sync_playwright

with sync_playwright() as p:
    browser = p.chromium.launch(headless=False)
    page = browser.new_page()
    page.goto("https://www.baidu.com")
    browser.close()
```

运行这段代码，会自动打开浏览器，然后访问百度。如果程序执行错误，则需要根据报错信息进行排查。

5.2.2 Playwright 定位方法

Playwright 提供了很多定位元素的方法，在此介绍其中的 6 种，这 6 种定位方法如表 5-4 所示。

表5-4　Playwright常用的6种定位方法

方法	作用
page.get_by_text()	根据所包含的文字定位文本元素
page.get_by_label()	根据所包含的文字定位label元素
page.get_by_placeholder()	根据placeholder属性值定位占位符元素
page.get_by_alt_text()	根据alt属性值定位替代文本元素
page.get_by_title()	根据title属性值定位标题属性元素
page.locator()	根据CSS选择器或XPath定位元素

下面来看看这些方法应该如何使用，以知乎首页为例，通过前端工具（如 Chrome 或 Firebug）查看到一个元素的属性，如图 5-12 所示。

```
<!DOCTYPE html>
<html lang="zh" data-hairline="true" class="itcauecng" data-theme="light" data-rh="data-theme">
▶<head>…</head>
▼<body>
  ▼<div id="root">
    ▼<div>
        <div class="loadingBar    css-uzm3rt"></div>
      ▶<div>…</div>
      ▼<main role="main" class="App-main">
        ▼<div>
          ▼<div class="SignFlowHomepage"> flex
            ▼<div class="SignFlowHomepage-content"> flex
                <img alt="知乎 LOGO" class="SignFlowHomepage-logo" src="https://pic2.zhimg.com/80/v2-f6b1f64…_720w.png">
              ▼<div class="signQr-container"> flex
                ▶<div class="signQr-leftContainer">…</div>
                ▼<div class="signQr-rightContainer">
                  ▼<div class="css-16h0l39">
                    ▼<div class="SignContainer-content">
                      ▼<div class="SignContainer-inner">
                        ▼<div>
  …                        ▼<form novalidate class="SignFlow Login-content"> == $0
                              ▶<div class="SignFlow-tabs">…</div>
                              ▼<div class="SignFlow-account"> flex
                                ▶<div class="SignFlow-supportedCountriesSelectContainer">…</div>
                                  <span class="SignFlow-accountSeperator"> </span>
                                ▼<div class="SignFlowInput SignFlow-accountInputContainer">
                                  ▼<label class="SignFlow-accountInput Input-wrapper"> flex
                                      <input name="username" type="tel" class="Input username-input" placeholder="手机号" value>
                                    </label>
                                  ▶<div class="SignFlowInput-errorMask SignFlowInput-requiredErrorMask SignFlowInput-errorMask--hidden">…
                                  </div>
                                </div>
                              </div>
                              ▶<div class="SignFlow SignFlow-smsInputContainer">…</div>
                              ▶<div class="Login-options">…</div> flex
                              ▶<div>…</div>
                                <button type="submit" class="Button SignFlow-submitButton Button--primary Button--blue">登录/注册</button>
                            </form>
                          </div>
                      </div>
                    ▶<div>…</div>
                  </div>
                </div>
              ▶<div class="css-jr78vv">…</div> flex
              ▶<div class="Login-socialLogin">…</div> flex
              ▶<div class="SignContainer-tip">…</div>
            </div>
```

图5-12　知乎首页源代码

图 5-8 所示的源代码是知乎首页的源代码，我们现在通过表 5-4 提到的一些方法，定位一些元素。

1）通过所包含文字定位登录按钮。

```
page.get_by_text('登录/注册')
```

2）通过 placeholder 属性值定位手机号输入框。

```
page.get_by_placeholder('手机号')
```

3）通过 alt 属性值定位二维码。

```
page.get_by_alt_text('二维码')
```

4）通过 title 属性值定位头部的 link 元素。

```
page.get_by_title('知乎')
```

5）通过 XPath 定位手机号输入框。

```
page.locator('//input[@name="username"]')
```

6）通过 CSS 选择器定位验证码输入框。

```
page.locator('[name=digits]')
```

Playwright 常用定位方法基本情况已介绍完毕，具体使用何种定位方法还是要考虑具体的情况。

5.2.3 Playwright 交互方法

和 Selenium 类似，Playwright 提供了常用的与浏览器交互的方法，本节将对这些方法进行介绍。

1. 设置浏览器大小

Playwright 提供了 set_viewport_size() 方法来设置浏览器大小，示例代码如下。

```
from playwright.sync_api import sync_playwright

with sync_playwright() as p:
    browser = p.chromium.launch(headless=False)
    page = browser.new_page()
    page.set_viewport_size({'width': 1300, 'height': 1000})
    page.goto("https://www.baidu.com")
```

运行此代码，将会打开一个谷歌浏览器页面，然后将浏览器窗口大小设置为 1300 像素 × 1000 像素，再访问百度首页，执行成功后，浏览器将会自动关闭。

2. 控制浏览器后退、前进

Playwright 提供了 go_back() 和 go_forward() 方法来控制浏览器后退与前进，示例代码如下。

```
from playwright.sync_api import sync_playwright
with sync_playwright() as p:
    browser = p.chromium.launch(headless=False)
    page = browser.new_page()
    # 访问百度首页
    page.goto("https://www.baidu.com")
    print('first_page', page.url)
    # 访问知乎首页
    page.goto('https://www.zhihu.com')
    print('second_page', page.url)
    # 后退到百度首页
    page.go_back()
    print('go_back', page.url)
    # 前进到知乎首页
    page.go_forward()
    print('go_forward', page.url)
```

控制台会输出：

```
first_page https://www.baidu.com/
second_page https://www.zhihu.com/signin?next=%2F
go_back https://www.baidu.com/
go_forward https://www.zhihu.com/signin?next=%2F
```

3. 刷新页面

在 Playwright 中刷新页面非常简单，调用 reload() 方法即可，示例代码如下。

```
from playwright.sync_api import sync_playwright
with sync_playwright() as p:
```

```
browser = p.chromium.launch(headless=False)
page = browser.new_page()
page.goto("https://www.baidu.com")
page.reload()
```

4. 输入、清除输入和单击

使用 Playwright 时，可通过 fill() 方法向 input 和 textarea 等输入框中输入内容，通过 clear() 方法可清除输入框中的内容，而 click() 方法可以单击一个元素。下面这段代码，演示了在百度首页输入框中输入 "java" 后删除，重新输入 "python"，并单击【搜索】按钮。

```
from playwright.sync_api import sync_playwright
with sync_playwright() as p:
    browser = p.chromium.launch(headless=False)
    page = browser.new_page()
    # 进入百度首页
    page.goto("https://www.baidu.com")
    # 定位输入框
    input_ = page.locator('[id=kw]')
    # 输入java
    input_.fill('java')
    # 清除输入框内容
    input_.clear()
    # 输入python
    input_.fill('python')
    # 定位【搜索】按钮
    button = page.locator('[id=su]')
    # 单击【搜索】按钮
    button.click()
```

5. 鼠标事件

在 Playwright 中，每个 page 对象都有自己的鼠标对象，可通过 page.mouse 获取。该对象支持的方法如表 5-5 所示。

表5-5　page.mouse支持的方法

方法	说明
page.mouse.click(x, y, button= 'left')	在坐标(x, y)处单击鼠标button键，此处为左键
page.mouse.dblclick(x, y, button= 'right')	在坐标(x, y)处双击鼠标button键，此处为右键
page.mouse.down(button= "middle")	按下鼠标button键，此处为中键
page.mouse.move(x, y)	将鼠标移动到坐标（x,y）处
page.mouse.up(button= "middle")	松开鼠标button键，此处为中键

需要注意的是，其中坐标的确定是按照 CSS 中以左上角为原点的相对定位坐标。

表 5-5 的方法用于整个页面，表 5-6 中的方法可以直接使用在 5.2.2 节中提到的定位方法的返回对象 Locator 上。

129

表5-6　Locator的方法

方法	说明
Locator.click()	单击该元素
Locator.dblclick()	双击该元素
Locator.drag_to()	在该元素上单击，将鼠标移动到目标元素后松开
Locator.hover()	触发鼠标hover事件

下面将通过代码实现打开百度首页，并触发页面上"设置"元素的 hover 事件。

```
from playwright.sync_api import sync_playwright
with sync_playwright() as p:
    browser = p.chromium.launch(headless=False)
    page = browser.new_page()
    # 进入百度首页
    page.goto("https://www.baidu.com")
    # 定位设置元素
    setting = page.locator('//span[@name="tj_settingicon"]')
    setting.hover()
```

执行情况如图 5-13 所示。

图5-13　百度首页触发hover事件

6. 键盘事件

在 Playwright 中，每个 page 对象除了有自己的鼠标对象，还有自己的键盘对象，可通过 page.keyboard 获取。该对象支持的方法如表 5-7 所示。

表5-7　page.keyboard支持的方法

方法	说明
page.keyboard.down(key)	按下key所对应的键
page.keyboard.press(key)	按下key所对应的键并松开
page.keyboard.type(text)	输入text
page.keyboard.up(key)	松开key所对应的键

和鼠标事件一样，表 5-7 的方法用于整个页面，而表 5-8 中的方法则直接在 5.2.2 节中提到的定位方法的返回对象 Locator 上使用。

表5-8　Locator的方法

方法	说明
Locator.press(key)	在该元素上按下key所对应的按键并松开
Locator.type(text)	在该元素上输入text

下面将通过代码展示键盘事件的用法。

```python
from playwright.sync_api import sync_playwright
with sync_playwright() as p:
    browser = p.chromium.launch(headless=False)
    page = browser.new_page()
    # 进入百度首页
    page.goto("https://www.baidu.com")
    # 定位输入框
    input_ =page.locator('[id=kw]')
    # 输入javascript
    input_.type('javascript')
    # 按下【Ctrl+A】组合键全选
    input_.press('Control+a')
    # 按下【Backspace】键删除选中内容
    input_.press('Backspace')
    # 输入python
    input_.type('python')
    # 按下【Enter】键进行搜索
    input_.press('Enter')
```

7. 切换frame

在 Playwright 中，切换 frame 非常简单，使用 page.frame_locator() 方法即可，该方法通过选择器获取一个新 frame，用法如下。

```python
from playwright.sync_api import sync_playwright
with sync_playwright() as p:
    browser = p.chromium.launch(headless=False)
    page = browser.new_page()
    page.goto("https://blog.csdn.net/weixin_40608713/article/details/114997098")
    frame_ =page.frame_locator('[name="passport_iframe"]')
```

8. 调用JavaScript代码

在 Playwright 中，通过 page.evaluate() 方法即可调用 JavaScript 代码，示例如下。

```python
from playwright.sync_api import sync_playwright
with sync_playwright() as p:
    browser = p.chromium.launch(headless=False)
    page = browser.new_page()
    # 进入百度首页
```

```
page.goto("https://www.baidu.com")
# 定位输入框
input_ = page.locator('[id=kw]')
# 输入python
input_.type('python')
  # 通过执行JavaScript单击搜索按钮
page.evaluate("document.querySelector('#su').click()")
```

5.3 新手实训

在了解了本章的基础知识之后，接下来结合本章所学知识做两个实训练习，主要是为了使读者加深对 Selenium 和 Playwright 基本使用的理解，达到举一反三的效果。

实训一：模拟登录豆瓣

前面已经学习了关于 Selenium 的一些基本知识，下面通过一个实训练习来加深巩固一下，使用 Selenium 模拟登录豆瓣。豆瓣登录地址为 https://www.douban.com/，相关参考步骤如下。

步骤❶：用浏览器打开豆瓣登录页面，分析页面结构，如图 5-14 所示，默认是短信验证码登录。

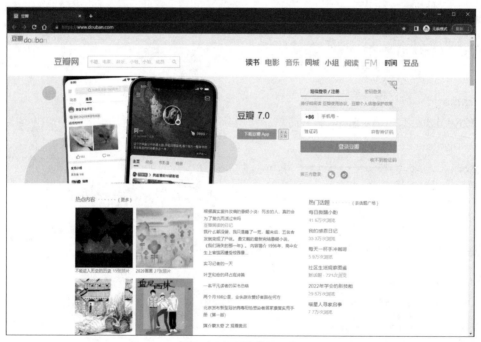

图5-14　豆瓣登录页面

步骤❷：由于默认是短信验证码登录，因此这里需要单击【密码登录】，将登录方式切换为填写用户名和密码登录，如图 5-15 所示。

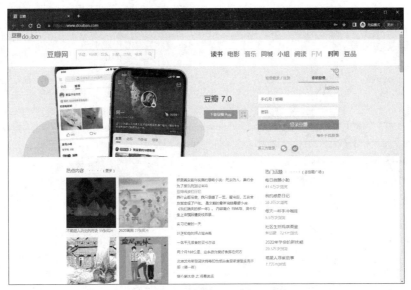

图5-15 豆瓣登录页面密码登录

步骤❸：在页面中右击，在弹出的快捷菜单中选择【检查】命令或按【F12】键进入元素审查模式，找到用户名、密码和登录按钮元素的 id 和 class 名称，如图 5-16 所示。

图5-16 元素审查

步骤❹：分析好页面结构后，使用 Selenium 去模拟登录的过程，相关示例代码如下。

```python
import time
from selenium import webdriver
from selenium.webdriver.common.by import By
# 使用谷歌驱动
driver = webdriver.Chrome()
# 打开登录页面
```

```
driver.get("https://www.douban.com/")
# 由于有可能存在网络加载慢等原因，所以这里在加载时先暂停5秒（这个暂停时间具体根据实际情况设
# 置）之后再去获取表单元素
time.sleep(5)
# 登录框在frame里面，先切换到对应frame
driver.switch_to.frame(0)
# 由于豆瓣登录页面默认是扫码登录，所有我们打开登录页面之后需要模拟先切换到账号密码登录，然后再
# 使用Selenium自动填充账号密码登录
driver.find_element(By.CLASS_NAME, "account-tab-account").click()
# 先暂停3秒，以防止页面为加载完成导致获取不到用户名和密码元素
time.sleep(3)
# -----自动填充用户名和密码-----
# 通过id获取username元素，并向其中填入用户名
login_username = driver.find_element(By.ID, "username")
login_username.send_keys(123456)
# 通过id获取password元素，并向其中填入密码
login_passwd = driver.find_element(By.ID, "password")
login_passwd.send_keys(123456)
# 获取登录按钮，模拟单击提交
driver.find_element(By.CLASS_NAME, "account-form-field-submit").click()
```

这里需要注意的是，从代码中可以发现，使用 Selenium 打开登录页面后，需要先暂停 5 秒，这是因为在打开网页时，可能会出现因为网络慢等情况导致页面需要加载很久才能加载完，就会造成在后面步骤中通过 id 去定位元素时获取不到，会报错。所以这里用 sleep 暂停了一下，然后再进行接下来的操作。至于等页面加载完后再执行的方法，在 5.1.7 节介绍了两种方法，可根据实际情况选用。有兴趣的读者可以都去试一下。

运行这段代码即可登录到豆瓣，效果如图 5-17 和图 5-18 所示。

图5-17 自动填充用户名和密码效果图

图5-18　登录成功之后的效果图

实训二：使用 Playwright 模拟百度搜索

通过模拟在百度首页搜索框中输入 "python"，然后单击按钮提交获取搜索结果，相关参考步骤如下。

步骤❶：打开百度首页，按【F12】键进入元素审查模式找到搜索框 input 的 id 和【百度一下】按钮的 id，如图 5-19 所示。

图5-19　百度首页元素审查

135

步骤 ❷：审查完之后即可动手编写代码，相关示例代码如下。

```python
from playwright.sync_api import sync_playwright
with sync_playwright() as p:
    browser = p.chromium.launch(headless=False)
    page = browser.new_page()
    # 进入百度首页
    page.goto("https://www.baidu.com")
    # 定位输入框
    input_ = page.locator('[id=kw]')
    # 输入python
    input_.type('python')
    button = page.locator('[id=su]')
    button.click()
```

运行代码后，结果如图 5-20 所示。

图5-20　代码运行结果

5.4　新手问答

学习完本章之后，读者可能会有以下疑问。

1. Selenium真的可以爬取所有的网站吗？

答：使用 Selenium 模拟浏览器进行数据抓取无疑是当下通用的数据采集方法，它"通吃"各种数据加载方式，能够绕过客户 JS 加密，绕过爬虫检测，绕过签名机制。它的应用使得许多网站的反采集策略形同虚设。由于 Selenium 不会在 HTTP 请求数据中留下"指纹"，因此无法被网站直接识别和拦截。

这是不是就意味着 Selenium 真的就无法被网站屏蔽了呢？非也。Selenium 在运行时会暴露出一些预定义的 JavaScript 变量（特征字符串），如 "window.navigator.webdriver"，在非 Selenium 环境下其值为 undefined，而在 Selenium 环境下，其值为 True。所以有些网站上的反爬会根据这个来进行判断屏蔽。

2. 测试用例在执行单击元素时失败，导致整个测试用例失败。如何提高单击元素的成功率？

答：Selenium 在执行单击元素时是通过元素定位的方式找到元素的，要提高单击的成功率，必须保证找到元素的定位方式准确。但是在自动化工程的实施过程中，高质量的自动化测试不是只有测试人员保证的。需要开发人员规范开发习惯，如给页面元素加上唯一的 name、id 等，这样就能大大地提高元素定位的准确性。当然，如果开发人员开发不规范，那么在定位元素时尽量使用相对地址定位，这样能减少元素定位受页面变化的影响。只要元素定位准确，就能保证每一个操作符合预期。

3. 脚本太多，执行效率太低，如何提高测试用例执行效率？

答：Selenium 脚本的执行速度受多方面因素的影响，如网速、操作步骤的烦琐程度、页面的加载速度，以及在脚本中设置的等待时间、运行脚本的线程数等。所以不能单方面追求运行速度，还要确保稳定性，能稳定地实现回归测试才是关键。

可以从以下几个方面来提高速度。

1）减少操作步骤。如果经过三四步才能打开要测试的页面，那么就可以直接通过网址来打开，减少不必要的操作。

2）中断页面加载。如果页面加载的内容过多，可以查看一下加载慢的原因，如果加载的内容不影响测试，就设置超时时间，中断页面加载。

3）在设置等待时间时，可以暂停固定的时间，也可以在检测到某个元素后中断等待，这两种方法都能提高速度。

4）配置 testNG 实现多线程。在编写测试用例时，一定要实现松耦合（减少耦合，增加可扩展性），然后在服务器允许的情况下，尽量设置多线程运行，提高执行速度。

本章小结

本章主要讲解了 Selenium 和 Playwright 自动化工具的基本使用方法，通过这两个工具在写爬虫时，可以实现模拟浏览器的各种操作，如模拟单击、登录等。所涉及的难题比较多的就是环境的搭建，特别是 Selenium 的环境搭建，对版本要求特别严格，所以希望读者在实际练习过程中要多注意。

第6章

代理的设置与使用

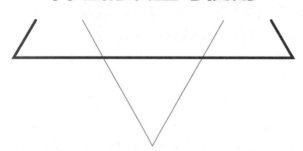

本章导读

在做爬虫的过程中经常会遇到这种情况：本来写的爬虫脚本一直在好好地运行，正常地抓取数据，但会突然出现错误，重启脚本也不行，如出错 403 Forbidden。这时网页上可能会出现"你的 IP 访问频率过高"这样的提示，或者是跳出一个验证码输入框，在输入验证码进行验证之后才能继续访问该网页，但一会儿又反复出现这种情况。

出现这种现象的原因是网站采取了一些反爬策略，如限制 IP 访问频率，如果在单位时间内某个 IP 以较快的速度请求，并超过了预先设置的阈值，那么服务器就会拒绝服务，返回一些错误信息或验证措施。这种情况可以称为封 IP，这样一来爬虫就自然而然会报错抓取不到信息了。

试想一下，既然服务器检测的是某个 IP 单位时间的请求次数，那么借助某种方法伪装 IP，让服务器无法识别请求的真实 IP，这样不就可以实现突破封 IP 的限制继续抓取数据了吗？

所以，这时代理 IP 就派上场了。本章将会详细介绍代理的基本知识，包括代理设置、代理池构建、付费代理的使用、自建代理 IP 服务等，以帮助爬虫脱离封 IP 的"苦海"。

知识要点

- ⬥ 代理的设置
- ⬥ 在爬虫中应用代理
- ⬥ 代理池的维护

6.1　代理设置

前面的章节中介绍了很多的请求库，如 urllib、requests、Selenium 和 Playwright 等。接下来将通过一些实战案例来了解如何设置它们的代理，为后面了解代理池、ADSL 拨号代理的使用打下基础。

6.1.1　urllib 代理设置

下面以最基础的 urllib 为例，来看一下代理的设置方法。假使通过某种途径获取到两个可用的代理 IP，可通过请求本机 IP 查看工具网站（地址参见"本书赠送资源"文件）来测试，示例代码如下。

```python
import urllib.request

url = "http://ip-api.com/json/"

# IP地址: 端口号
proxies = {
    'http': 'http://171.35.163.189:22890',
    'https': 'https://171.35.163.189:22890'
    }
proxy_support = urllib.request.ProxyHandler(proxies)
opener = urllib.request.build_opener(proxy_support)
urllib.request.install_opener(opener)
response = urllib.request.urlopen(url)
```

这里可以看到，需要借助 ProxyHandler() 方法设置代理，参数是字典类型，键名是协议类型，键值是代理，此处代理前面需要加上协议，即 http 或 https。当请求的链接是 http 协议时，ProxyHandler 会调用 http 代理；当请求的链接是 https 协议时，ProxyHandler 会调用 https，此处生效的代理是 171.214.214.185:8118。

创建完 ProxyHandler 对象之后，继续利用 build_opener() 方法传入该对象来创建 Opener，这样就相当于此 Opener 已经设置好代理了。接下来直接调用 urllib.request.urlopen() 方法，即可访问需要的链接。通过运行如图 6-1 所示的代码，可以看到，在返回的 HTML 中，IP 已经发生了改变，变成了所设置的代理 IP。

6.1.2　requests 代理设置

与 urllib 代理的设置方法相比，在 requests 中设置代理就更简单了，示例代码如下。

```python
import requests

url = "http://ip-api.com/json/"
```

```
# IP地址：端口号
proxies = {'http': '171.35.163.189:22890'}
response = requests.get(url=url, proxies=proxies)
print(response.text)
```

直接在 requests.get() 方法中添加一个 proxies 参数就完成了设置。运行代码得到的结果与 urllib 方法相同，如图 6-1 所示。

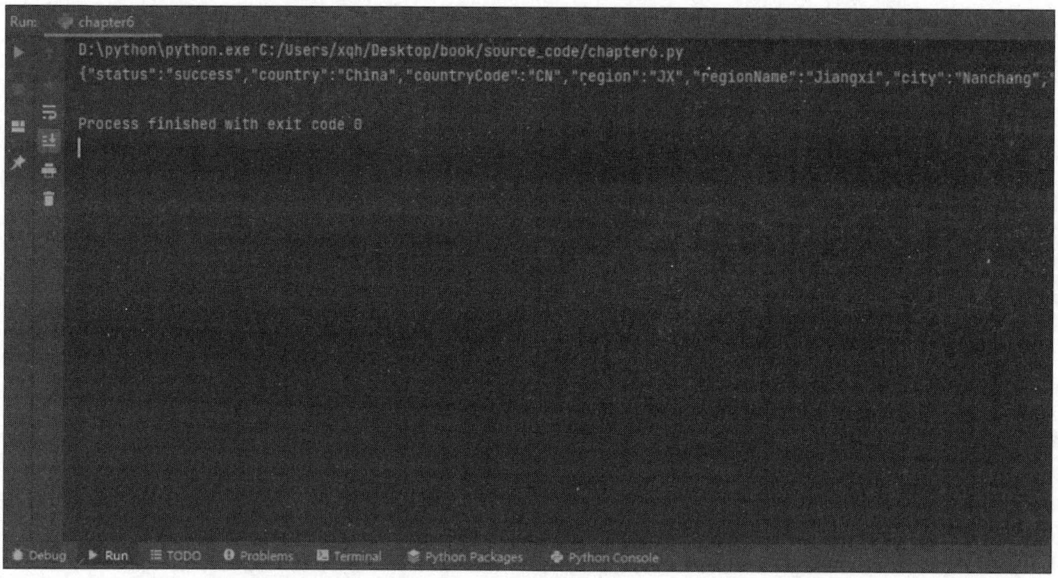

图6-1　代理验证

6.1.3　Selenium 代理设置

对于如何在 Selenium 中设置代理，这里以谷歌 WebDriver 为例，相关示例代码如下。

```
from selenium import webdriver

chromeOptions = webdriver.ChromeOptions()

# 设置代理
chromeOptions.add_argument("--proxy-server=http://125.72.106.19:22776")
browser = webdriver.Chrome(options=chromeOptions)
# 查看本机IP，查看代理是否起作用
browser.get("http://ip-api.com/json/")
print(browser.page_source)
# 退出，清除浏览器缓存
browser.quit()
```

如上述代码所示，通过 webdriver.ChromeOptions() 创建一个参数对象，再通过 add_argument() 方法添加参数 --proxy-server。这里需要注意的是，"="两边不能有空格，如果设置为"--proxy-server＝http://125.72.106.19:22776"则会报错。运行结果如图 6-2 所示。

图6-2　Selenium代理运行测试

6.1.4　Playwright 代理设置

关于如何在 Playwright 中设置代理，这里同样以谷歌浏览器为例，相关示例代码如下。

```python
from playwright.sync_api import sync_playwright

with sync_playwright() as p:
    # 设置代理
    browser = p.chromium.launch(headless=False, proxy={'server': '125.72.106.19:22776'})
    page = browser.new_page()
    # 查看本机IP, 查看代理是否起作用
    page.goto("http://ip-api.com/json/")
```

如上述代码所示，在创建浏览器对象时，通过关键字参数 proxy 传入代理服务器信息。运行结果如图 6-3 所示。

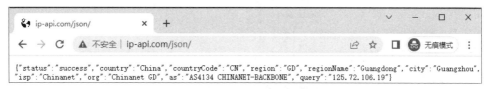

图6-3　Playwright代理运行测试

如果能多个 IP 随机切换，那么爬虫的强大程度会更高。下面将简单介绍如何随机切换 IP，它是通用的，不限于 urllib、requests、Selenium 或 Playwright，示例代码如下。

```python
import random
# 把我们从IP代理网站上得到的IP, 用"IP地址：端口号"的格式存入iplist数组
iplist = ['XXX.XXX.XXX.XXX:XXXX', 'XXX.XXX.XXX.XXX:XXXX']
proxies ={'http': random.choice(iplist)}
```

将 n 个代理放在一个 list 列表中，然后每次请求时，随机从 list 中取出一个代理使用，这样就使得爬虫更具健壮性了。

6.2 代理池构建

所谓代理池，就是由 n 个代理 IP 组成的一个集合。做网络爬虫时，一般对代理 IP 的需求量比较大。这是因为在爬取网站信息的过程中，很多网站做了反爬策略，可能会对每个 IP 做频次控制。因此在爬取网站时就需要很多代理 IP，形成一个可用的 IP 代理池，每次在请求时，从代理池中取出一个代理使用。

那么构建这个代理池的 IP 从哪来呢？用户可以选择直接从网上购买一些代理 IP，它们稳定且价格也不贵，也可以选择从网上获取免费的代理 IP。例如，这里在百度上搜索后，以其中的快代理的免费代理 IP（地址参见 "本书赠送资源" 文件）为例，如图 6-4 所示。

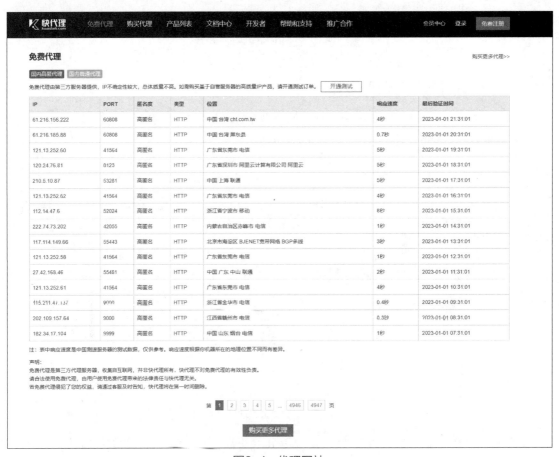

图6-4　代理网站

可以看到，此网站提供了丰富的免费代理 IP，可以从这个网站上抓取一些代理 IP 来使用，它的网址结构是 https://www.kuaidaili.com/free/inha/PageNumber/，每页有 15 个代理 IP，可以很方便地用 for 循环来爬取所有代理 IP。查看网页源码，发现所有的 IP 和端口都在 <tr> 下第一个和第二个 td 下，结合 BeautifulSoup 可以很方便地抓取信息，下面来看看如何抓取 IP 构建代理池。

6.2.1 获取 IP

在分析了 https://www.kuaidaili.com/free/inha/1/ 代理网站的网页结构后，下面将通过 Python 的 requests 来抓取它，并提取出来，示例代码如下。

```python
import requests
from bs4 import BeautifulSoup


def get_ips(num):
url = "https://www.kuaidaili.com/free/inha/{}/".format(str(num))
    header = {
        "User-Agent": "Mozilla/5.0 (Windows NT 10.0; WOW64) AppleWebKit/537.36
        (KHTML, like Gecko)Chrome/69.0.3497.100 Safari/537.36",
    }
res = requests.get(url,headers=header)
    bs = BeautifulSoup(res.text, 'html.parser')
    res_list = bs.find_all('tr')
    ip_list = []
    for x in res_list:
        tds = x.find_all('td')
        if tds:
            ip_list.append({"ip": tds[0].text, "port": tds[1].text})
    return ip_list

# 获取第一页的IP，这个可以自己随便填
ip_list = get_ips(1)
# 循环打印看一下我们的所获取到IP
for item in ip_list:
    print(item)
```

这里以抓取第一页的 IP 为例，抓到数据之后，通过一个循环打印查看，如图 6-5 所示。

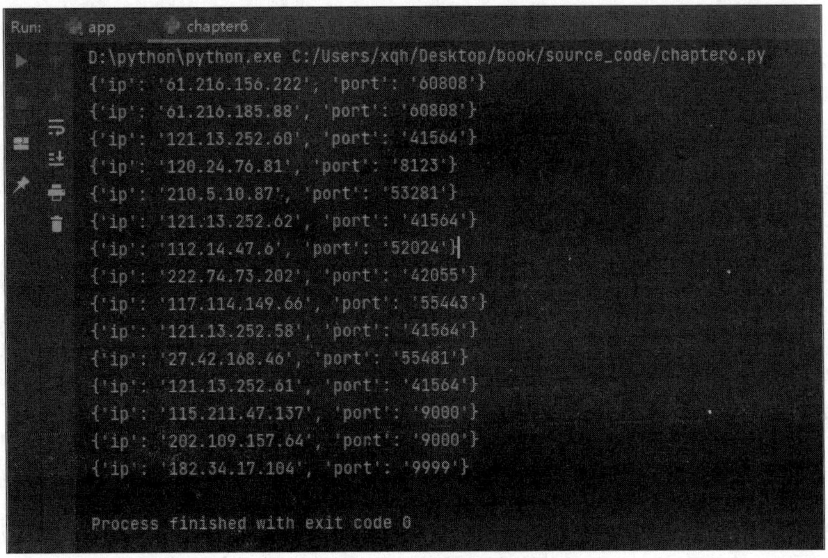

图6-5　获取代理

这样就爬取到了这个网站第一页的代理 IP 和端口。之后再进行下一步操作，验证代理 IP 是否可用。

6.2.2 验证代理是否可用

前面已经通过代码得到第一页的免费代理，但免费代理也有弊端，即并不是所有的代理 IP 都可以用，所以就需要检查一下哪些 IP 是可以使用的。要分辨该 IP 是否可用，可在连上代理后检查能不能在 5 秒内打开页面，如果能打开页面，则认为 IP 可用，将其添加到一个 list 中供后面使用，反之如果出现异常，则认为 IP 不可用，实现代码如下。

```python
import requests
from bs4 import BeautifulSoup
import socket

# 获取代理
def get_ips(num):
    url = "https://www.kuaidaili.com/free/inha/{}/".format(str(num))
    header = {
        "User-Agent": "Mozilla/5.0 (Windows NT 10.0; WOW64) AppleWebKit/537.36
        (KHTML, like Gecko)Chrome/69.0.3497.100 Safari/537.36",
    }
res = requests.get(url, headers=header)
    bs = BeautifulSoup(res.text, 'html.parser')
    res_list = bs.find_all('tr')
    ip_list = []
    for x in res_list:
        tds = x.find_all('td')
        if tds:
            ip_list.append({"ip": tds[0].text, "port": tds[1].text})
    return ip_list

# 验证代理是否可用
def ip_pool():
    ip_list = get_ips(1)
    ip_pool_list = []
    for x in ip_list:
        proxy = x["ip"] + ":" + x["port"]
        proxies = {'https': proxy}
        try:
            res = requests.get("https://www.baidu.com", proxies=proxies, timeout=5)
            ip_pool_list.append(proxy)
        except Exception as ex:
            continue
    return ip_pool_list

ip_pool()
```

这样就取得了一系列可用的代理 IP，配合之前的爬虫使用，就可以解决 IP 被封的问题了。但由于验证 IP 所需要的时间很长，所以可以采用多线程或多进程的方法进一步提高效率。

6.2.3 使用代理池

当通过爬取和验证得到一批可用的代理 IP 组成一个代理池后，就可以在爬虫中使用它了，操作方法很简单，每次只需要从代理池中随机取一个代理 IP 使用就可以了，示例代码如下。

```
import random
# 把我们从IP代理网站上得到的可用IP列表，随机取出一个给爬虫使用
iplist = ip_pool()
proxies = {'http': random.choice(iplist)}
url = "http://ip-api.com/json/"
response = requests.get(url=url, proxies=proxies)
print(response.text)
```

温馨提示:

在实际项目中可能会获取到大量的代理 IP，建议将通过验证可用的代理 IP 存储到数据库 (如 Redis 或其他数据库) 中，这样每次在使用时，就可以到数据库中去取。这样做的好处是易于维护和方便代理池的 IP 供其他的爬虫使用。

6.3 付费代理的使用

相对免费代理来说，付费代理的稳定性会更高一些。付费代理分为两类：一类提供接口获取海量代理，按天或按量收费，如讯代理；另一类搭建了代理隧道，直接设置固定 IP 代理，如快代理。

本节分别以两家具有代表性的代理网站为例，讲解这两类代理的使用方法。

6.3.1 讯代理的使用

讯代理的代理效率在各个代理网站中比较高，其官网网址可参见"本书赠送资源"，如图 6-6 所示。

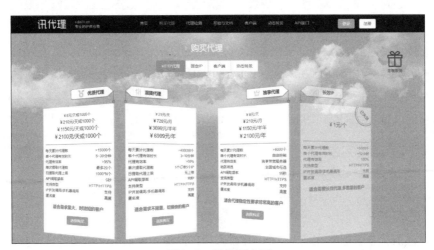

图6-6 讯代理官网

在讯代理官网上可供选购的代理有多种类别，包括如下几种（可参考官网介绍）。

1）优质代理：适合对代理 IP 需求量非常大，但能接受较短代理有效时长（5 ~ 30 分钟）的小部分不稳定的客户。

2）独享代理：适合对代理 IP 稳定性要求非常高且可以自主控制的客户，支持地区筛选。

3）混拨代理：适合对代理 IP 需求量大，代理 IP 使用时效短（3 ~ 10 分钟）、切换快的客户。

4）长效代理：适合对代理 IP 需求量大，代理 IP 使用时效长（大于 12 小时）的客户。

一般来说，用户选择优质代理即可满足需求。但这种代理的量比较大，稳定性不高，一些代理不可用。所以这种代理的使用就需要借助 6.2.3 节所介绍的代理池，自己再做一次筛选，以确保代理可用。

读者可以购买一天时长来试试效果。购买之后，讯代理会提供一个 API 来提取代理，如图 6-7 所示。

图6-7　代理API

例如，这里提取 API 为 http://api.xdaili.cn/xdaili-api//greatRecharge/getGreatIp?spiderId=ace5b9824e1f43b9be7fdd3ee7824643&orderno=YZ20181150043hfFyMO&returnType=2&count=10（可能已过期，在此仅做演示）。

在这里指定了提取数量为 10，提取格式为 JSON，直接访问链接即可提取代理，结果如图 6-8 所示。

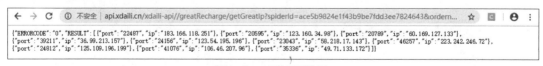

图6-8　API访问结果

接下来要做的就是解析 JSON，然后将其放入代理池中。根据 API 获取代理的代码如下，运行结果如图 6-9 所示。

```
import requests

res=requests.get("http://api.xdaili.cn/xdaili-api//greatRecharge/
getGreatIp?spiderId="
            "ace5b9824e1f43b9be7fdd3ee7824643&orderno=YZ20181150043hfFyMO&return"
            "Type=2&count=10")
ip_list = res.json()["RESULT"]
print(ip_list)
```

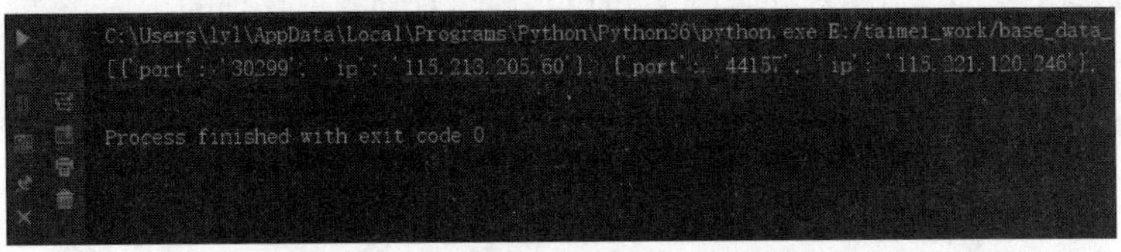

图6-9 运行结果

温馨提示:

　　如果信赖讯代理,也可以不做代理池筛选,直接使用代理。但一般来说,推荐使用代理池筛选,可以提高代理可用概率。

6.3.2 快代理的使用

　　快代理提供了代理隧道,代理速度快且非常稳定,其官网网址参见"本书赠送资源"中的文件,如图 6-10 所示。

图6-10 快代理官网

快代理主要分为四种：私密代理、隧道代理、独享代理和开放代理。

1）私密代理：通过接口提取 IP，自主选用 IP 进行代理。

2）隧道代理：客户使用固定的代理 IP，服务商在云端将请求转发到不同的代理 IP，可每次请求切换代理 IP 或指定时间周期切换代理 IP。

3）独享代理：IP 固定，独享该代理 IP。

4）开放代理：类似私密代理，价格更低，但 IP 可用率较低。

更多介绍可以查看官网报价页面（地址可参见"本书赠送资源"中的文件）。

下面展示隧道代理的使用方法，购买之后可以在后台看到隧道代理的相关信息，如图 6-11 所示。

图6-11　隧道代理管理后台

整个代理的连接域名为 tps840.kdlapi.com，端口为 15818，它们均是固定的，但是每次使用之后 IP 都会更改，该过程其实就是利用代理隧道实现的（参考官网介绍）。

使用教程的官网地址可参见"本书赠送资源"中的文件。教程提供了 urllib、requests 和 socket 等的接入方式。

这里以 requests 为例，接入代码如下。

```
import requests

# 隧道域名:端口号
tunnel = "tps840.kdlapi.com:15818"

# 用户名和密码方式
username = "t14723768303138"
```

```
password = "kva9pucm"
proxies = {
    "http": "http://%(user)s:%(pwd)s@%(proxy)s/" % {"user": username, "pwd":
password, "proxy": tunnel},
    "https": "http://%(user)s:%(pwd)s@%(proxy)s/" % {"user": username, "pwd":
password, "proxy": tunnel}
}

# 要访问的目标网页
target_url = "http://ip-api.com/json/"

# 使用隧道域名发送请求
response = requests.get(target_url, proxies=proxies)

# 获取页面内容
if response.status_code == 200:
    print(response.text)
```

运行结果如图 6-12 所示。

图6-12　运行结果

输出结果的 regionName 即为代理 IP 的实际地址。这段代码如果多次运行测试，就能发现每次请求 regionName 都会产生变化，这就是动态版代理的效果。

这种效果其实与之前的代理池的随机代理效果类似，都是随机取出一个当前可用代理。但是，与维护代理池相比，此服务的配置简单，使用更加方便，更省时省力。在价格可以接受的情况下，用户也可选择此种代理。

以上便是付费代理的相关使用方法，付费代理的稳定性比免费代理更高，用户可以自行选购合适的代理。

6.4　自建代理IP服务

在代理池中可以挑选出许多可用代理，但是这些稳定性不高、响应速度慢，而且这些代理通常是公共代理，可能许多人在同时使用，其 IP 被封的概率很大。另外，这些代理的有效时间可能比较短，虽然代理池一直在筛选，但如果没有及时更新状态，也有可能获取到不可用的代理。

如果要追求更加稳定的代理，就需要购买专有代理或自己搭建代理服务器。但是服务器一般都是固定的 IP，搭建 100 个代理就需要 100 台服务器，这对于一般用户来说是难以实现的。

所以，ADSL 动态拨号主机就派上用场了。下面来了解一下 ADSL 拨号代理服务器的相关设置。

6.4.1　ADSL 拨号原理

ADSL 的全称为 Asymmetric Digital Subscriber Line，中文意思为非对称数字用户环路，即它的上行和下行带宽不对称。它采用频分复用技术把普通的电话线分成了电话、上行和下行 3 个相对独立的信道，从而避免了相互之间的干扰。

这种主机称为动态拨号 VPS 主机，也就是 ADSL 拨号，在连接上网时是需要拨号的，只有拨号成功后才可以上网，每拨一次号，主机就会获取一个新的 IP。也就是说，它的 IP 并不是固定的，而且 IP 量特别大，几乎不会拨到相同的 IP，如果用它来搭建代理，既能保证高度可用，又可以自由控制拨号切换。经测试发现，这也是最稳定、有效的代理方式。

6.4.2　购买 VPS 主机

在开始之前，需要先购买一台动态拨号 VPS 主机，在百度搜索能发现不少提供动态拨号 VPS 主机的服务商，如选择云立方（网址可参见"本书赠送资源"中的文件）。配置可以根据实际需求自行选择，只要带宽满足需求即可。下面来看看如何购买和安装。

步骤❶：打开云立方官网，如图 6-13 所示。

图6-13　云立方购买页面

可以看到，这里提供了很多区域的选项，如选择四川电信线路（推荐购买电信线路），这里为了演示，购买了一台，购买完成后，在后台控制面板就可以看到已购买的主机了，如图 6-14 所示。

图6-14　云立方云VPS管理页面

步骤❷：购买完成之后，接下来就需要安装操作系统了。进入拨号主机的后台，需要先预装一个操作系统，这里选择 Ctentos 7.6 版本，如图 6-15 所示。

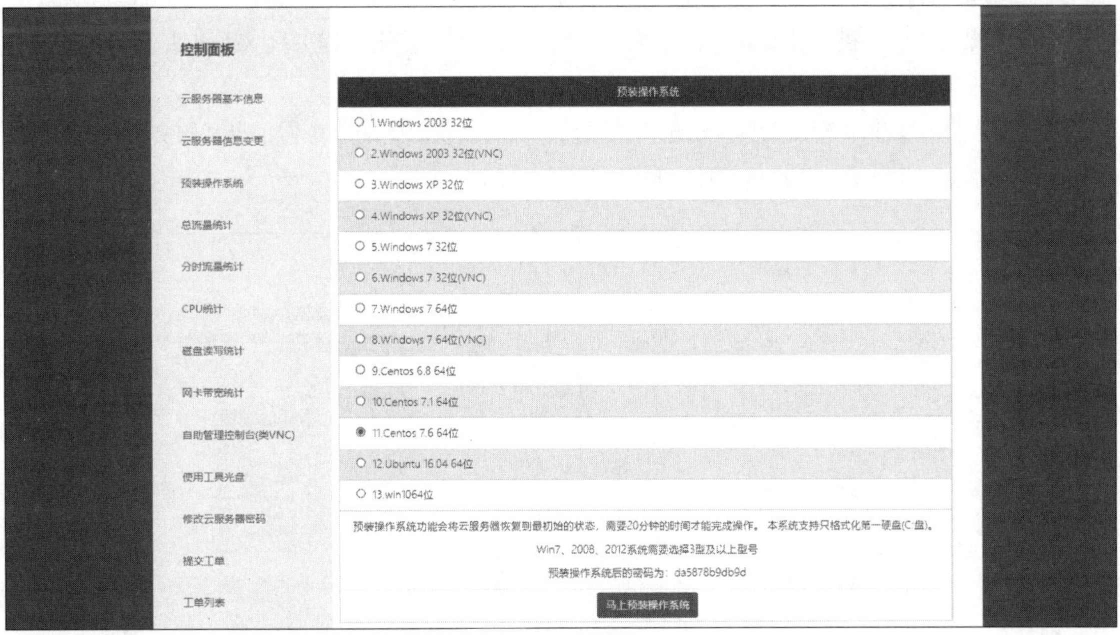

图6-15　控制面板页面

步骤❸：选择好版本之后，单击【马上预装操作系统】按钮，这时网站会把相关的 ssh 连接账号和密码等信息发送给用户，如图 6-16 所示，记录下账号和密码，然后等待 5～10 分钟，就可以使用 Xshell 等工具去连接了。

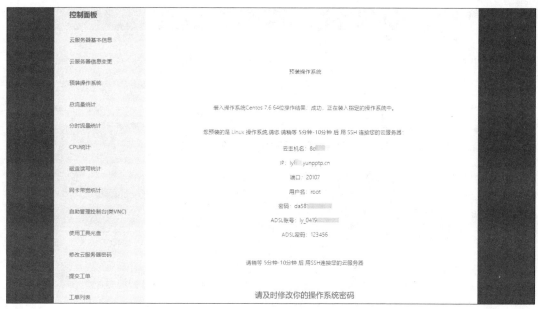

图6-16　服务器信息页面

6.4.3　测试拨号

在成功购买一台主机和安装好操作系统后，接下来，需要使用远程工具 Xshell 去连接，测试一下它的拨号效果，操作步骤如下。

步骤❶：打开 Xshell 连接工具，新建一个会话，输入已获取到的服务器信息和服务器登录信息，如图 6-17 和图 6-18 所示，Xshell 工具可自行去网上下载。

图6-17　输入服务器信息

图6-18　服务器登录信息

步骤❷：输入完成后，单击【确定】按钮，然后在打开的窗口中输入管理密码，就可以连接上远程服务器了，如图 6-19 所示。

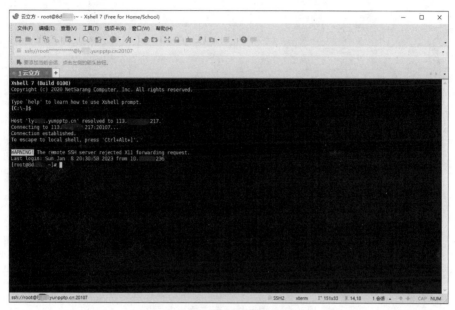

图6-19　连接远程服务器

步骤❸：云立方动态拨号 VPS 服务默认的拨号命令为"adsl-start"，终止拨号命令为"adsl-stop"，我们依次执行这两个命令即可不停地拨号，实现切换 IP。连接上服务器之后，先执行"adsl-start"拨号，再通过 curl 命令请求本机 IP 查看工具网站查看机器 IP 地址，可以看到服务器 IP 为 113.231.22.27，如图 6-20 所示。

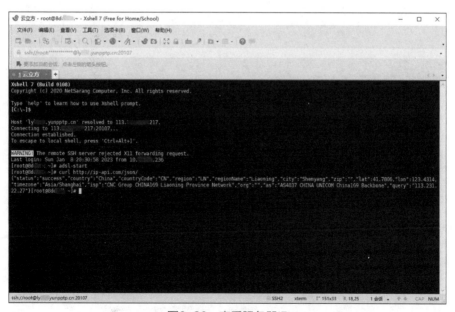

图6-20　查看服务器IP

步骤 ❹：这时先执行 "adsl-stop"，再执行 "adsl-start"，然后请求本机 IP 查看工具网站查看服务器 IP 地址，发现服务器 IP 地址已经发生改变，变成了 124.94.187.114，如图 6-21 所示。

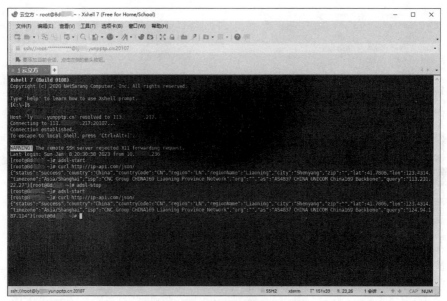

图6-21　重新拨号后查看服务器IP

步骤 ❺：此时，在机器上通过 crontab 配置一个定时任务，实现每分钟自动重拨。具体方法是输入 "crontab -e" 命令，使用 VIM 打开 crontab 配置文件，向文件中输入 "*/1 * * * * /usr/sbin/adsl-stop && /usr/sbin adsl-start" 并保存即可（cron 语法和 VIM 编辑器的用法在此处不做赘述，有需要的读者可在网上查询相关资料），配置过程中的截图如图 6-22 所示。

图6-22　编辑crontab配置文件

步骤❻：配置完成后，先查看一次服务器 IP，间隔一分钟后再次查看服务器 IP，可以看到两次的 IP 不一致，即证明自动拨号配置成功，效果如图 6-23 所示。

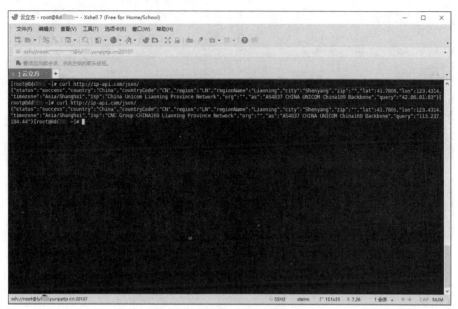

图6-23　查看定时拨号效果

由此看来，如果将这台主机作为代理服务器，一直拨号换 IP，就不用担心 IP 被封了，即使某个 IP 被封了，重新拨一次号就好了。

接下来就需要将主机设置为代理服务器，以及实时获取拨号主机的 IP。

6.4.4　HTTP 协议代理搭建与测试

经常听说代理服务器，那么如何将自己的主机设置为代理服务器呢？接下来就来介绍搭建 HTTP 代理服务器的方法。

在 Linux 系统下搭建 HTTP 代理服务器，推荐使用 TinyProxy 和 Squid，这两个配置都非常简单，这里以 TinyProxy 为例来介绍搭建代理服务器的步骤。

步骤❶：安装 TinyProxy。依次执行以下命令：yum install -y epel-release、yum update -y、yum install -y tinyproxy。运行完成之后就完成 TinyProxy 的安装了。

步骤❷：配置 TinyProxy。TinyProxy 安装完成之后还需要配置才可以将其用作代理服务器，编辑配置文件的一般路径是 /etc/tinyproxy/tinyproxy.conf。这里使用 vim 命令进入编辑界面（需要注意的是，如果提示 vim 命令不可用，则需要使用 yum install vim 命令进行安装），如图 6-24 所示。

在配置文件中，有一行内容为"Port8888"，在这里可以设置代理的端口，默认是 8888，将其修改为 20105。然后继续向下找，有一行"Allow127.0.0.1"，这是被允许连接的主机的 IP，如果想任何主机都可以连接，那么就直接将它注释即可，这里选择直接注释，将其修改为"#Allow127.0.0.1"，然后退出保存。

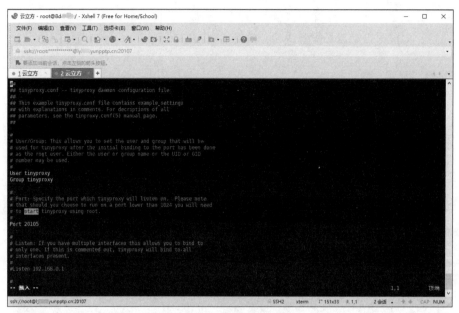

图6-24　配置编辑界面

步骤 ❸：重启 TinyProxy。设置完成之后，输入 "service tinyproxy start" 命令。

步骤 ❹：验证 TinyProxy。这样就成功搭建好代理服务器了，用 ifconfig 查看当前主机的 IP。例如，当前主机拨号 IP 为 175.175.152.97，在其他的主机运行测试一下。例如，用 curl 命令设置代理请求本机 IP 查看工具网站，检测代理是否生效。在 Windows 命令行中执行如下命令，结果如图 6-25 所示。

```
curl -x 175.175.152.97:20105 http://ip-api.com/json/
```

图6-25　运行结果

如果有正常的结果输出并且 origin 的值为代理 IP 的地址，就证明 TinyProxy 配置成功了，说明这个代理是可以用的。

6.4.5　Socks 协议代理搭建与测试

Socks 协议的代理也是经常被用到的一种代理方式，接下来介绍搭建 Socks 代理服务器的方法。

Dante 是非常常用的 Socks 服务器，安装该服务器的方法也非常简单，首先执行命令：wget --no-check-certificate https://raw.github.com/Lozy/danted/master/install.sh -O install.sh 下载安装脚本，接着执行命令 chmod +x install.sh && ./install.sh --port=20106 --user=testuser --passwd=123321 进行安装，命令执行完成后即成功安装 Dante 服务，其中端口、用户名和密码可自行指定。

安装完成后，在 Windows 命令行中执行 curl -x socks5://testuser:123321@175.175.152.97:20105 http://ip-api.com/json/ 命令，检查代理是否生效。

6.4.6 使用 Python 实现拨号

搭建好自己的代理服务器后，在需要使用时，每次都使用 Xshell 手动登录服务器去拨号是不现实的，所以就需要使用程序去自动拨号返回需要的 IP。下面以 Python 为例，去实现模拟登录 Xshell 进行 ADSL 拨号，然后获取新的代理 IP 返回来供用户使用。首先使用 pip 命令安装好 paramiko 库，相关示例代码如下。

```python
import paramiko
import time
import re

# 定义一个类，表示一台远端Linux主机
class Linux(object):
    # 通过IP、用户名、密码、超时时间初始化一个远程Linux主机
    def __init__(self, ip, username, password, timeout=30):
        self.ip = ip
        self.username = username
        self.password = password
        self.timeout = timeout
        # transport和chanel
        self.t = ''
        self.chan = ''
        # 连接失败的重试次数
        self.try_times = 3

    # 调用该方法连接远程主机
    def connect(self):
        while True:
            # 连接过程中可能会抛出异常，比如网络不通、连接超时
            try:
                self.t = paramiko.Transport(sock=(self.ip, 22))
                self.t.connect(username=self.username, password=self.password)
                self.chan = self.t.open_session()
                self.chan.settimeout(self.timeout)
                self.chan.get_pty()
                self.chan.invoke_shell()
                # 如果没有抛出异常则说明连接成功，直接返回
                print(u'连接%s成功' % self.ip)
                # 接收到的网络数据解码为str
                print(self.chan.recv(65535).decode('utf-8'))
                return
            # 这里不对可能的异常如socket.error、socket.timeout进行细化，直接统一处理
            except Exception as ex:
                if self.try_times != 0:
                    print(u'连接%s失败，进行重试' % self.ip)
```

```
                        self.try_times -= 1
                else:
                        print(u'重试3次失败，结束程序')
                        exit(1)

    # 断开连接
    def close(self):
        self.chan.close()
        self.t.close()

    # 发送要执行的命令
    def send(self, cmd):
        cmd += '\r'
        result = ''
        # 发送要执行的命令
        self.chan.send(cmd)
        # 回显很长的命令可能执行较久，通过循环分批次取回回显，执行成功返回true，失败返回false
        while True:
            time.sleep(0.5)
            ret = self.chan.recv(65535)
            ret = ret.decode('utf-8')
            result += ret
            return result

# 连接正常的情况
if __name__ == '__main__':
    host = Linux('110.187.88.59', 'root', 'P5AzlZjfzHc5')  # 传入IP、用户名、密码
    host.connect()
adsl = host.send('adsl-start')  # 发送一个拨号命令
    result = host.send('ifconfig')  # 发送一个查看IP的命令
    ip = re.findall(".*?inet.*?(\d+\.\d+\.\d+\.\d+).*?netmask", result)
    print("拨号后的IP是: " + ip[0])
    host.close()
```

这里使用 Python 实现了一个模拟 Xshell 的功能，用它就可以远程自动连接代理服务器，然后使用 send() 方法发送执行命令，最后从返回的结果中用正则匹配出需要的 IP。得到这个 IP 后就可以运用到爬虫中了。

至此，ADSL 拨号代理服务器搭建完成了。

6.5 新手问答

学习完本章之后，读者可能会有以下疑问。

1. 如果代理没有使用成功，那么问题出在哪里？

答：在实际过程中，如果代理使用不成功，可以先确认代理是否可用，如通过 ping 命令去 ping

一下代理，看能否 ping 通，或者也可以换几个网站访问试试，也不排除所使用的代理是别人用过的。所以有问题要多分析、多观察。

2. 爬虫如何在工作中解决代理IP不足的问题?

答：在爬虫工作过程中，经常会被目标网站禁止访问，但又找不到原因，这是令人非常头疼的事情。一般来说，目标网站的反爬策略都是依靠 IP 来标识爬虫的，很多时候，我们访问网站的 IP 地址会被记录，当服务器认为这个 IP 是爬虫，那么就会限制或禁止此 IP 访问。被限制 IP 最常见的一个原因是数据抓取频率过快，超过了目标网站所设置的阈值，将会被服务器禁止访问。所以，很多爬虫工作者会选择使用代理 IP 来辅助爬虫工作的正常运行。

但有时不得不面对这样一个问题，代理 IP 不够用，即使去买，这里也有两个问题，一是成本问题，二是高效代理 IP 并不是到处都有。

通常，爬虫工程师会采取两个办法来解决问题。

1）放慢数据抓取速度，减少 IP 或其他资源的消耗，但是这样会减少单位时间的抓取量，可能会影响到任务是否能按时完成。

2）优化爬虫程序，减少一些不必要的程序，提高程序的工作效率，减少对 IP 或其他资源的消耗，这就需要资深爬虫工程师了。

如果说这两个办法都已经做到极致了，还是解决不了问题，那么只有加大投入继续购买高效的代理 IP 来保障爬虫工作高效、持续、稳定地进行。

3. 设置了代理但是没有生效，如proxy_ip={'HTTP':'49.85.13.8:35909'}，到网上找了很多代理，但是始终显示的是自己的IP，这是什么问题?

答：这个是代理格式的问题造成的，正确的格式为 {'http':'http://proxy-ip:port'}。此外，也可能是该代理不可用。

本章小结

本章开始讲解了 Python 主要的网络请求库的代理设置，然后讲解了代理池的构建、如何获取免费的代理和收费的代理，最后详细地讲解了如何去搭建自己的 ADSL 拨号服务器，并使用 Python 去远程拨号获取最新的 IP。

第7章
验证码的识别与破解

本章导读

　　目前，许多网站采取各种各样的措施来反爬虫，其中一个措施便是使用验证码。随着技术的发展，验证码的花样越来越多。验证码最初是几个数字组合的简单的图形验证码，后来是英文字母和数字混合，再后来，我们需要识别文字，单击与文字描述相符的图片，验证码完全正确，验证才能通过。现在这种交互式验证码越来越多，如滑动验证码需要滑动拼合滑块才能完成验证，点触验证码需要完全单击正确结果才能完成验证，另外，还有滑动宫格验证码、计算题验证码等。

　　验证码变得越来越复杂，爬虫的工作也变得越发艰难，有时我们必须通过验证码的验证才可以访问页面，本章就专门针对验证码的识别做统一讲解。

　　本章涉及的验证码有普通图形验证码、数值计算型验证码、普通滑动验证码和滑动拼图验证码，这些验证码的识别方式和思路各有不同。了解这几种验证码的识别方式之后，可以举一反三，用类似的方法识别其他类型的验证码。

知识要点

- ◆ 普通图形验证码识别流程
- ◆ 数值计算型验证码的处理方法
- ◆ 普通滑动验证码的处理方法
- ◆ 滑动拼图验证码的处理方法

7.1 普通图形验证码识别

下面先来认识一种最简单的验证码，即图形验证码。这种验证码出现较早，它由数字或字母混合组成，一般来说，长度都是 4 位，如图 7-1 所示。识别这种验证码相对比较简单，一般使用光学字符阅读器（Optical Character Reader, OCR）识别就可以完成。下面将介绍如何使用 OCR 技术对图形验证码进行识别。

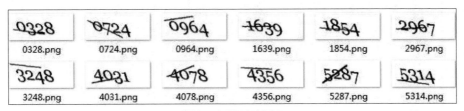

图7-1　图形验证码

7.1.1 Python OCR 识别库的安装

要使用 OCR 识别验证码，需要用到库 PIL 和 pytesseract，这两个库可以直接使用 pip 命令进行安装。要想使用 pytesseract 库，还需要安装 tesseract 程序，接下来介绍 tesseract 程序的安装方法。

步骤❶：下载 5.3.0 版本，具体下载地址参见"本书赠送资源"中的文件。下载安装之后，还需要设置环境变量，打开【设置】界面，如图 7-2 所示。

图7-2　设置界面

步骤❷：在【设置】界面中，选择【系统】选项，在打开的系统设置界面中，选择【关于】选项，在右侧可看到【高级系统设置】选项，如图 7-3 所示。

图7-3　系统设置界面

步骤❸：单击【高级系统设置】，即可进入【系统属性】对话框，如图 7-4 所示，切换到【高级】选项卡，可以看到【环境变量】按钮。

图7-4　【系统属性】对话框

步骤❹：单击【环境变量】按钮，即可进入【环境变量】对话框。在【系统变量】一栏中，找到【Path】变量并双击，如图 7-5 所示。

图7-5　【环境变量】对话框

步骤❺：双击【path】变量后，弹出【编辑环境变量】对话框，如图 7-6 所示，在该对话框中，我们直接单击【新建】按钮，即可设置新的变量，假设我们的 tesseract 程序安装在 D:\tesseract 目录，单击【新建】按钮之后，我们直接输入该路径，如图 7-7 所示，即可完成环境变量的设置。

图7-6　【编辑环境变量】对话框

图7-7　新建环境变量

在 Ubuntu 中安装 tesseract，执行如下命令即可：

```
sudo apt-get install -y tesseract-ocr libtesseract-dev libleptonica-dev
```

对于 CentOS，则执行如下命令：

```
yum install -y tesseract
```

安装完成后，在命令行执行如下命令：

```
tesseract -h
```

如果输出相关帮助信息，则安装成功。

7.1.2　使用 OCR 识别简单的图形验证码

1. 直接识别

接下来以图 7-8 所示的验证码为例，来看一看它的识别步骤。

图7-8　验证码

步骤 ❶：新建 py 文件，输入以下代码。

```
import pytesseract
from PIL import Image


print(pytesseract.image_to_string(Image.open("code.png"), lang="eng", config=
```

```
"-psm 7"))
```

步骤 ❷：运行代码，运行结果如图 7-9 所示。

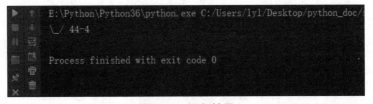

图7-9　运行识别结果

通过运行代码可以看到，这里成功地将图 7-8 所示的验证码识别出来了，说明 OCR 方法有一定的识别准确率。代码中，首先通过 Image.open() 打开需要识别的验证码图像，然后用 pytesseract. image_to_string() 方法将获取到的图像作为参数传进去，就完成了识别过程。由于这里的 pytesseract 库已经封装了验证码的识别过程，因此只需要简单写一行代码就可以实现了。

2. 预处理后识别

为什么要对验证码进行预处理？这是因为在识别它之前，对其进行预处理（如去除噪点、去除干扰线等），再使用 OCR 识别能大大提高识别的正确率。下面以东方航空网的登录验证码为例，对验证码图片（图 7-10）进行预处理。

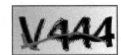

图7-10　干扰线验证码

如需验证码图片，可以从"本书赠送资源"文件中找到图片网址，并将图片保存下来。这里为了对比它的效果，先直接使用 pytesseract 库去识别未处理的图片，运行结果如图 7-11 所示。

图7-11　运行结果

从图 7-11 中可以看到，pytesseract 库并没有准确地识别出我们想要的结果。下面进行预处理。

步骤 ❶：将验证码图片二值化变色，并保存为一张新的以 .png 为扩展名的图片，代码如下。

```
from PIL import Image

def test(path):
    img = Image.open(path)
    w, h = img.size
    for x in range(w):
        for y in range(h):
            r, g, b = img.getpixel((x, y))
            if 190 <= r <= 255 and 170 <= g <= 255 and 0 <= b <= 140:
                img.putpixel((x, y), (0, 0, 0))
            if 0 <= r <= 90 and 210 <= g <= 255 and 0 <= b <= 90:
```

```
            img.putpixel((x, y), (0, 0, 0))
    img = img.convert('L').point([0]*150+[1]*(256-150), '1')
    return img

path = "fbb47df5aa5ac444.jpg"
im = test(path)
path = path.replace('jpg', 'png')
im.save(path)
```

这里的方法为：将图 7-10 所示的 fbb47df5aa5ac444.jpg 图片传进去，进行二值化处理，处理完之后，保存为新的 fbb47df5aa5ac444.png 图片。运行结果如图 7-12 所示，它在目录下生成了一张处理过的新的验证码图片。

图7-12　处理后的验证码

步骤 ❷：接下来进行降噪，也就是去除周围的那些"小点点"，降噪后将图片保存为 fbb47df5aa5ac444.jpeg，代码如下。

```
from PIL import Image, ImageDraw

# 二值数组
t2val = {}

def twoValue(image, G):
    for y in range(0, image.size[1]):
        for x in range(0, image.size[0]):
            g = image.getpixel((x, y))
            if g > G:
                t2val[(x, y)] = 1
            else:
                t2val[(x, y)] = 0
```

根据某个像素点的 RGB 值，与其周围全部 8 个像素点的 RGB 值比较，统计与该点 RGB 值相等的像素点的个数，设定一个阈值 N（0<N<8），当周围与该像素点 RGB 值相等的像素点的个数小于 N 时，将该像素点判定为噪点，代码如下。

```
# G: Integer 图像二值化阈值
# N: Integer 降噪率 0 <N <8
# Z: Integer 降噪次数
# 输出
#  0：降噪成功
#  1：降噪失败
def clearNoise(image, N, Z):
    for i in range(0, Z):
        t2val[(0, 0)] = 1
        t2val[(image.size[0] - 1, image.size[1] - 1)] = 1

        for x in range(1, image.size[0] - 1):
            for y in range(1, image.size[1] - 1):
                nearDots = 0
                L = t2val[(x, y)]
                if L == t2val[(x - 1, y - 1)]:
```

```
                nearDots += 1
            if L == t2val[(x - 1, y)]:
                nearDots += 1
            if L == t2val[(x - 1, y + 1)]:
                nearDots += 1
            if L == t2val[(x, y - 1)]:
                nearDots += 1
            if L == t2val[(x, y + 1)]:
                nearDots += 1
            if L == t2val[(x + 1, y - 1)]:
                nearDots += 1
            if L == t2val[(x + 1, y)]:
                nearDots += 1
            if L == t2val[(x + 1, y + 1)]:
                nearDots += 1

            if nearDots < N:
                t2val[(x, y)] = 1

def saveImage(filename, size):
    image = Image.new("1", size)
    draw = ImageDraw.Draw(image)
    for x in range(0, size[0]):
        for y in range(0, size[1]):
            draw.point((x, y), t2val[(x, y)])
    image.save(filename)

path = "fbb47df5aa5ac444.png"
image = Image.open(path).convert("L")
twoValue(image, 100)
clearNoise(image, 3, 2)
path1 = "fbb47df5aa5ac444.jpeg"
saveImage(path1, image.size)
```

运行代码，生成的新图片如图 7-13 所示。

图7-13　处理后的验证码图片

步骤❸：使用 pytesseract 库对图 7-13 所示的图片进行识别，代码如下。

```
from PIL import Image
import pytesseract

def recognize_captcha(img_path):
    im = Image.open(img_path)
    num = pytesseract.image_to_string(im)
    return num
```

```
if __name__ == '__main__':
    img_path = "fbb47df5aa5ac444.jpeg"
    res = recognize_captcha(img_path)
    strs = res.split("\n")
    if len(strs) >= 1:
        print (strs[0])
```

运行结果如图 7-14 所示。

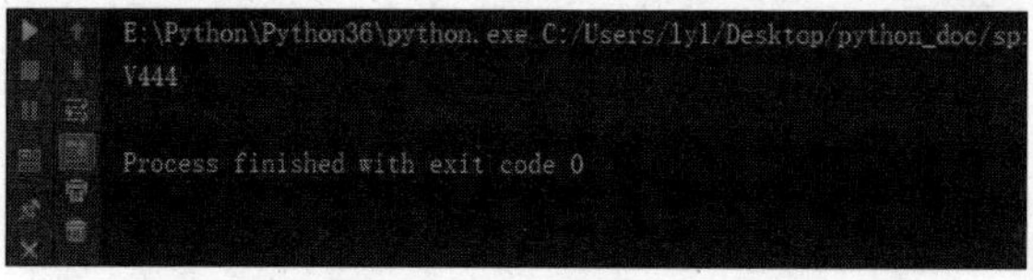

图7-14　运行结果

从运行结果可以看出，识别完全正确。在进行验证码识别时，如果有需要，先把图片进行预处理，效果会更好。但这也不是必需的，具体根据实际情况决定。

7.1.3　数值计算型的验证码破解

第 7.1.2 节介绍的是识别验证码中的具体内容，还有一种图形验证码，图中的内容是数学算式，如图 7-15 所示，破解这种验证码需要识别其中的算式，并计算出正确答案。

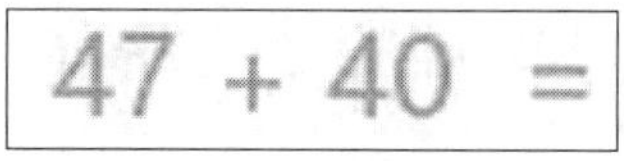

图7-15　计算型验证码

处理这种验证码，可以使用 ddddocr 库，这个库直接使用 pip 命令进行安装即可。使用这个库识别验证码非常简单，以图 7-15 中的图形验证码为例，示例代码如下。

```
import ddddocr
img_path = "cal_code.png"
ocr = ddddocr.DdddOcr(show_ad=False)
with open(img_path, 'rb') as f:
    img_bytes = f.read()
    res = ocr.classification(img_bytes)
    print(res)
```

结果如图 7-16 所示，可见已正确识别图中内容。

图7-16　识别结果

识别出算式后，便可编写代码进行计算，下面是一个简单的计算方法实现，主要思路是将算式改写成 Python 语句，具体代码如下。

```
op_map = {    # 定义需要替换的符号
    '=': '',
    'x': '*',
    '÷': '/'
}

for i in op_map:
    res = res.replace(i, op_map[i])
print('算术验证码内容: ', res)
print('算术验证码结果: ', eval(res))
```

运行后控制台输出：

```
算术验证码内容: 47+40
算术验证码结果: 87
```

7.2 滑动验证码原理

前面已经简单地讲解了普通图形验证码的处理方法，但是目标网站为了防止爬虫爬取，设计出各种各样的验证码，要爬取它的数据非常困难。例如，有的网站的验证码是通过鼠标拖动滑块到指定位置，如图 7-17 所示。

图7-17　滑块验证页面

从图 7-17 可以看到，当进入某一个页面时（示例网址请参见"本书赠送资源"文件，在无痕模式下进入更易触发该验证码），就会出现一个滑动验证的验证方式，需要用户使用鼠标拖动滑块到最右侧才能通过验证，这样才能查看网页内容。

那么对于这种方式的验证码，可以使用第 5 章中的 Selenium 去模拟浏览器的行为模拟拖动，来实现登录。

7.2.1 普通滑动验证码

下面以 1688 网站为例，通过实际操作讲解如何使用 Selenium 模拟拖动滑块验证码来实现登录。这里将其分为 3 个步骤来完成，思路如下。

1）分析观察并判断是否出现验证码。

2）确定滑块拖动的距离。

3）用鼠标模拟拖动验证码。

接着通过上述步骤，一步一步地实现 1688 网站验证码的破解，具体步骤如下。

步骤❶：判断验证码是否出现。通过观察，很容易看到在弹出验证码时，页面上会出现"请按住滑块"的文字，可以以此判断验证码是否出现。

步骤❷：确定滑块拖动的距离。在谷歌浏览器调试模式（按【F12】键）下，通过分析发现，滑块是一个 id 为 "nc_1_n1z" 的 span 元素，拖动过程中，这个元素的 left 属性会随着拖动距离而变化，滑块拖满后，该元素的 left 属性将会变成 258px，如图 7-18 所示。由此判断，只需要向右拖动该元素 260px 即可完成验证过程。

图7-18　审查元素

步骤❸：动手使用代码模拟拖动，相关示例代码如下。

```
import time
from selenium import webdriver
from selenium.webdriver.common.by import By
```

```
driver = webdriver.Chrome()

with open('stealth.min.js') as f:  # 下载链接: # https://cdn.jsdelivr.net/gh/
requireCool/stealth.min.js/stealth.min.js
    js = f.read()

driver.execute_cdp_cmd(
    "Page.addScriptToEvaluateOnNewDocument",
    {
        "source": js
    }
)

url = "https://detail.1688.com/offer/669600087062.html"
driver.get(url)
time.sleep(3)

if '请按住滑块' in driver.page_source:
    slices = 10  # 分10次拖动
    step_length = 260 / slices  # 计算每次拖动长度
    slide_captcha = driver.find_element(By.ID, 'nc_1_n1z')
    webdriver.ActionChains(driver).move_to_element(driver.find_element(By.ID,
'bg-img')).perform()  # 将鼠标移动到页面中的图片上
# 将鼠标移动到滑块上
    webdriver.ActionChains(driver).move_to_element(slide_captcha).perform()
# 鼠标单击滑块并按住鼠标
    webdriver.ActionChains(driver).click_and_hold(slide_captcha).perform()
    for i in range(slices):
        webdriver.ActionChains(driver).move_by_offset(xoffset=step_length,
yoffset=0).perform()  # 移动滑块
        time.sleep(0.3)  # 避免移动太快
    time.sleep(0.3)
    webdriver.ActionChains(driver).release().perform()  # 松开滑块
time.sleep(5)  # 可观察结果
```

这段代码的意思是，首先使用 driver 打开 1688 商品页面，然后导入一段 JS 代码，隐藏 Selenium 的相关特征，再判断是否出现验证码。如果出现验证码，则分 10 次拖动验证码，在开始拖动前，可先将鼠标移动到中间的图片上，再移动到验证码滑块上，使得行为更像真人操作，最后按住滑块并拖动指定长度。

7.2.2　带缺口的滑块验证码

还有一种滑动验证码和 7.2.1 节提到的有一些不同之处，如图 7-19 所示，该图是知乎的登录页面在输入账号密码并单击登录之后弹出验证码的页面截图，这种验证码要求向右拖动滑块填充拼图。由于滑块的缺口位置不固定，所以滑动的距离也是不固定的。对于这种验证码，无法通过 7.2.1 节讲到的滑动指定长度的方式进行破解，而是要在滑动前获取需要滑动的距离。下面将讨论如何使用

Playwright 破解这种带缺口的滑块验证码。

图7-19　带缺口的滑动验证码

通过开发者工具对验证码弹框进行审查，如图 7-20 所示。可发现该滑动验证码分为两部分，一部分为验证码背景（图 7-21），另一部分为验证码滑块（图 7-22）。

图7-20　审查验证码元素

图7-21 验证码背景

图7-22 验证码滑块

对于此种验证码,可以使用 ddddocr 库的 slide_match() 函数,该函数接收滑块图片内容和背景图内容,返回识别结果,结果示例为:

```
{'target_y': 26, 'target': [246, 27, 303, 72]}
```

其中,target 中四个数字表示的是背景图中缺口所在矩形的四条边与坐标轴之间的距离。在 Web 页面中,坐标轴的原点在最左上方,原点向右为 x 轴正方向,原点向下为 y 轴正方向。结果示例中,target 中的第一个元素 246 表示的是缺口所在矩形的左侧的边与 y 轴的距离为 246 像素,第二个元素 27 表示缺口所在矩形的上方的边与 x 轴的距离为 27 像素,第三个元素 303 表示缺口所在矩形的右侧的边与 y 轴的距离为 303 像素,第四个元素 72 表示缺口所在矩形的下方的边与 x 轴的距离为 72 像素。我们只需要将滑块向右拖动 246 像素即可,但是在实际操作中发现,这个距离和实际移动距离略微有一些误差,少了大约 5 像素,因此在实际操作中,需要多移动 5 像素。

在 Playwright 中移动滑块,主要步骤为“移动鼠标到滑块位置”→“按下鼠标”→“将鼠标向右移动指定像素距离”→“松开鼠标”。按下鼠标和松开鼠标的操作较为简单,直接使用 page.mouse.down() 和 page.mouse.up() 函数即可。移动鼠标到指定位置的操作比较复杂,需要先获取该位置的坐标,对于将鼠标移动到滑块的操作,需要先获取滑块坐标,获取滑块坐标可使用如下代码。

```
page.query_selector('.yidun_slider').bounding_box()
```

这行代码首先通过 CSS 选择器获取了滑块元素,再通过 bounding_box() 函数获取了该元素的坐标,执行的结果示例如下。

```
{'x': 481, 'y': 387, 'width': 40, 'height': 38}
```

结果中包含了该元素的坐标、宽和高。

在有了位置信息之后,移动鼠标到指定位置只需要使用 page.mouse.move(x, y) 函数即可,该函数接收 x 坐标和 y 坐标作为参数,然后将鼠标移动到该位置。

完整的代码如下。

```
from playwright.sync_api import sync_playwright
import requests
import ddddocr
import time


playwright = sync_playwright().start()
```

```python
browser = playwright.chromium.launch(headless=False, )

page = browser.new_page()
# 隐藏浏览器被代码控制的特征
js = "Object.defineProperties(navigator, {webdriver:{get:()=>undefined}});"
page.add_init_script(js)

page.goto('https://www.zhihu.com/signin?next=%2F')
page.click('text="密码登录"')
page.fill('input[name="username"]', '13479984567')  # 输入账号
page.fill('input[name="password"]', 'xxxndfgsdgfx')  # 输入密码
page.click('button[type="submit"]')  # 单击登录按钮
time.sleep(3)  # 等待验证码弹出

bg_img = page.query_selector('.yidun_bg-img')  # 获取验证码背景图元素
bg_img_url = bg_img.get_attribute('src')  # 获取验证码背景图URL
bg_img_bytes = requests.get(bg_img_url).content  # 获取验证码背景图二进制数据

slider_img = page.query_selector('.yidun_jigsaw')  # 获取验证码滑块图元素
slider_img_url = slider_img.get_attribute('src')  # 获取验证码滑块图URL
slider_img_bytes = requests.get(slider_img_url).content
# 获取验证码滑块图二进制数据

ocr_obj = ddddocr.DdddOcr(det=False, ocr=False, show_ad=False)
ocr_res = ocr_obj.slide_match(slider_img_bytes, bg_img_bytes)  # 识别缺口位置
distance = ocr_res['target'][0] + 5 # 获取滑块移动距离
step_cnt = 7  # 设置移动7步
step_length = distance / 7  # 计算每一步移动距离
# 计算出每一步离滑块初始位置的水平相对距离
tracks = [i * step_length for i in range(1, step_cnt + 1)]

slider = page.query_selector('.yidun_slider').bounding_box()  # 获取滑块的坐标
page.mouse.move(slider['x'], slider['y'])  # 移动到滑块
page.mouse.down()  # 鼠标按住滑块
for i in tracks:
    page.mouse.move(slider['x'] + i, slider['y'])  # 鼠标进行水平移动，y轴坐标不变
    time.sleep(0.3)  # 每次移动后暂停0.3秒，避免滑动过快
page.mouse.up()  # 松开鼠标

time.sleep(10)
```

7.3 其他常见验证码介绍

验证码的种类纷繁复杂，下面简单介绍一些其他常见的验证码。

（1）点选文字验证码

要通过该类型验证码，有的网站要求单击图片中的所有文字，也有站点要求按指定顺序单击全

174

部或部分文字，如图 7-23 所示。

图7-23　点选文字验证码

（2）点选图片验证码

该类型的验证码会要求单击给出的图片中所有符合要求的图片，如图 7-24 所示。

图7-24　点选图片验证码

（3）滑动旋转验证码

该类型验证码的图片被分成两部分，一部分固定不动，另一部分会跟随滑块的移动旋转，想要通过验证，必须滑动滑块，使得两部分图片重新形成正常图片，如图 7-25 所示。

图7-25　滑动旋转验证码

除了这几种验证码，还有非常多类型的验证码，由于篇幅有限，就不再一一列举介绍其通过方法，感兴趣的读者可自行查阅相关资料。

7.4　新手问答

学习完本章之后，读者可能会有以下疑问。

1. 可不可以绕过验证码实现登录？

答：可以的，在使用 requests 或 urllib 库时，可以携带 headers，所以只需要在 headers 中带上 Cookie 就可以实现不用输入验证码和用户名登录。但是这样也存在一些缺陷，如安全问题及需要定期手动去更新 Cookie，所以一般不建议使用 Cookie。

2. 使用pytesseract识别验证码时遇到如下异常如何处理？

```
pytesseract.pytesseract.TesseractNotFoundError: tesseract is not installed or
it's not in your path
```

答：出现这种问题一般是"Tesseract-OCR"版本或环境的问题，重新从网上找到相应的"Tesseract-OCR"下载安装（寻找对应版本），下载地址参见"本书赠送资源"文件。安装后的默认文件路径为（这里使用的是 Windows 版本）C:\ProgramFiles(x86)\Tesseract-OCR\。然后将源码中的 tesseract_cmd='tesseract' 更改为 tesseract_cmd=r'C:\ProgramFiles(x86)\Tesseract-OCR\tesseract.exe'，再次运行脚本即可完成操作。

3. 在进行一般的图形验证码识别时，验证码图片一定需要预处理、二值化吗？

答：不一定，应根据实际情况处理。如果验证码图片比较简单，没有噪点、干扰线之类的，就可以不用进行预处理，直接识别。

本章小结

　　本章列举了比较常见的几种验证码，并讲解了如何去识别、破解的思路。例如，普通图形验证码的预处理、二值化识别，模拟拖动登录 1688 网站、滑动拼图验证。即使本章涉及了多种常见的验证码，但市面上的验证码种类繁多，这里不可能将所有的都讲到。所以本章对于验证码的处理仅提供思路和方向，希望读者能借鉴其中解决问题的思路去破解其他类型的验证码，达到举一反三的目的。

第8章

App数据抓取

本章导读

前面讲解了如何抓取 Web 页面的数据，随着移动互联网的发展，越来越多的企业都有了自己的移动应用程序 App，而且还把主要数据和服务都放在了 App 端。所以，在 Web 网页端并没有提供相关的服务和数据，这时如果想抓取它的数据，就只能分析 App。现在的移动应用程序 App 几乎都与网络交互，在分析一个 App 时，如果可以抓取它发出的数据包，将对分析程序的流程和逻辑有极大的帮助。对于 HTTP 包来说，已经有很多种分析的方法了，但越来越多的应用已经使用 HTTPS 与服务器端交换数据了，这无疑给抓包分析增加了难度。

实际上，App 比 Web 更容易抓取，它的反爬能力没有 Web 端那么强，而且数据大多是通过 JSON 形式进行传输的，解析更加简单。我们都知道，在 Web 端分析网络请求和接口时都是通过浏览器自带的开发者工具进行分析的，那么 App 分析时继续使用浏览器肯定是不可行的，所以这时就需要借助其他的工具，如 Fiddler、Charles、Appium 等来解决这个问题。本章将介绍如何使用 Fiddler、Charles、Appium 等完成 App 数据的分析抓取。

知识要点

- 使用Fiddler进行网络请求抓包分析
- Fiddler代理设置和基本使用
- Charles的基本使用
- Appium抓取App数据

8.1　Fiddler的基本使用

Fiddler 是位于客户端和服务器端的 HTTP 代理，也是目前最常用的 HTTP 抓包工具之一。它能够记录客户端和服务器端之间的所有 HTTP 请求，可以针对特定的 HTTP 请求，分析请求数据、设置断点、调试 Web 应用、修改请求的数据，甚至可以修改服务器返回的数据，功能非常强大，是 Web 调试的利器。

既然是代理，也就是说，客户端的所有请求都要先经过 Fiddler，然后转发到相应的服务器，反之，服务器端的所有响应，也都会先经过 Fiddler 再发送到客户端。基于这个原因，Fiddler 支持所有可以设置 HTTP 代理为 127.0.0.1:8888 的浏览器和应用程序。

要使用 Fiddler，需要先安装它，其官方下载地址参见本书赠送资源文件。安装完成后，还需要准备一台安卓（Android）或苹果手机，并确保手机和计算机在同一个局域网内。

8.1.1　Fiddler 设置

Fiddler 安装完成后，就可以用它来抓包了。在抓包之前，需要先设置它的"允许远程连接"和"默认端口"，具体操作步骤如下。

步骤❶：双击【Fiddler】图标将其打开，界面如图 8-1 所示。

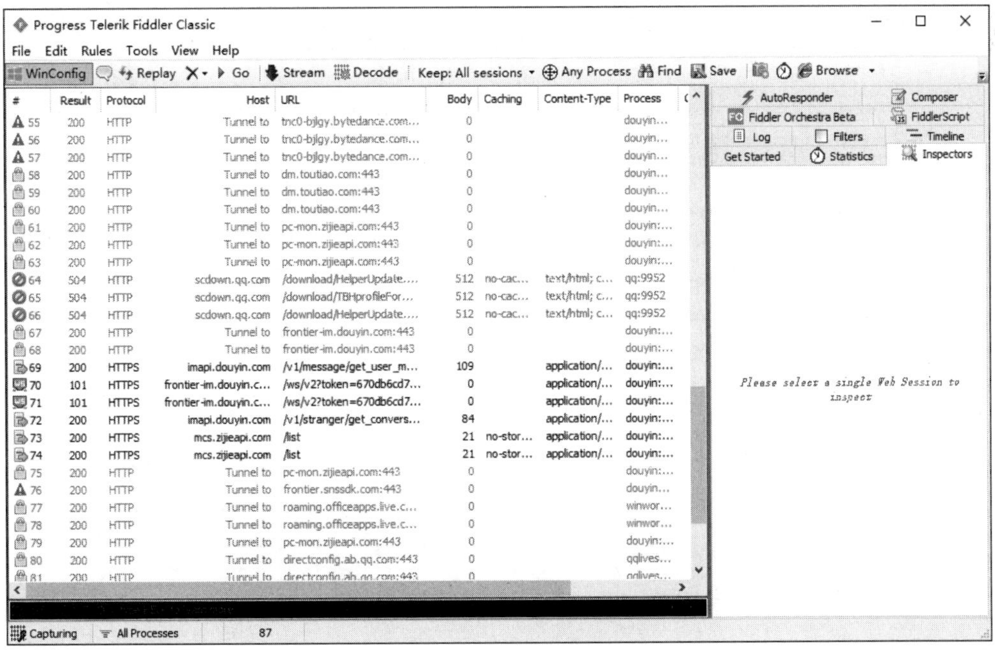

图8-1　Fiddler打开界面

步骤❷：选择【Tools】→【Options】选项，在打开的对话框中切换到【HTTPS】选项卡，选中【Capture HTTPS CONNECTs】和【Decrypt HTTPS traffic】复选框。由于通过 WiFi 远程连接，所以在下面的下拉列表框中选择【...from remote clients only】选项，如图 8-2 所示。

179

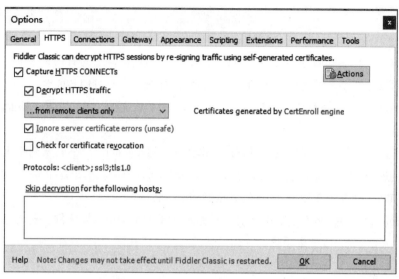

图8-2　Fiddler HTTPS相关设置

步骤❸：如果要监听的程序访问的 HTTPS 站点使用的是不可信证书，那么就要选中【Ignore server certificate errors (unsafe)】复选框。监听端口默认 8888，也可以把它设置成任何想要的端口。

步骤❹：在图 8-2 所示的对话框中切换到【Connections】选项卡，选中【Allow remote computers to connect】复选框。为了减少干扰，可以取消选中【Act as system proxy on startup】复选框，如图 8-3 所示。

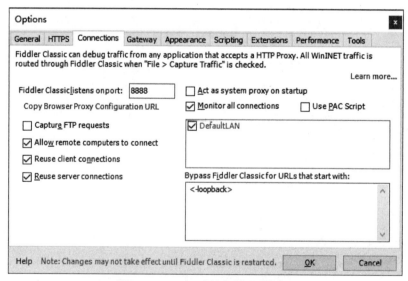

图8-3　Fiddler连接相关设置界面

8.1.2　手机端设置

对 Fiddler 设置完成后，还需要对手机进行设置，具体操作步骤如下。

步骤❶：查看计算机的 IP 地址，确保手机和计算机在同一个局域网内。打开 cmd 命令行窗口，并输入命令"ipconfig"进行查看，如图 8-4 所示。

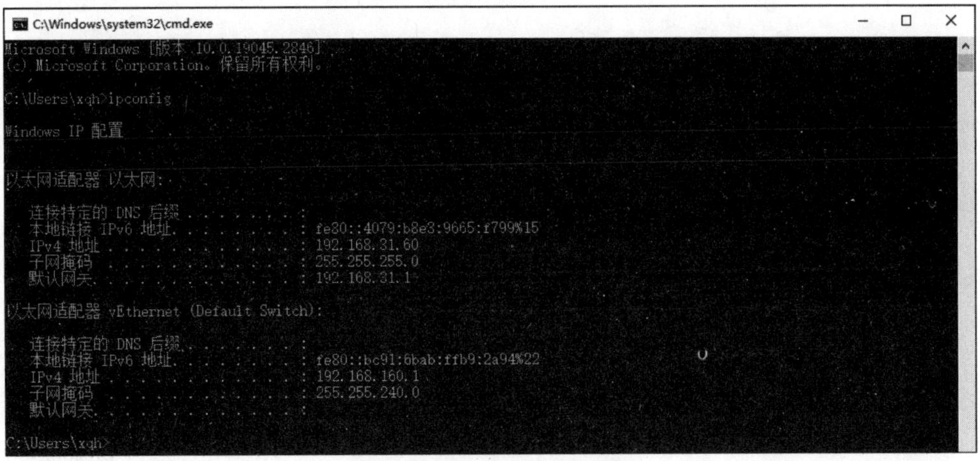

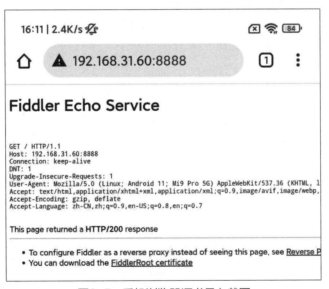

图8-4　查看计算机IP地址

步骤❷：将 Fiddler 代理服务器的证书导到手机上才能抓取这些 App 的包。导入过程如下：在手机端打开浏览器，在地址栏中输入代理服务器的 IP 地址和端口，会看到一个 Fiddler 提供的页面，单击下载链接即可下载证书并安装，如图 8-5 所示（点击此链接会下载证书，下载后需要进行安装，不同品牌的手机的安装方式略有不同，读者可自行查阅相关资料进行安装）。

图8-5　手机浏览器证书导入截图

步骤❸：这里以小米手机为例，找到设置并进入 Wi-Fi 管理页面，选择已连接的 Wi-Fi，点击 Wi-Fi 名称右侧的箭头打开详细设置页面，在打开的页面中，滑动到页面下方，点击【代理】，选择【手动】选项，将主机名设置为个人计算机（Personal Computer，PC）端的 IP 地址，将端口设置为 Fiddler 上配置的端口 8888，点击右上角的 ✓ 图标进行保存，如图 8-6 所示。

图8-6　Wi-Fi代理设置

苹果手机上的配置与安卓手机基本一样，可能会有点细微的差别，但都是进入 Wi-Fi 设置中，选择手动代理选项，并修改代理主机和端口，这里不再赘述。

8.1.3　抓取今日头条 App 请求包

前面已经将 Fiddler 和手机设置好，下面以今日头条 App 为例介绍如何使用 Fiddler 进行抓包，具体操作步骤如下。

步骤❶：启动今日头条 App，界面如图 8-7 所示。

步骤❷：观察 PC 端 Fiddler 界面的变化，这时会发现 Fiddler 中出现了很多的请求条目，与前面用谷歌浏览器开发者工具看到的类似。然后单击这些请求名称，就能看到它的详细信息，如请求的 header、请求类型、参数、服务器响应的数据等。

步骤❸：观察 Fiddler，可以看到，已经出现了很多相关请求，如图 8-8 所示。我们以图 8-7 中显示的第一条内容"钓鱼一定要钓底吗？究竟什么是水层和鱼层？【进阶坐标篇】"为例，从 Fiddler 中去分析找到这个请求。

步骤❹：我们在 Fiddler 的工具栏中，找到并打开 Fiddler 的查找工具，输入"钓鱼一定要钓底吗"关键词，查找请求，如图 8-9 所示。

图8-7　今日头条界面

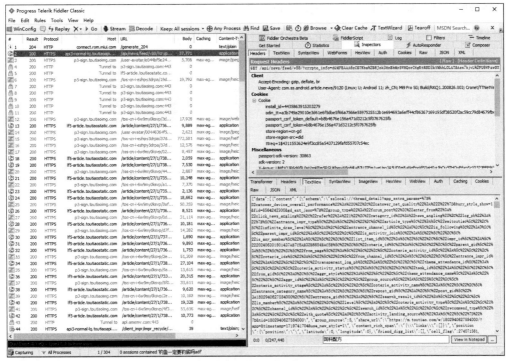

图8-8　请求列表

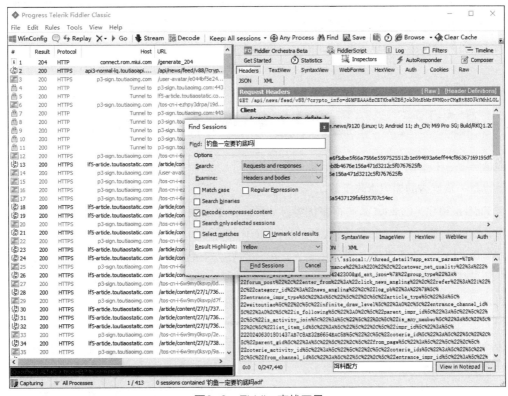

图8-9　Fiddler查找工具

步骤❺：可以看到，Fiddler 直接为我们找到了对应的请求，并将该请求标记了颜色。单击它，右侧 JSON 面板便出现了它返回的数据，其中包含了文章的详细信息，如图 8-10 所示。

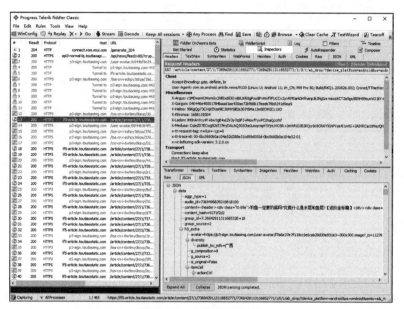

图8-10　文章详细信息

通过前面的步骤，可成功分析到想要的请求接口，有了这些接口就可以使用 Python 的 requests、urllib 等网络请求库模拟 App 请求抓取数据了。这些就是 Fiddler 的基本使用，关于 Fiddler 的更多设置和用法，有兴趣的读者可以去 Fiddler 的官方网站查看相关的帮助文档。

8.2　Charles基本使用

前面学习了 Fiddler 的基本使用方法，接下来介绍 Charles 的基本使用方法，它的功能与 Fiddler 类似，也是一款优秀的抓包修改工具。

与 Fiddler 相比，Charles 具有很多优势，如界面简单直观，易于上手，数据请求控制容易，修改简单，抓取数据在开始、暂停方面都方便，下面详细介绍。

在使用 Charles 前需要先安装，在安装之前还需要先安装 Java，因为 Charles 需要 Java 环境的支持才能运行。至于 Java 的安装方法，网上有很多的图文教程，这里不做讲解。

Charles 要运行在自己的 PC 上，而且运行时会在 PC 的 8888 端口开启一个代理服务，这个服务实际上是一个 HTTP/HTTPS 的代理。

为确保手机和 PC 在同一个局域网内，可以使用手机模拟器通过虚拟网络连接，也可以将手机和 PC 通过无线网络连接。

设置手机代理为 Charles 的代理地址，这样手机访问互联网的数据包就会流经 Charles，Charles

转发这些数据包到真实的服务器，服务器返回的数据包再由 Charles 转发回手机。这里 Charles 起到中间人的作用，所有流量包都可以捕捉到，因此所有 HTTP 请求和响应都可以捕获到。同时，Charles 还有权对请求和响应进行修改。

8.2.1　Charles 安装

步骤❶：Charles 的官方下载地址可参见本书中的赠送资源文件，这里下载的是 Charles Proxy 4.6.4，如图 8-11 所示。下载后直接双击 Charles 图标进行安装，选项设置采用默认即可。

图8-11　Charles官网下载页面

步骤❷：安装后先打开 Charles 一次（Windows 版可以忽略此步骤）。由于 Charles 是收费的，如果不注册，每次使用 30 分钟就会自动关闭，如果读者要长期使用，可以去注册购买正版。

步骤❸：安装完成后，双击 Charles 图标，进入其主界面，如图 8-12 所示。

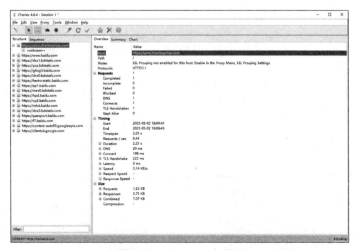

图8-12　Charles主界面

8.2.2 证书设置

现在很多页面都在向 HTTPS 方向发展，HTTPS 通信协议应用得越来越广泛。如果一个 App 通信应用了 HTTPS，那么它的通信数据都会被加密，常规的截包方法是无法识别请求内部数据的。

安装完成后，如果想要做 HTTPS 抓包，那么还需要配置相关的 SSL 证书。Charles 是运行在 PC 端的，如果要抓取 App 的数据，那么就需要在 PC 端和手机端都安装证书。这里以 Windows 10 系统为例，具体操作步骤如下。

步骤❶：打开 Charles，选择【Help】→【SSL Proxying】→【Install Charles Root Certificate】选项，如图 8-13 所示。

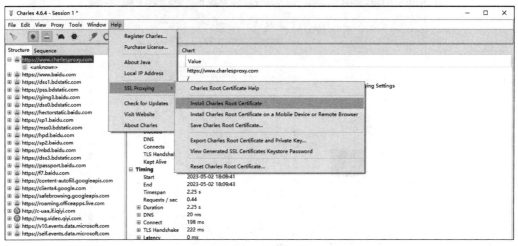

图8-13　安装证书

步骤❷：此时会弹出一个证书的安装界面，如图 8-14 所示，单击【安装证书】按钮，打开【证书导入向导】对话框，如图 8-15 所示。

图8-14　证书的安装界面

图8-15　【证书导入向导】对话框

步骤❸：直接单击【下一步】按钮，此时需要选择证书存储区域，选择【将所有的证书放入下列存储】选项，然后单击【浏览】按钮，在打开的对话框中选择【受信任的根证书颁发机构】选项，单击【确定】按钮进行确认，如图 8-16 所示。

图8-16　选择存储

步骤❹：返回到【证书导入向导】对话框，单击【下一步】按钮，进入确认界面，如图 8-17 所示。单击【完成】按钮，此时会弹出安全警告，如图 8-18 所示，单击【是】按钮即可，至此就完成了证书配置。

图8-17　确认界面

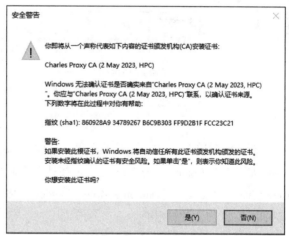

图8-18　安全警告

8.2.3　手机端配置

在手机系统中，同样需要设置代理为 Charles 的端口。下面以小米手机为例进行介绍，具体设置步骤如下。

步骤❶：在设置手机之前，先查看计算机的 Charles 代理是否开启。具体操作如下：打开 Charles，选择【Proxy】→【Proxy Settings】选项，进入代理设置界面，确保当前的 HTTP 代理是开启的，如图 8-19 所示。这里的代理服务器端口为 8888，也可以自行修改。

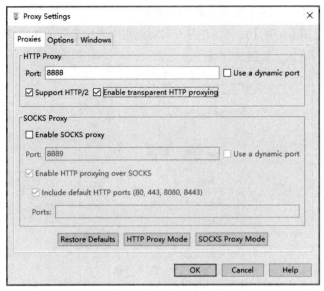

图8-19　设置代理端口

步骤 ❷：将手机和计算机连接在同一个局域网内，并设置手机的代理，方法如 8.1 节所述，这里不再赘述。设置完成后，计算机上会出现一个提示对话框，询问是否信任此设备，如图 8-20 所示。

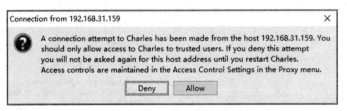

图8-20　是否信任设备提示框

步骤 ❸：此时单击【Allow】按钮即可，这样 Charles 就可以抓取到流经 App 的数据包了。

步骤 ❹：安装 Charles 的 HTTPS 证书，在计算机的 Charles 中选择【Help】→【SSL Proxying】→【Install Charles Root Certificate on a Mobile Device or Remote Browser】选项，如图 8-21 所示。此时，会出现如图 8-22 所示的提示框。

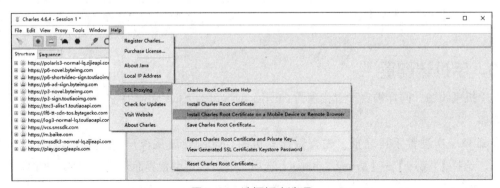

图8-21　选择相应选项

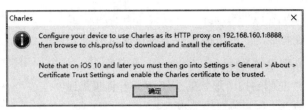

图8-22　【Charles】提示框

步骤❺：图 8-22 提示操作者在手机上设置好 Charles 的代理（刚才已经设置好了），然后在手机浏览器中打开 chls.pro/ssl 下载证书。在手机上打开 chls.pro/ssl 后，界面如图 8-23 所示，该界面会自动下载证书，按 8.1 节中的安装方法安装证书即可。至此，Charles 的安装和配置就完成了。

图8-23　证书的安装界面

8.2.4　抓包

在确保安装好 Charles 的情况下，下面通过一个案例来进行抓包练习。这里继续以今日头条 App 为例请求抓取数据，具体操作步骤如下。

步骤❶：打开 Charles，初始状态下 Charles 的运行界面如图 8-24 所示，它会一直监听 PC 和手机发生的网络数据包，并将捕获到的数据包显示在左侧，随着捕获数据包的增多，左侧列表的内容也会越来越多。

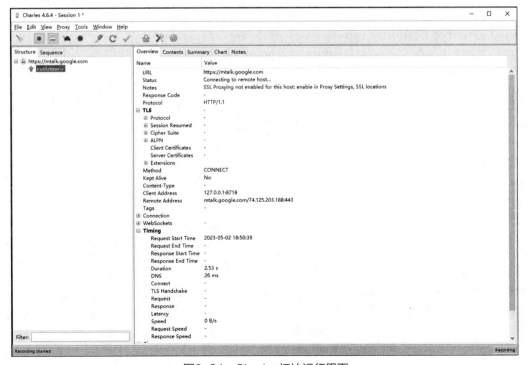

图8-24　Charles初始运行界面

步骤❷：这时刷新浏览器或手机 App，可以看到图 8-24 中显示的 Charles 抓取到的请求站点，单击任意一个条目便可以查看对应请求的详细信息，其中包括 Request、Response 等内容。

步骤❸：单击工具栏左侧的扫帚形状的按钮清空当前捕获到的所有请求，避免请求数据太多影响后续的观察。

步骤❹：这时打开今日头条 App（注意一定要提前设置好 Charles 的代理并配置好 CA 证书，否则没有效果），并查看监听结果，监听请求结果如图 8-25 所示。

步骤❺：这时会发现在 Charles 中获取不到 HTTPS 的数据。在这种情况下，就需要在 Charles 的工具栏中选择【Proxy】→【SSL Proxying Settings】选项，如图 8-26 所示。在打开的界面中选中【Enable SSL Proxying】复选框，单击【Add】按钮，在弹出的对话框中，Host 表示要抓取的 IP 地址或链接，在这里我们填写 "*"，表示抓取所有的 IP 或链接，Port 填写 443 即可，设置完成后如图 8-27 所示。

图8-25 监听今日头条请求

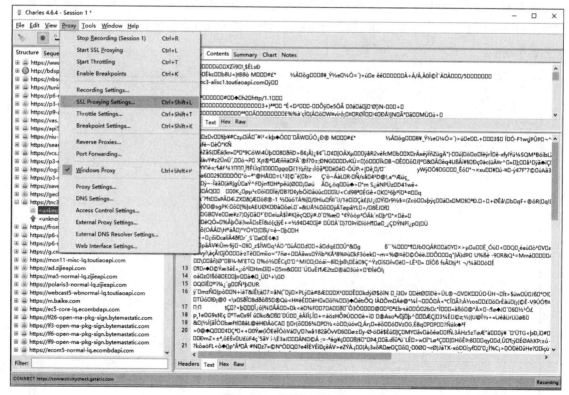

图8-26 代理设置选项

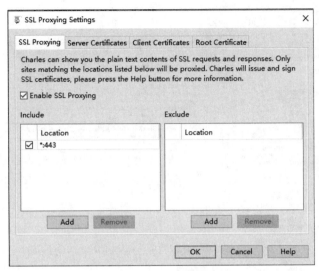

图8-27　SSL端口设置

　　步骤❻：在工具栏中单击扫帚形状的按钮清空当前捕获到的所有请求，然后刷新今日头条界面，新的界面如图 8-28 所示。再次查看 Charles，HTTPS 请求已经显示正常了。为了验证其正确性，我们以 App 中的《同样是蚯蚓挂钩，为什么鱼就是不咬你的钩？》文章为例，查找请求并核对结果，找到的结果如图 8-29 所示，切换到【Contents】选项卡，在其中发现一些 JSON 数据，核对一下结果，其内容与在 App 中看到的内容一致。

图8-28　今日头条App

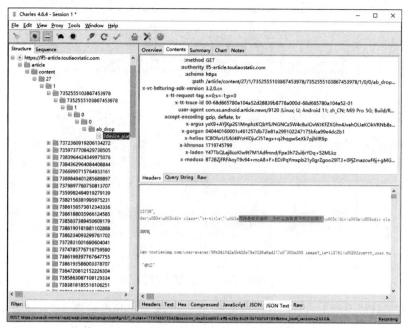

图8-29　请求内容

8.2.5　分析

下面分析这个请求和响应的详细信息。返回【Overview】选项卡，这里显示了请求的接口 URL、响应状态 Status、请求方式 Method 等，如图 8-30 所示。

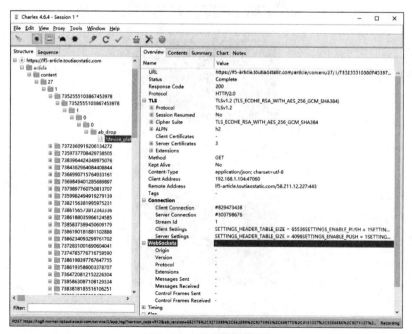

图8-30　请求详情信息

　　这个结果与在 Web 端用浏览器开发者工具捕获到的结果形式类似，接下来选择【Contents】选项卡，查看该请求和响应的详细信息。

　　上半部分显示 Request 的信息，下半部分显示 Response 的信息。例如，针对 Request，切换到【Headers】选项卡，即可看到该 Request 的 Headers 信息；针对 Response，切换到【JSON Text】选项卡，即可看到该 Response 的 Body 信息，并且该内容已经被格式化，如图 8-31 所示。

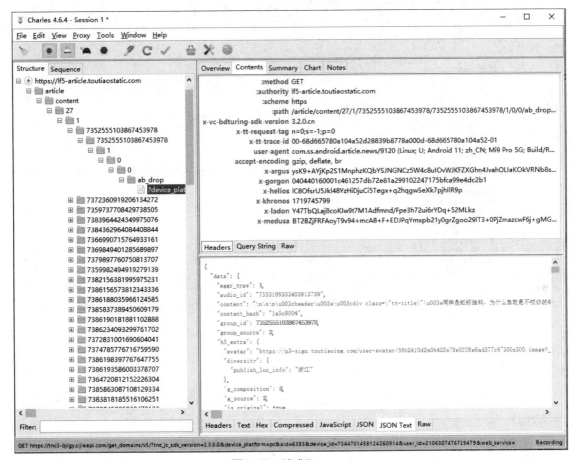

图8-31　请求Request

　　由于这是 GET 请求，因此还需要关心 Query 的参数，切换到【Query String】选项卡即可查看，如图 8-31 所示。

　　这样既可以成功抓取 App 中接口的请求和响应，也可以查看 Response 返回的 JSON 数据。至于其他 App，也可以使用同样的方式来分析。如果可以分析得到请求的 URL 和参数的规律，那么直接用程序模拟即可批量抓取。

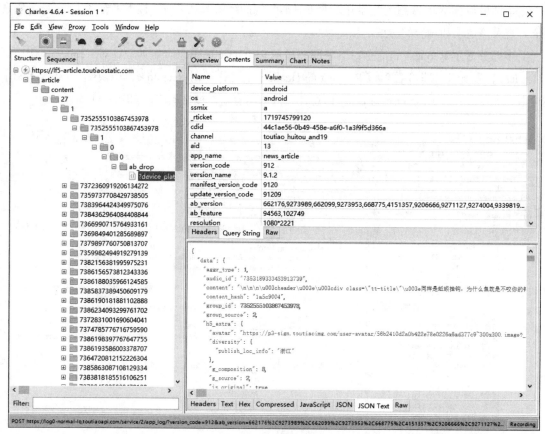

图8-32　请求Query

8.2.6　重发

Charles 还有一个强大的功能，它可以将捕获到的请求加以修改并进行发送。其中，修改的相关步骤如下。

步骤❶：单击上方的修改按钮，左侧列表中多了一个以编辑图标为开头的链接，这说明此链接对应的请求正在被修改，如图 8-33 所示。

步骤❷：可以对请求进行任意编辑，这里将 User-Agent 中的 "Android 11" 改成 "Android 13"。

步骤❸：单击下方的【Execute】按钮，这时就会重新发送请求，响应如图 8-34 所示。可以看到，由于请求头中的 User-Agent 不会影响查询的数据，所以返回的数据和原请求的数据一致，再查看请求 Headers 中的 User-Agent，里面包含了修改后的 "Android 13"，证明这次修改请求并重发操作是成功的。

有了这个功能，就可以方便地使用 Charles 来做调试，也可以通过修改参数、接口等来测试不同请求的响应状态，还可以知道哪些参数是必要的，哪些参数是不必要的，以及参数分别有什么规律，最后得到一个最简单的接口和参数形式，以供程序模拟调用。

关于 Charles 的基本使用讲完了，如果读者对其他功能有兴趣，可以去 Charles 的官方网站查看相关的帮助文档。

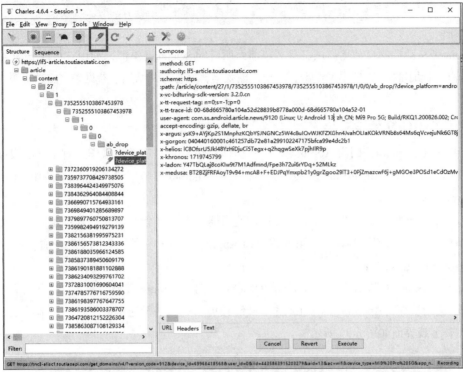

图8-33　修改请求

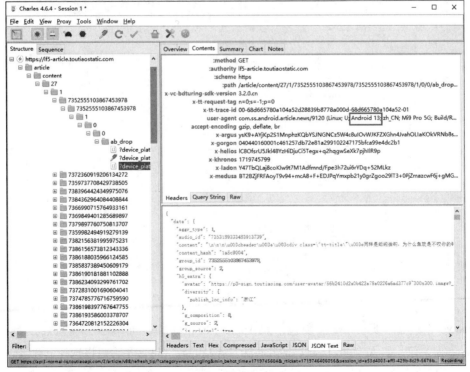

图8-34　新的响应结果

8.3   Appium基本使用

Appium 是移动端的自动化测试工具，与前面所讲的 Selenium 类似，利用它可以驱动 Android、iOS 设备完成自动化测试，如模拟点击、滑动、输入等，其官方网站地址参见本书赠送资源文件。

8.3.1   Appium 安装

首先要安装 Appium，因为 Appium 负责驱动移动端来完成一系列操作。对于 iOS 设备来说，Appium 使用苹果的 UI Automation 来实现驱动；对于 Android 设备来说，Appium 使用 UI Automator 和 Selendroid 来实现驱动。

同时，Appium 相当于一个服务器，可以向它发送一些操作指令，它会根据不同的指令对移动设备进行驱动，以完成不同的动作。下面将介绍 Appium 和一些相关工具的安装配置方法。

1. 下载Appium Inspector

Appium Inspector 可以看作是 Appium 的调试器，连接 Appium 服务器后，可以非常方便地检查元素和调试应用程序。Appium Inspector 的下载链接可参见本书赠送资源文件，目前的最新版本是 2023.4.3，其下载界面如图 8-35 所示。

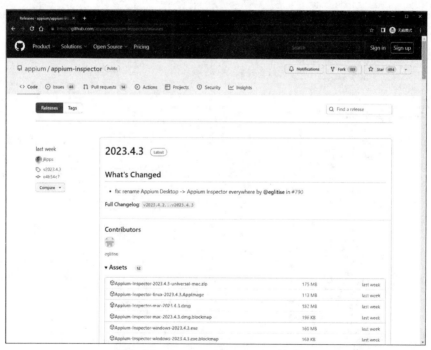

图8-35   Appium Inspector下载界面

Windows 平台可以下载 .exe 安装包，如 Appium-Inspector-windows-2023.4.3.exe；Mac 平台可以下载 .dmg 安装包，如 Appium-Inspector-mac-2023.4.3.dmg；Linux 平台可以选择下载源码。

安装完成后桌面将会出现 Appium 图标，双击该图标运行，若出现图 8-36 所示的启动界面，则证明安装成功。

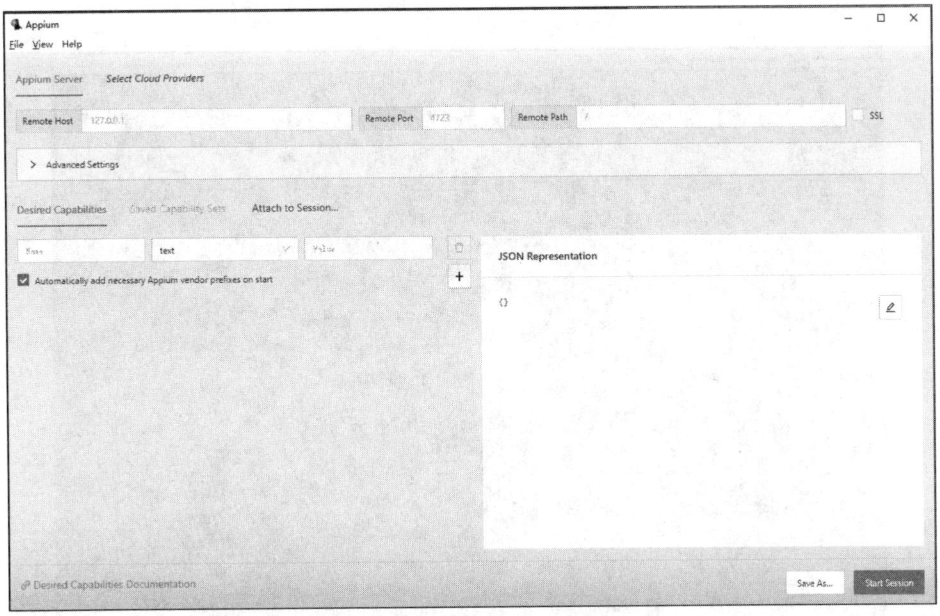

图8-36　Appium Inspector启动界面

2. 安装Appium

安装 Appium，需要先安装 Node.js。关于 Node.js 的安装方法这里不做赘述，如果有不清楚的读者，可以参考菜鸟教程官网中的 Node.js 安装配置进行安装，安装完成后就可以使用 npm 命令了。接下来，使用 npm 命令进行全局安装 Appium 即可，这样就成功安装了 Appium。

```
npm install -g appium
```

3. Android开发环境配置

如果使用 Android 设备做 App 抓取，还需要下载和配置 Android SDK，这里推荐直接安装 Android Studio，其下载地址可参见本书赠送资源文件。下载完成后单击安装包进行安装，安装时选项默认即可。安装完成后，其初始界面如图 8-37 所示。

图8-37　Android Studio初始界面

选择【Start a new Android Studio project】选项创建一个新项目，依次单击【Next】按钮完成创建。进入项目主界面，如图 8-38 所示。

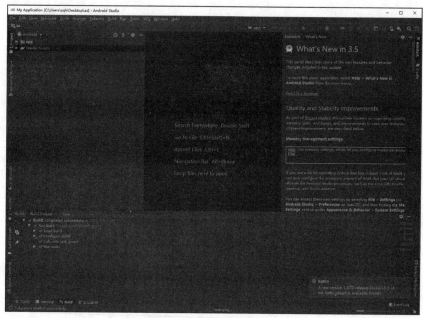

图8-38　创建新项目

这时还需要下载 Android SDK。选择【File】→【Settings】选项，在弹出的【Settings】对话框中的左侧选择【Appearance & Behavior】→【System Settings】→【Android SDK】选项，在右侧设置页面中选中要安装的 SDK 版本，单击【OK】按钮，即可下载和安装选中的 SDK 版本，如图 8-39 所示。

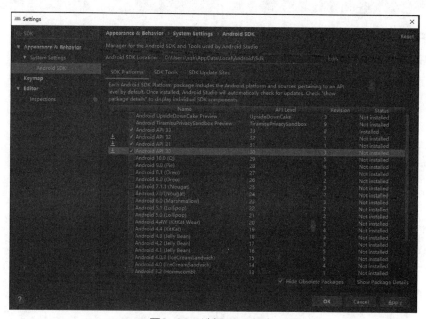

图8-39　选择SDK版本

另外，还需要配置环境变量，添加 ANDROID_HOME 为 Android SDK 所在路径，再添加 SDK 文件夹下的 tools 和 platform-tools 文件夹到 PATH 中。更详细的配置可以参考 Android Studio 中文社区的文档。

4. iOS开发环境配置

需要声明的是，Appium 是一个做自动化测试的工具，用它来测试自己开发的 App 是完全没有问题的，因为它携带的是开发证书（Development Certificate）。但如果想拿 iOS 设备来做数据爬取，就是另外一回事了。一般情况下，做数据爬取都是使用现有的 App，在 iOS 设备上一般都是通过 App Store 下载的，它携带的是分发证书（Distribution Certificate），而携带这种证书的应用都是禁止被测试的，所以只有获取 ipa 安装包再重新签名之后才可以被 Appium 测试，具体方法这里不再展开阐述。

这里推荐直接使用 Android 设备来进行测试。如果可以完成上述重新签名操作，那么可以参考以下内容配置 iOS 开发环境。

Appium 驱动 iOS 设备必须在 Mac 平台下进行，Windows 和 Linux 平台是无法完成的，所以下面介绍一下 Mac 平台的相关配置。

Mac 平台需要的配置为：macOS 10.12 及更高版本，Xcode 8 及更高版本。配置满足要求后，执行以下命令即可配置开发依赖的一些库和工具。

```
xcode-select -- install
```

8.3.2　启动 App

Appium 启动 App 的方式有两种：一种是用 Appium 内置的驱动器来打开 App，另一种是利用 Python 程序实现此操作。下面分别进行说明。

首先需要启动 Appium 服务器，启动服务器只需要在命令行中执行 appium 命令即可，启动后命令行显示如图 8-40 所示。之后可以通过 Appium Inspector 或 Python 代码向 Appium 服务器发送一系列操作指令，Appium 就会根据不同的指令对移动设备进行驱动，完成不同的动作。

图8-40　Appium服务器启动界面

打开 Appium Inspector，在界面中需要填写相关配置。由于 Appium 启动时，监听的地址为 0.0.0.0，使用的端口为 4723，所以在此不需要进行修改，地址填写 "/wd/hub"，接下来配置 Desired Capabilities 参数，它们分别为 platformName、deviceName、appActivity 和 appPackage，其说明如下。

1）platformName：平台名称，需要区分 Android 或 iOS，此处填写 Android。

2）deviceName：设备名称，此处是手机的具体类型（如 vivox23，也可以填写任意值）。

3）appActivity：入口 Activity 名（如大众点评的入口 Activity 名为 com.dianping.tuan.activity.

FuseActivity）。

4）appPackage：App 程序包名（如大众点评 App 的包名为 com.dianping.v1）。

同时，需要选中【Automatically add necessary Appium vendor prefixes on start】复选框，这样 Appium Inspector 会自动补全一些参数前所需的 "Appium" 前缀。

> **温馨提示：**
>
> 如果想了解更多的参数信息，有兴趣的读者可以到 Appium 启动参数参考文档页面进行查看，具体网址参见本书赠送资源文件。

填写完成后，Appium Inspector 的界面如图 8-41 所示。

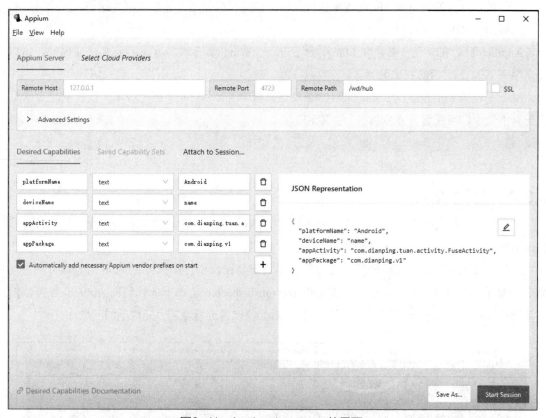

图8-41　Appium Inspector的界面

将 Android 手机通过数据线与运行 Appium 的 PC 相连，同时打开 USB 调试功能，确保 PC 可以连接到手机。

接下来，单击 Appium Inspector 界面右下角的【Start Session】按钮，用 Appium 内置的驱动来打开 App。为了能更形象化地讲解本节相关知识，下面以大众点评 App 为例，实现使用 Appium 控制手机启动大众点评，搜索并查看搜索结果，具体操作步骤如下。

步骤❶：前面已经进入会话界面，配置了相关参数，接下来单击 Appium Inspector 界面右下角的【Start Session】按钮，即可启动 Android 手机上的大众点评 App 并进入启动界面。同时 PC 上会弹出一个调试窗口，从中可以预览当前手机界面，并查看界面的源代码，Appium 还在界面上方提供了一些常用操作选项，如图 8-42 所示，图中加框线处便是常用操作按钮，从左到右依次为：

- 【Back】按钮，用于返回上一级；
- 【Pause Refreshing Source】按钮，暂停或启用手机预览内容刷新；
- 【Refresh Source & Screenshot】按钮，刷新手机预览内容；
- 【Start Recording】按钮，开始或结束录制操作，录制结束后可自动生成代码；
- 【Search for Element】按钮，用于查找元素；
- 【Quit Session& Close Inspector】按钮，用于退出会话和关闭检查器。

图8-42　Appium启动大众点评

步骤 ❷：手机界面显示的是温馨提示，此时单击该界面的【同意】按钮，该按钮就会被选中且高亮显示，这时界面中间将会显示当前选中元素对应的源码，右侧则会显示该元素的基本信息，如元素的 ID、class、text 等，以及可以执行的操作，如图 8-43 所示，图中加框线处便是针对元素的常用操作，从左到右依次为：

- 【Tap】按钮，用于单击已选中的元素；
- 【Send Keys】按钮，用于向输入框中输入内容；
- 【Clear】按钮，用于清除输入框中的内容；
- 【Copy Attributes to Clipboard】按钮，用于将元素属性信息复制到剪贴板；
- 【Get Timing】按钮，用于获取单击按钮后响应所需用时等。

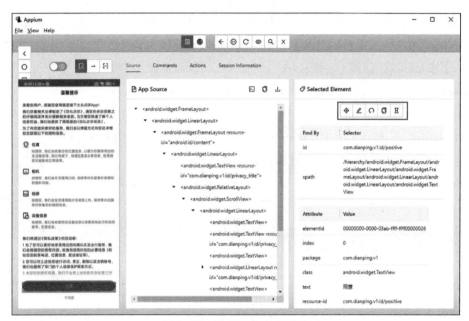

图8-43　选择元素高亮显示

步骤❸：在步骤❷中，已经选中了【同意】按钮，此时单击【Tap】按钮即可实现单击该按钮，之后手机页面将会变成大众点评首页，如图 8-44 所示。

图8-44　大众点评首页

步骤❹：单击顶部的【Start Recording】按钮，Appium 开始录制操作，这时在窗口中操作 App 的行为都会被记录下来，Recorder 处可以自动生成对应语言的代码。

步骤❺：选中顶部的搜索框，如图 8-45 所示。

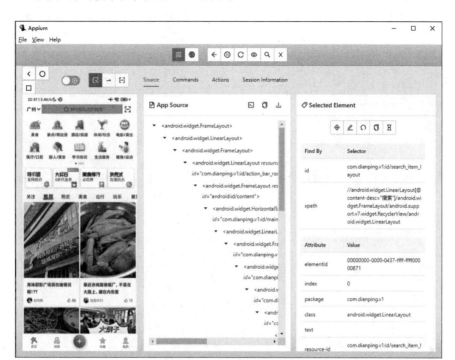

图8-45　选中搜索框

高亮显示后，单击【Tap】按钮完成页面跳转，如图 8-46 所示，此时手机界面进入了搜索界面，同时 Recorder 部分也生成了对应的代码。

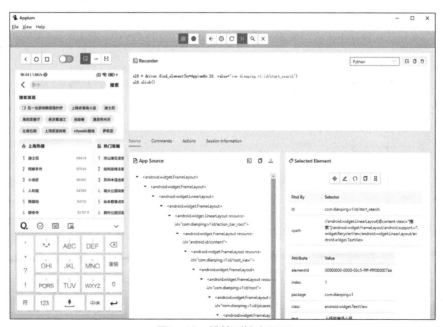

图8-46　跳转到搜索界面

步骤❻：单击界面上的搜索框，然后单击【Send Keys】按钮，在弹出的文本框中输入"汉堡"，如图 8-47 所示，输入后单击【Send Keys】按钮确认，跳转到搜索结果界面，如图 8-48 所示。

图8-47　输入内容到搜索框

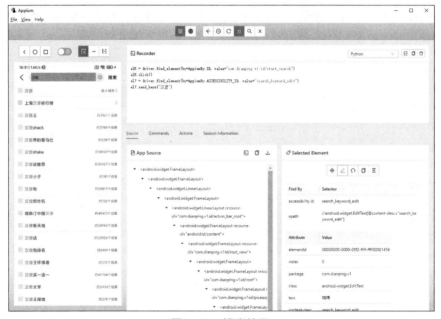

图8-48　搜索结果

步骤❼：选中结果列表中的"汉堡王"，单击【Tap】按钮跳转到关于汉堡王的详细结果界面，如图 8-49 所示。

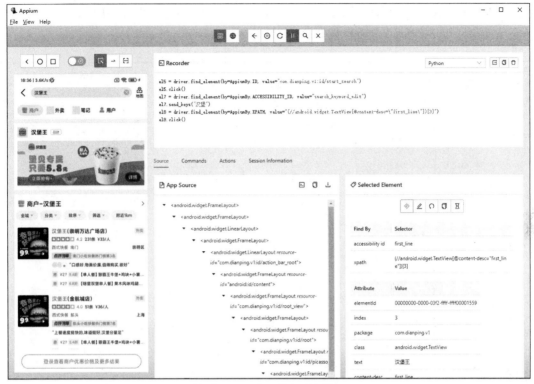

图8-49　汉堡王详细结果界面

8.3.3　appPackage 和 appActivity 参数的获取方法

前面使用 Appium 连接并启动大众点评 App 进行了模拟登录，其中有两个特别重要的参数，即 appPackage 和 appActivity。下面分别讲解这两个参数的获取方法。

获取这两个参数，需要使用 Jadx 工具，该工具的官网地址和下载地址请参见本书赠送资源文件。

步骤❶：下载该工具之后，直接打开，界面如图 8-50 所示，该界面正中提供了"打开文件"按钮，用于打开应用的 APK 包。

图8-50　Jadx首页

步骤❷：下载大众点评 App 安装包，之后在 Jadx 工具中单击【打开文件】按钮，选中大众点评 App 安装包打开，打开后的界面如图 8-51 所示。

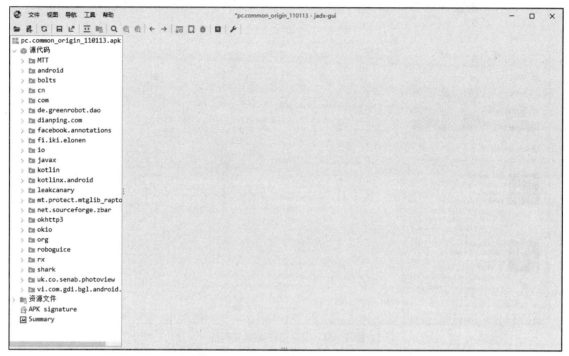

图8-51　Jadx打开大众点评App安装包

步骤❸：在左侧目录树中，选择【资源文件】→【AndroidManifest.xml】选项，界面如图 8-52 所示，在这个文件中，可以找到所需的 appPackage 值和 appActivity 值。

图8-52　文件内容

步骤❹：获取 appPackage 值。该文件根节点的 package 属性对应的值就是 appPackage 值，即

"com.dianping.v1"。

步骤❺：对于 appActivity 值，查找的过程比较烦琐一些。在该文件中，有很多 activity 节点，如图 8-53 所示，这些节点都有一个 android:name 属性，这个属性即为 appActivity 值，具体哪个 activity 节点的对应属性值可以用来启动应用，需要不停地尝试，直至找到为止。

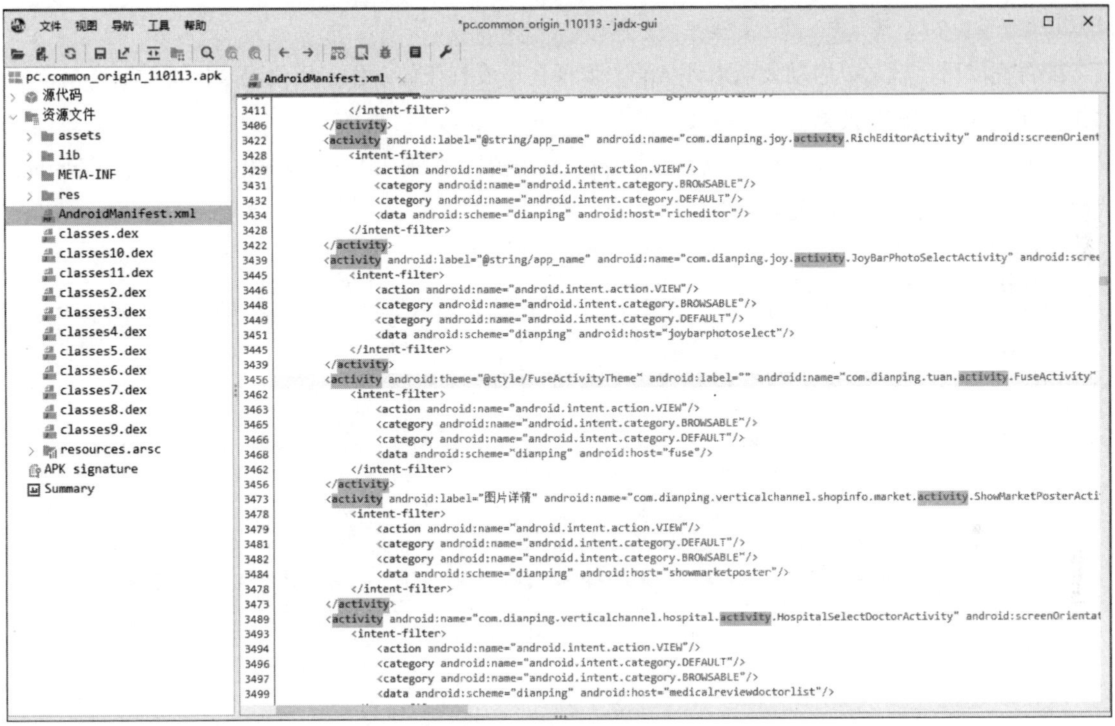

图8-53　activity节点

8.3.4　Python 代码驱动 App

下面介绍如何使用 Python 代码驱动 App。

步骤❶：通过下面的命令行安装驱动 Appium 的 Python 包。

```
pip install Appium-Python-Client
```

步骤❷：在代码中指定 AppiumServer，代码如下。

```
server = "http://localhost:4723/wd/hub"
```

步骤❸：用字典来配置 Desired Capabilities 参数，代码如下。

```
desired_caps = {
                'platformName': 'Android',
                'deviceName': 'name',
                'appPackage': 'com.dianping.v1',
                'appActivity': 'com.dianping.tuan.activity.FuseActivity'
}
```

步骤❹：新建一个 Session，这与单击 Appium 内置驱动器的【Start Session】按钮的功能类似，代码如下。

```
import time
from appium import webdriver
from appium.webdriver.common.appiumby import AppiumBy

driver = webdriver.Remote(server, desired_caps)
```

配置完成后，就可以启动大众点评 App，但现在还没有任何动作。用代码来模拟前面所演示的动作，在大众点评进行搜索。

在前面的 Appium 启动演示中，启用了 Appium 内置驱动器的 Record 功能，自动生成了 Python 代码，可以直接将这些代码复制过来。

```
import time
from appium import webdriver
from appium.webdriver.common.appiumby import AppiumBy

server = "http://localhost:4723/wd/hub"

desired_caps = {
                'platformName': 'Android',
                'deviceName': 'name',
                'appPackage': 'com.dianping.v1',
                'appActivity': 'com.dianping.tuan.activity.FuseActivity'
                }


driver = webdriver.Remote(server, desired_caps)

time.sleep(10)    # 首次打开时会弹出温馨提示，这里暂停10s手动单击【同意】按钮

el5 = driver.find_element(by=AppiumBy.ID, value="com.dianping.v1:id/start_
search")
el5.click()
time.sleep(5)
el7 = driver.find_element(by=AppiumBy.ACCESSIBILITY_ID, value="search_keyword_
edit")
el7.send_keys("汉堡")
time.sleep(5)
el8 = driver.find_element(by=AppiumBy.XPATH, value="(//android.widget.
TextView[@content-desc=\"first_line\"])[3]")
el8.click()
```

温馨提示：

这里需要注意的是，一定要重新连接手机后再运行此代码，运行后即可观察到手机上会先弹出大众点评主页，然后模拟【点击登录】按钮、输入手机号，操作完成后便成功使用 Python 代码实现了 App 的操作。

8.3.5　常用 API 方法

下面介绍使用代码操作 App、总结相关 API 的用法。这里使用的 Python 库为 AppiumPythonClient，其 GitHub 地址参见本书赠送资源文件，此库继承自 Selenium，使用方法与 Selenium 有很多共同之处。

1. 初始化

需要配置 Desired Capabilities 参数，完整的配置说明可以参考 AppiumPythonClient 文档页面（地址可参见本书赠送资源文件）上的内容。一般来说，配置几个基本参数即可，代码如下。

```
from appium import webdriver

server = 'http://localhost:4723/wd/hub'

desired_caps = {
    'platformName': 'Android',
    'deviceName': 'vivo x23',
    'appPackage': 'com.tencent.mm',
    'appActivity': '.ui.LauncherUI'
}

driver = webdriver.Remote(server, desired_caps)
```

这里配置了启动微信 App 的 Desired Capabilities 参数，这样 Appnium 就会自动查找手机上的包名和入口类，然后将其启动。包名和入口类的名称可以在安装包的 AndroidManifest.xml 文件中获取。

如果要打开的 App 没有事先在手机上安装，可以直接指定 App 参数为安装包所在路径，这样程序启动时就会自动在手机中安装并启动 App，代码如下。

```
from appium import webdriver

server= 'http ://localhost:4723/wd/hub '
desired_caps = {
' platformName' : 'Android' ,
' deviceName ': ' vivo x23',
' app '.' . /weixin. apk'
}
driver = webdriver. Remote(server, desired_ caps)
```

程序启动时就会寻找 PC 当前路径下的 APK 安装包，然后将其安装到手机中并启动。

2. 查找元素

我们可以使用 Selenium 中通用的查找方法来实现元素的查找，代码如下。

```
el = driver.find_element(by=AppiumBy.ID, value='com.tencent.mm:id/cjk')
```

在 Selenium 中，其他查找元素的方法同样适用，这里不再赘述。

在 Android 平台上，还可以使用 UI Automator 进行元素选择，代码如下。

```
el = driver.find_element(by=AppiumBy.ANDROID_UIAUTOMATOR, value='new UiSelector().
description("Animation")')
els = driver.find_elements(by=AppiumBy.ANDROID_UIAUTOMATOR, value='new
UiSelector().clickable(true)')
```

在 iOS 平台上，可以使用 UI Automation 进行元素选择，代码如下。

```
el = driver.find_element(by=AppiumBy.IOS_UIAUTOMATION, value='.elements()[0]')
els = driver.find_elements(by=AppiumBy.IOS_UIAUTOMATION, value='.elements()')
```

还可以使用 iOS Predicate 进行元素选择，代码如下。

```
el = driver.find_element(by=AppiumBy.IOS_PREDICATE, value='wdName=="Buttons"')
els = driver.find_elements(by=AppiumBy.IOS_PREDICATE,
value='wdValue=="SearchBar"')
```

也可以使用 iOS Class Chain 进行元素选择，代码如下。

```
el = driver.find_element(by=AppiumBy.IOS_CLASS_CHAIN,
value='XCUIElementTypeWindow/XCUIElementTypeButton[3]')
els = driver.find_elements(by=AppiumBy.IOS_CLASS_CHAIN,
value='XCUIElementTypeWindow/XCUIElementTypeButton')
```

但是，此种方法只适用于 XCUITest 驱动，具体可以参考 Appium XCUITest 驱动说明页面（地址参见本书赠送资源文件）

3. 点击

模拟点击操作可以使用 tap() 方法，该方法可以模拟手指点击（最多 5 个手指），可设置点击持续时间长短（毫秒），代码如下。

```
tap(self, positions, duration=None)
```

其中，后两个参数说明如下。

1）positions：点击的位置组成的列表。

2）duration：点击持续时间。

示例代码如下。

```
driver.tap((100, 20), (100, 60), (100, 100), 500)
```

这样就可以模拟点击屏幕的某几个点。

对于某个元素（如按钮）来说，可以直接调用 click() 方法来实现模拟点击操作，示例代码如下。

```
button = driver.find_element(by=AppiumBy.ID, value='com.tencent.mm:id/btn')
button.click()
```

4. 屏幕拖动

使用 scroll() 方法可以模拟屏幕滚动，代码如下。

```
scroll(self, origin_el, destination_el)
```

该方法可以实现从元素 origin_el 滚动至元素 destination_el，后面的两个参数说明如下。

1）origin_el：被操作的元素。

2）destination_el：目标元素。

示例代码如下。

```
driver.scroll(el1, el2)
```

使用 swipe() 方法可以模拟从 A 点滑动到 B 点，代码如下。

```
swipe(self,start_x,start_y,end_x,end_y,duration=None)
```

其中，后几个参数说明如下。

1）start_x：开始位置的横坐标。

2）start_y：开始位置的纵坐标。

3）end_x：终止位置的横坐标。

4）end_y：终止位置的纵坐标。

5）duration：持续时间，单位是毫秒。

示例代码如下。

```
driver.swipe(100, 100, 100, 400, 5000)
```

这样就可以实现在 5s 时间内，由 (100,100) 滑动到 (100,400)，也可以使用 flick() 方法模拟从 A 点快速滑动到 B 点，代码如下。

```
flick(self,start_x,start_y,end_x,end_y)
```

其中，后几个参数说明如下。

1）start_x：开始位置的横坐标。

2）start_y：开始位置的纵坐标。

3）end_x：终止位置的横坐标。

4）end_y：终止位置的纵坐标。

示例代码如下。

```
driver.flick(100, 100, 100, 400)
```

5. 拖曳

使用 drag_and_drop() 方法可以将某个元素拖动到另一个目标元素上，代码如下。

```
drag_and_drop(self, origin_el, destination_el)
```

使用该方法可以实现将元素 origin_el 拖曳至元素 destination_el。

其中，后两个参数说明如下。

1）origin_el：被拖曳的元素。

2）destination_el：目标元素。

示例代码如下。

```
driver.drag_and_drop(el1, el2)
```

6. 文本输入

使用 set_text() 方法可以实现文本输入，代码如下。

```
el = driver.find_element(by=AppiumBy.ID, value='com.tencent.mm:id/cjk')
el.set_text('哈喽! 你好')
```

7. 动作链

与 Selenium 中的 ActionChains 类似，Appium 中的 TouchAction 可支持的方法有 tap()、 press()、long_press()、release()、move_to()、wait()、cancel() 等，示例代码如下。

```
el = driver.find_element(by=AppiumBy.ACCESSIBILITY_ID, value='Animation')
action=TouchAction(driver)
action.tap(el).perarm()
```

首先选中一个元素，然后利用 TouchAction 实现点击操作。如果想要实现拖动操作，可以用如下代码。

```
els = driver.find_elements(by=AppiumBy.CLASS_NAME, value='listview')
al = TouchAction()
al.press(els[0]).move_to(x=10, y=0).move_to(x=10, y=-75).move_to(x=10, y=-600).
release()
a2 = TouchAction()
a2.press(els[1]).move_to(x=10, y=10).move_to(x=10, y=-300).move_to(x=10, y=-600).
release()
```

8.4　新手问答

学习完本章之后，读者可能会有以下疑问。

1. 在使用Fiddler抓包的时候，发现只能抓取到HTTP接口的数据，而抓不到HTTPS请求的数据，是什么原因？

答：这是因为 HTTPS 需要证书验证，所以 Fiddler 和手机需要配置 CA 证书。

2. 在使用Charles时需要注意哪些事项？

答：在使用 Charles 进行接口抓包分析时，如果是手机端，则手机和计算机需要处在同一局域网中，对于 Fiddler 来说，也是同样的。

3. 使用Appium时，appPackage包名是怎样得到的？

答：可以去手机中找 appPackage 安装包，或者通过其官方平台上的版本，在详情信息中查找。

本章小结

本章主要讲解了使用 Fiddler 和 Charles 进行抓取的基本使用方法，抓取 HTTP 和 HTTPS 接口并进行接口分析。接着了解了 Appium 的安装、App 的基本用法，以及常用 API 的用法。

第9章

数据存储

本章导读

　　在实际工作中，使用爬虫获取数据之后，要想办法把数据存储起来，以便日后对数据进行各种操作，这也是网络爬虫的最后一步。本章将着重介绍 4 种文件存储和 4 种数据库存储方式，基本上涵盖了常用的数据存储方式。

知识要点

- 文件存储、数据库存储方法
- 数据存储的基本操作方法
- 如何去分析对数据存储的使用
- 编写爬虫获取数据并保存到文件及数据库

9.1 文件存储

文件存储的方式有很多，下面着重讲解 4 种文件存储方式：TEXT 文本存储、JSON 文件存储、CSV 文件存储和 Excel 文件存储。

9.1.1 TEXT 文件存储

TEXT 文件存储是常用的存储方式，在计算机中新建的文本文件大多是 TEXT 文件，其示例代码如下。

```
file=open('filename','a',encoding='utf-8')
file.write('需要写入的字符串')
file.close()
```

以上示例代码为标准的文件存储方式，即打开文件、写入数据、关闭文件。open() 方法用于打开一个文件，并返回文件对象，在对文件进行处理的过程中都需要使用到这个方法，若该文件无法打开，则会抛出 OSError 异常。使用 open() 方法一定要保证关闭文件对象，即调用 close() 方法。open() 方法常用形式是接收两个参数：文件名（file）和模式（mode）。write() 方法用于向文件中写入指定字符串。以下代码中的写法，会随着 with 语句的结束自动关闭，不需要调用 close() 方法。

```
with open('filename', 'a', encoding='utf-8') as file:
    file.write('...')
```

文件操作常见模式见表 9-1。

表9-1　文件操作常见模式

模式	描述
r	以只读方式打开文件，文件的指针将会放在文件的开头。这是默认模式
rb	以二进制格式打开一个文件用于只读，文件指针将放在文件的开头。这是默认模式，一般用于非文本文件，如图片等
r+	打开一个文件用于读写，文件指针将放在文件的开头
rb+	以二进制格式打开一个文件用于读写，文件指针将放在文件的开头。一般用于非文本文件，如图片等
w	打开一个文件用于写入。若该文件已存在则打开文件，并从文件开头开始编辑，原有内容会被删除；若该文件不存在，则创建新文件
wb	以二进制格式打开一个文件用于写入。若该文件已存在则打开文件，并从文件开头开始编辑，原有内容会被删除；若该文件不存在，则创建新文件。一般用于非文本文件，如图片等
w+	打开一个文件用于读写。若该文件已存在则打开文件，并从文件开头开始编辑，即原有内容会被删除；若该文件不存在，则创建新文件
wb+	以二进制格式打开一个文件用于读写。若该文件已存在则打开文件，并从文件开头开始编辑，原有内容会被删除；若该文件不存在，则创建新文件。一般用于非文本文件，如图片等
a	打开一个文件用于追加。若该文件已存在，则文件指针将放在文件的结尾，即新的内容将被写入已有内容之后；若该文件不存在，则创建新文件进行写入
ab	以二进制格式打开一个文件用于追加。若该文件已存在，则文件指针将放在文件的结尾，即新的内容将被写入已有内容之后；若该文件不存在，则创建新文件进行写

续表

模式	描述
a+	打开一个文件用于读写。若该文件已存在，则文件指针将放在文件的结尾，文件打开时会是追加模式；若该文件不存在，则创建新文件用于读写
ab+	以二进制格式打开一个文件用于追加。若该文件已存在，则文件指针将放在文件的结尾；若该文件不存在，则创建新文件用于读写

9.1.2　JSON 文件存储

JSON（JavaScript Object Notation，JavaScript 对象表示法）是一种轻量级的数据交换格式，它是基于 ECMAScript 的一个子集。JSON 采用完全独立于语言的文本格式，但也使用了类似 C 语言家族（包括 C、C++、Java、JavaScript、Perl、Python 等）的习惯。这些特性使 JSON 成为理想的数据交换语言，易于人们阅读和编写，同时也易于机器解析和生成（一般用于提升网络传输速率）。JSON 在 Python 中分别由 list 和 dict 组成。json 库提供了 4 个功能：dumps、dump、loads 和 load。

1）dumps：把数据类型转换为字符串。

2）dump：把数据类型转换为字符串并存储在文件中。

3）loads：把字符串转换为数据类型。

4）load：把文件打开，并把字符串转换为数据类型。

1. 使用json.dumps()将Python中的字典转换为字符串

了解了 Python 中 json 库的基本方法，下面使用 dumps 将 Python 中的字典转换为字符串，相关示例代码如下。

```
import json

test_dict = {'bigberg': [7600, {1: [['iPhone', 6300], ['Bike', 800], ['shirt',
300]]}]}
print(test_dict)
print(type(test_dict))
json_str = json.dumps(test_dict)
print(json_str)
print(type(json_str))
```

运行后控制台会输出：

```
{'bigberg': [7600, {1: [['iPhone', 6300], ['Bike', 800], ['shirt', 300]]}]}
<class 'dict'>
{"bigberg": [7600, {"1": [["iPhone", 6300], ["Bike", 800], ["shirt", 300]]}]}
<class 'str'>
```

2. 使用json.loads()将字符串转换为字典

该转换方式的示例代码如下。

```
new_dict = json.loads(json_str)
print(new_dict)
print(type(new_dict))
```

运行后控制台会输出：

```
{'bigberg': [7600, {1: [['iPhone', 6300], ['Bike', 800], ['shirt', 300]]}]}
<class 'dict'>
{'bigberg': [7600, {'1': [['iPhone', 6300], ['Bike', 800], ['shirt', 300]]}]}
<class 'dict'>
```

3. 将数据写入JSON文件中

要将数据写入 JSON 文件中，还需要用到 open() 方法，只是在写入前，需要使用 json.dump() 方法将数据处理后再写入，示例代码如下。

```
import json
new_dict = {"name": "zk", "age": 20, "gender": "m"}
with open("record.json", "w", encoding="utf-8") as f:
    json.dump(new_dict, f)
    print("加载入文件完成...")
```

运行以上代码后，将会在当前路径下生成一个 record.json 的文件，在该文件中已经写入了 new_dict 的内容，如图 9-1 所示。

图9-1　生成的JSON文件

9.1.3　CSV 文件存储

CSV（Comma-Separated Values，逗号分隔值）是存储表格数据的常用文件格式，即每条记录中值与值之间是用分号分隔的。Python 中的 csv 库可以非常简单地修改 CSV 文件，甚至从零开始创建一个 CSV 文件，示例代码如下。

```
import csv

c = open("test.csv", "w")
writer = csv.writer(c)
writer.writerow(['name', 'address', 'city', 'state'])
```

以上代码能够实现 CSV 文件的打开及写入一行数据，首先是导入 csv 模块（如果没有安装 csv 模块，可以使用 pip 或 easy_install 安装）；其次使用 CSV 文件的 open() 方法以 w（写入）方式打开，若该 CSV 文件不存在，则会在相应目录中创建一个 CSV 文件；然后实例化一个写入对象 writer；最后使用 writerow() 方法写入一条记录。上面示例是写入 CSV 文件，下面介绍读取 CSV 文件的方法，示例代码如下。

```
import csv

c = open("test.csv", "rb")
read = csv.reader(c)
for line in read:
```

```
print(line[0], line[1])
c.close()
```

for 语句实现了遍历 csv.reader 读取的数据，然后通过 print() 输出。这里的 line 代表读取的一行数据，line[0] 表示该行数据的第一个属性列对应的值。

9.1.4　Excel 文件存储

实现对 Excel 文件的操作，需要引入第三方模块。其中，xlwt 模块能实现对 Excel 文件的写入，xlrd 模块能实现对 Excel 文件内容的读取。通过 xlwt 模块写入 Excel 文件的示例代码如下。

```python
import xlwt

def set_style(name, height, bold=False):
    style = xlwt.XFStyle()
    font = xlwt.Font()
    font.name = name
    font.bold = bold
    font.color_index = 4
    font.height = height
    style.font = font
    return style

def write_excel(path):
    workbook = xlwt.Workbook(encoding='utf-8')
    data_sheet = workbook.add_sheet('demo')
    row0 = [u'字段名称', u'大致时段', 'CRNTI', 'CELL-ID']
    row1 = [u'测试', '15:50:33-15:52:14', 22706, 4190202]
    for i in range(len(row0)):
        data_sheet.write(0, i, row0[i], set_style('Times New Roman', 220, True))
        data_sheet.write(1, i, row1[i], set_style('Times New Roman', 220, True))

    workbook.save(path)

if __name__ == '__main__':
    path = 'demo.xls'
    write_excel(path)
    print(u'创建demo.xls文件成功')
```

运行代码后生成了一个 Excel 文件，内容如图 9-2 所示。

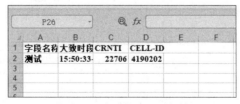

图9-2　生成的Excel文件

使用 xlwt 模块创建一个 Excel 文件，并在其中添加一个 Sheet 工作表，然后保存这个文件，并在其中写入一些数据，示例代码如下。

```
workbook=xlwt.Workbook(encoding='utf-8')      # 表示实例化Workbook
data_sheet=workbook.add_sheet('demo')         # 表示创建Sheet表
workbook.save('demo.xls')                     # 表示保存文件
data_sheet.write(行,列,value)                  # 表示写操作
```

使用 xlrd 模块对 Excel 文件进行读取操作，示例代码如下。

```
import xlrd

Workbook = xlrd.open_workbook('demo.xls')

sheet_names = Workbook.sheet_names()
sheet1 = Workbook.sheet_by_name('demo')
sheet1 = Workbook.sheet_by_index(0)
rows = sheet1.row_values(1)
cols10 = sheet1.col_values(1)
print('rows', rows)
print('cols10', cols10)
```

参数说明如下。

1）xlrd.open_workbook()：表示打开 Excel 文件。

2）Workbook.sheet_names()：表示获取所有 Sheet 表名称。

3）Workbook.sheet_by_name('demo')：表示获取所在 Sheet 表数据。

4）Workbook.sheet_by_index(0)：表示获取第一张 Sheet 表名称，根据索引来取值，从 0 开始。

5）sheet1.row_values(1)：表示获取 Sheet1 中第 2 行数据。

6）sheet1.col_values(1)：表示获取 Sheet1 中第 2 列数据。

9.2 数据库存储

当数据量大并且需要使用数据进行后期操作，如更新、删除、修改等复杂操作时，数据存储在文件中已经不能满足用户的需求了，所以需要将数据存储到数据库中。下面讲解如何使用 Python 将数据存储在几种常用的数据库中。

9.2.1 MySQL 存储

MySQL 是一个关系型数据库管理系统，目前属于 Oracle 旗下产品。MySQL 是最流行的关系型数据库管理系统之一，在 Web 应用方面，它是 RDBMS（Relational Database Management System，关系数据库管理系统）应用软件。

在开始存储操作之前，需要确保已安装好 MySQL 数据库。关于 MySQL 的安装方法，可参见

MySQL 的官方文档，根据自己的系统下载对应的版本进行安装即可，这里不再赘述。

mysql-connector 是 MySQL 官方提供的驱动器，使用它可以连接 MySQL。用户可以使用以下 pip 命令来安装 mysql-connector。

```
python -m pip install mysql-connector
```

运行以下代码可以测试 mysql-connector 是否安装成功，如果没有产生错误，则表示安装成功。

```
import mysql.connector
```

在安装好 mysql-connector 之后，将举例讲解如何使用 mysql-connector 连接 MySQL 数据库，常用的操作有插入数据、查询数据、更新数据等。

1. 创建数据库连接

要操作数据库，需要先获取数据库的连接。使用 mysql-connector 获取到 MySQL 的数据库连接，示例代码如下。

```
import mysql.connector

mydb = mysql.connector.connect(
  host="localhost",          # 数据库主机地址
  user="yourusername",       # 数据库用户名
  passwd="yourpassword"      # 数据库密码
)

print(mydb)
```

从以上代码中可以看出，首先将 mysql.connector 引入，然后通过调用 mysql.connector.connect() 方法传入数据库主机地址、数据库用户名、数据库密码等参数，即可与数据库建立连接。

2. 插入数据

通过前面的示例，成功获取到数据库的连接。下面通过这个连接操作数据库，如下面的插入数据。这里假设数据库中已经存在了一张名为"test_01"的表，并且有 id、name 和 age 3 个字段，在其中插入一条测试数据。

```
import mysql.connector

mydb = mysql.connector.connect(
    host="localhost",
    user="root",
    passwd="123456",
    database="test_db"
)
mycursor = mydb.cursor()

sql = "INSERT INTO test_01 (id,name, age) VALUES (%s, %s,%s)"
val = (1, "张三",23)
mycursor.execute(sql, val)
mydb.commit()   # 数据表内容有更新，必须使用到该语句
print(mycursor.rowcount, "记录插入成功。")
```

这里主要用到了 execute() 方法，该方法主要传入了两个参数，插入数据的 sql 和 sql 中需要的值。

该方法的作用是执行 SQL 语句，最后调用 commit() 方法提交事务。运行代码后，通过数据库客户端连接工具观察数据库中的"test_01"表，发现数据已经插入，如图 9-3 所示。

图9-3 插入的数据

3. 批量插入

在实际开发中，爬虫通常会一次性获取大批量的数据。在存储数据时，为了提高插入效率，通常会采用批量插入的方式。批量插入通过一条 SQL 语句同时插入多条数据，相较于逐条插入，每次只需与数据库建立一次连接并执行一条语句，从而减少了数据库的解析和执行开销，大幅提升了插入效率。示例代码如下。

```
import mysql.connector

mydb = mysql.connector.connect(
    host="127.0.0.1",
    user="root",
    passwd="123456",
    database="test_db"
)
mycursor = mydb.cursor()

sql = "INSERT INTO test_01 (id, name,age) VALUES (%s, %s,%s)"
val = [
    (2,'张三', 12),
    (3,'李四', 13),
    (4,'王五', 23),
    (5,'麻子',35)
]

mycursor.executemany(sql, val)
mydb.commit()   # 数据表内容有更新，必须使用到该语句

print(mycursor.rowcount, "记录插入成功。")
```

运行以上代码后，就会发现数据库中已经成功地插入了 4 条记录，如图 9-4 所示。

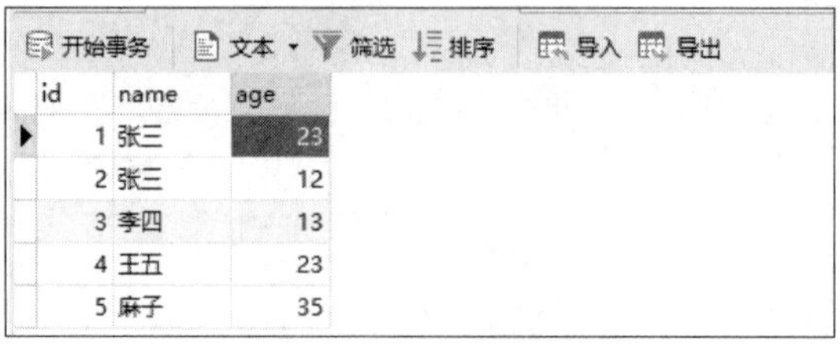

图9-4 批量插入结果

4. 查询数据

下面介绍使用得特别频繁的查询。在以下查询示例中，执行完 SQL 语句后，调用 fetchall() 方法来获取所有返回结果。

```python
import mysql.connector

mydb = mysql.connector.connect(
    host="127.0.0.1",
    user="root",
    passwd="123456",
    database="test_db"
)
mycursor = mydb.cursor()
mycursor.execute("SELECT * FROM test_01")
myresult = mycursor.fetchall()  # fetchall() 获取所有记录

for x in myresult:
    print(x)
```

运行代码将会得到如下结果：

```
(1, '张三', 23)
(2, '张三', 12)
(3, '李四', 13)
(4, '王五', 23)
(5, '麻子', 35)
```

5. 更新数据

调用更新数据与插入数据的方法是一样的，只是 SQL 语句不同而已。例如，下面的示例是更新 "test_01" 表中 id 为 1 的数据。

```python
import mysql.connector

mydb = mysql.connector.connect(
    host="127.0.0.1",
    user="root",
    passwd="123456",
    database="test_db"
)
mycursor = mydb.cursor()

sql = "UPDATE test_01 SET name = '测试' WHERE id = 1"
mycursor.execute(sql)
mydb.commit()

print(mycursor.rowcount, " 条记录被修改")
```

运行以上代码后，在数据库的表中，已经成功地将 id 为 1 的记录做了修改，如图 9-5 所示。

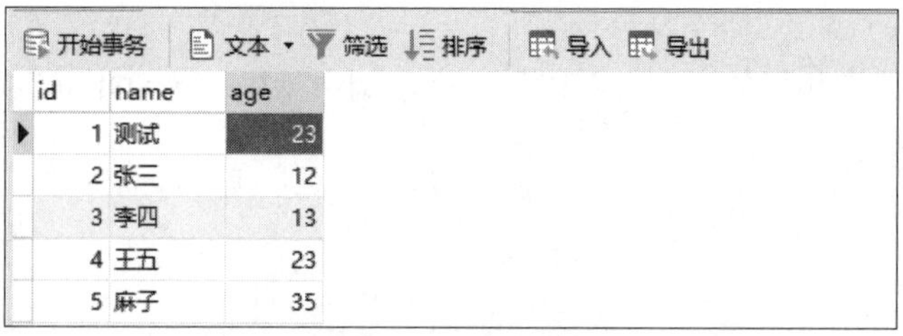

id	name	age
1	测试	23
2	张三	12
3	李四	13
4	王五	23
5	麻子	35

图9-5　更新结果

除了使用 mysql-connector 连接 MySQL 数据库的常用操作方法，还有其他方法，有兴趣的读者可以查看 MySQL 的官方文档进行学习。

> **温馨提示：**
>
> 除了可以使用 mysql-connector 库连接操作 MySQL 数据库，还可以使用 pymysql 库。该库的使用方法与 mysql-connector 类似，同样也是通过 pip 命令安装，命令为 pip3 install pymysql。

9.2.2 MongoDB 存储

MongoDB 是由 C++ 语言编写的，它是一个基于分布式文件存储的开源数据库系统。在高负载的情况下，添加更多的节点，可以保证服务器性能，MongoDB 旨在为 Web 应用提供可扩展的高性能数据存储解决方案。MongoDB 将数据存储为一个文档，数据结构由键值对组成。MongoDB 文档类似 JSON 对象。字段值可以包含其他文档、数组及文档数组。

基于这些优势，所以在爬虫中经常涉及将数据保存到 MongoDB 中，以便数据清洗。要确保在已经安装好 MongoDB 的前提下开始下面的学习。

Python 要连接 MongoDB，就需要 MongoDB 驱动，这里使用 PyMongo 驱动来连接。用户可以使用 pip 命令进行安装。

```
python3 -m pip3 install pymongo
```

安装完成后可以创建一个测试文件 demo_test_mongodb.py，代码如下。

```
import pymongo
```

执行代码文件，如果没有出现错误，则表示安装成功。

1. 创建数据库

创建数据库需要使用 MongoClient 对象，并且指定连接的 URL 地址和要创建的数据库名称。创建数据库 test_db 的示例如下。

```
import pymongo

myclient = pymongo.MongoClient("mongodb://localhost:27017/")
mydb = myclient["test_db"]
```

2. 创建集合

MongoDB 中的集合类似 SQL 的表。MongoDB 使用数据库对象来创建集合，示例代码如下。

```
import pymongo

myclient = pymongo.MongoClient("mongodb://localhost:27017/")
mydb = myclient["test_db"]

mycol = mydb["sites"]
```

> **温馨提示：**
> 在 MongoDB 中，集合只有在内容插入后才会创建。也就是说，创建集合（数据表）后要再
> 插入一个文档（记录），集合才会真正创建。

3. 插入文档

MongoDB 中的一个文档类似 SQL 表中的一条记录。在集合中插入文档可使用 insert_one() 方法，该方法的第一参数是字典。以下示例为向 sites 集合中插入文档。

```
import pymongo

myclient = pymongo.MongoClient("mongodb://localhost:27017/")
mydb = myclient["test_db"]
mycol = mydb["sites"]

mydict = {"name": "张三", "age": "23", "gender": "男"}

x = mycol.insert_one(mydict)
print(x)
```

运行后控制台会输出：

```
<pymongo.results.InsertOneResult object at 0x10a34b288>
```

4. 插入多个文档

在集合中插入多个文档可使用 insert_many() 方法，该方法的第一参数是字典列表，示例代码如下。

```
import pymongo

myclient = pymongo.MongoClient("mongodb://localhost:27017/")
mydb = myclient["test_db"]
mycol = mydb["sites"]

mylist = [
    {"name": "张三", "age": "23", "gender": "男"},
    {"name": "李四", "age": "23", "gender": "男"},
    {"name": "王五", "age": "23", "gender": "男"},
    {"name": "麻子", "age": "23", "gender": "男"}
]

x = mycol.insert_many(mylist)
```

```
# 输出插入的所有文档对应的 _id 值
print(x.inserted_ids)
```

运行后控制台会输出：

```
[ObjectId('5b236aa9c315325f5236bbb6'), ObjectId('5b236aa9c315325f5236bbb7'),
ObjectId('5b236aa9c315325f5236bbb8'), ObjectId('5b236aa9c315325f5236bbb9')]
```

5. 查询文档

MongoDB 中使用了 find() 和 find_one() 方法来查询集合中的数据，它类似 SQL 中的 SELECT 语句。用户可以使用 find_one() 方法来查询集合中的一条数据，下面查询 sites 文档中的第一条数据，代码如下。

```
import pymongo

myclient = pymongo.MongoClient("mongodb://localhost:27017/")
mydb = myclient["test_db"]
mycol = mydb["sites"]

x = mycol.find_one()

print(x)
```

运行后控制台会输出：

```
{'_id':ObjectId('5b23696ac315325f269f28d1'),"name":"张三","age":"23","gender":
"男"}
```

6. 查询集合中的所有数据

使用 find() 方法可以查询集合中的所有数据，类似 SQL 语句中的 SELECT* 操作。以下示例代码为查找 sites 集合中的所有数据。

```
import pymongo

myclient = pymongo.MongoClient("mongodb://localhost:27017/")
mydb = myclient["test_db"]
mycol = mydb["sites"]

for x in mycol.find():
  print(x)
```

运行以上代码，运行结果如图 9-6 所示。

图9-6　运行结果

7. 修改数据

用户可以在 MongoDB 中使用 update_one() 方法修改文档中的记录。该方法的第一个参数为查询的条件，第二个参数为要修改的字段。如果查找到的匹配数据多于一条，则只会修改第一条。在以下示例中，将 name 为张三的 age 属性改为 20。

```python
import pymongo

myclient = pymongo.MongoClient("mongodb://localhost:27017/")
mydb = myclient["test_db"]
mycol = mydb["sites"]

myquery = {"name": "张三"}
newvalues = {"$set": {"age": "20"}}

mycol.update_one(myquery, newvalues)

for x in mycol.find():
    print(x)
```

在爬虫应用中，使用 MongoDB 最频繁的操作就是以上内容，如果实际开发中需要使用更多复杂的方法，可以参考官方文档。

9.2.3　Redis 存储

Redis 是一个开源的、使用 C 语言编写、遵守 BSD 协议、支持网络的键值存储数据库，它既可基于内存操作，也可支持数据的持久化，并提供多种语言的 API。它通常被称为数据结构服务器，因为值（Value）可以是字符串（String）、哈希（Hash）、列表（List）、集合（Set）和有序集合（Sortedset）等多种类型。

在 Python 爬虫系统中，经常会使用 Redis 数据库进行 URL 去重。下面讲解几个在爬虫中比较常用的方法。在开始学习之前需要确保已经安装好 Redis，关于 Redis 的安装可以参考网上的一些安装教程，这里不做具体讲解。

在 Python 中如果要操作 Redis，需要安装 redis 库，可以使用 pip 命令来安装，代码如下。

```
pip3 install redis
```

安装好之后，新建一个 test_redis.py 文件并输入以下代码，运行后如果没有报错，则表示已经安装成功。

```
import redis
```

在爬虫中应用 Redis 最多的是列表和集合，所以下面主要以这两个为例进行讲解。

1. 列表

Redis 列表是简单的字符串列表，按照插入顺序排序。用户可以添加一个元素到列表的头部（左侧）或尾部（右侧），一个列表最多可以包含 $2^{32}-1$ 个元素（4294967295，每个列表超过 40 亿个元素）。下面的示例使用 lpush() 方法将 3 个值插入了名为 test_list 的列表中。

```
import redis

conn=redis.StrictRedis(host="192.168.16.8",port=6739)
conn.lpush("test_list", 1)
conn.lpush("test_list", 2)
conn.lpush("test_list", 3)
```

与列表相关的基本命令如表 9-2 所示。

表9-2　与列表相关的基本命令

序号	命令	描述
1	BLPOP key1 [key2] timeout	移出并获取列表的第一个元素，如果列表没有元素，就会阻塞列表直到等待超时或发现可弹出元素为止
2	BRPOP key1 [key2] timeout	移出并获取列表的最后一个元素，如果列表没有元素就会阻塞列表直到等待超时或发现可弹出元素为止
3	BRPOPLPUSH source destination timeout	从列表中弹出一个值，将弹出的元素插入另外一个列表中并返回它；如果列表没有元素，就会阻塞列表直到等待超时或发现可弹出元素为止
4	LINDEX key index	通过索引获取列表中的元素
5	LINSERT key BEFORE|AFTER pivot value	在列表的元素前或者后插入元素
6	LLEN key	获取列表长度
7	LPOP key	移出并获取列表的第一个元素
8	LPUSH key value1 [value2]	将一个或多个值插入列表头部
9	LPUSHX key value	将一个值插入已存在的列表头部
10	LRANGE key start stop	获取列表指定范围内的元素
11	LREM key count value	移除列表元素
12	LSET key index value	通过索引设置列表元素的值
13	LTRIM key start stop	对一个列表进行修剪，即让列表只保留指定区间内的元素，不在指定区间内的元素都将被删除
14	RPOP key	移除列表的最后一个元素，返回值为移除的元素
15	RPOPLPUSH source destination	移除列表的最后一个元素，并将该元素添加到另一个列表并返回
16	RPUSH key value1 [value2]	在列表中添加一个或多个值
17	RPUSHX key value	为已存在的列表添加值

2. 集合

Redis 的集合是 String 类型的无序集合。集合成员是唯一的，这就意味着集合中不能出现重复的数据。Redis 中的集合是通过哈希表实现的，所以添加、删除、查找的复杂度都是 O(1)。集合中最大的成员数为 $2^{32}-1$（4294967295, 每个集合可存储超过 40 亿个成员）。下面的示例使用 sadd() 方法将 3 个值插入了名为 test_list 的列表中。

```
import redis

conn=redis.StrictRedis(host="192.168.16.8",port=6739)
conn.sadd("test_list", 1)
conn.sadd("test_list", 2)
```

```
conn.sadd("test_list", 3)
```

表 9-3 列出了 Redis 集合的基本命令。

表9-3　Redis集合的基本命令

序号	命令	描述
1	SADD key member1 [member2]	向集合中添加一个或多个成员
2	SCARD key	获取集合的成员数
3	SDIFF key1 [key2]	返回给定所有集合的差集
4	SDIFFSTORE destination key1 [key2]	返回给定所有集合的差集并存储在 destination 中
5	SINTER key1 [key2]	返回给定所有集合的交集
6	SINTERSTORE destination key1 [key2]	返回给定所有集合的交集并存储在 destination 中
7	SISMEMBER key member	判断 member 元素是不是集合 key 的成员
8	SMEMBERS key	返回集合中的所有成员
9	SMOVE source destination member	将 member 元素从 source 集合移动到 destination 集合
10	SPOP key	移除并返回集合中的一个随机元素
11	SRANDMEMBER key [count]	返回集合中一个或多个随机数
12	SREM key member1 [member2]	移除集合中一个或多个成员
13	SUNION key1 [key2]	返回所有给定集合的并集
14	SUNIONSTORE destination key1 [key2]	所有给定集合的并集存储在 destination 集合中
15	SSCAN key cursor [MATCH pattern] [COUNT count]	迭代集合中的元素

9.2.4　PostgreSQL 存储

PostgreSQL 是一种功能强大的开源对象——关系型数据库管理系统。Psycopg 是 Python 编程语言中最流行的 PostgreSQL 数据库适配器之一，其主要功能是完整实现 Python DB-API 2.0 规范和线程安全（多个线程可以共享相同的连接）。它专为大量多线程应用程序而设计，可以创建和销毁大量游标，并创建大量并发"INSERT"或"UPDATE"。

Psycopg2 主要在 C 语言中作为 libpq 包装器实现，既高效又安全，它具有客户端和服务器端游标，异步通信和通知，以及支持"复制到 / 复制"功能。许多 Python 类型都支持开箱即用，适用于匹配 PostgreSQL 的数据类型，通过灵活的物体适应系统，可以扩展和定制适应性。Psycopg 2 兼容 Unicode 和 Python 3。

在学习之前先安装 Psycopg2 库，可以使用以下 pip 命令进行安装。

```
pip install psycopg2
```

在确保已经有一个可以连接的 PostgreSQL 数据库的情况下，进行接下来的学习和操作。下面先来看一个获取 PostgreSQL 数据库连接的示例。

```
import psycopg2

# 创建连接对象
conn = psycopg2.connect(
```

```
    database="postgres",
    user="postgres",
    password="123456",
    host="localhost",
    port="5432"
)
cur = conn.cursor()   # 创建指针对象
```

通过 connect() 方法得到了 conn 连接对象，然后通过 conn 连接对象的 cursor() 方法获取指针对象，有了这个就可以用它执行 SQL 语句，这与前面所讲的 MySQL 操作类似。

1. 插入数据

插入数据时，用户只需要先将插入的 SQL 语句写好，然后使用 cur 执行对象的 execute() 方法即可完成 SQL 语句的执行，示例代码如下。

```
import psycopg2

# 创建连接对象
conn = psycopg2.connect(
    database="postgres",
    user="postgres",
    password="123456",
    host="localhost",
    port="5432"
)
cur = conn.cursor()   # 创建指针对象

# 创建表
cur.execute("CREATE TABLE student(id integer,name varchar,sex varchar);")

# 插入数据
cur.execute("INSERT INTO student(id,name,sex)VALUES(%s,%s,%s)", (1, 'Aspirin',
'M'))
cur.execute("INSERT INTO student(id,name,sex)VALUES(%s,%s,%s)", (2, 'Taxol',
'F'))
cur.execute("INSERT INTO student(id,name,sex)VALUES(%s,%s,%s)", (3,
'Dixheral', 'M'))

# 关闭连接
conn.commit()
cur.close()
conn.close()
```

这里往数据库中创建了一张名为 student 的表，然后向表中插入了 3 条数据。可以看到，执行完 SQL 语句后，同样需要提交事务和关闭相应的连接。

2. 查询数据

查询数据时，可以在执行完 SQL 语句后，调用 cur 的 fetchall() 方法获取结果。以下示例代码为查询所有学生信息。

```
# 获取结果
```

```
cur.execute('SELECT * FROM student')
results = cur.fetchall()
```

3. 修改和删除数据

修改和删除数据与插入数据类似，唯一不同的就是 SQL 语句，示例代码如下。

```
import psycopg2

# 创建连接对象
conn = psycopg2.connect(
    database="postgres",
    user="postgres",
    password="123456",
    host="localhost",
    port="5432")
cur = conn.cursor()  # 创建指针对象

# 修改数据
cur.execute("update  student set age=36,sex='m' where id=2;")
#删除数据
cur.execute("delete from student where sex='m';")

# 关闭连接
conn.commit()
cur.close()
conn.close()
```

9.3　新手实训

到这里本章所讲内容已经结束，下面通过两个实训练习来加深印象，希望读者能够认真操作。

实训一：爬取云代理 IP 并保存到 Redis 数据库中

假设现在有这样的需求：由于爬虫需要大量代理 IP，因此采用爬取免费代理的方案。下面以云代理免费代理页面（地址参见本书赠送资源文件）为例，编写爬虫爬取其国内高匿代理、国内普通代理、国外高匿代理、国外普通代理，并保存到 Redis 数据库中。通过爬虫得到的 IP 数据格式如图 9-7 所示，相关参考步骤如下。

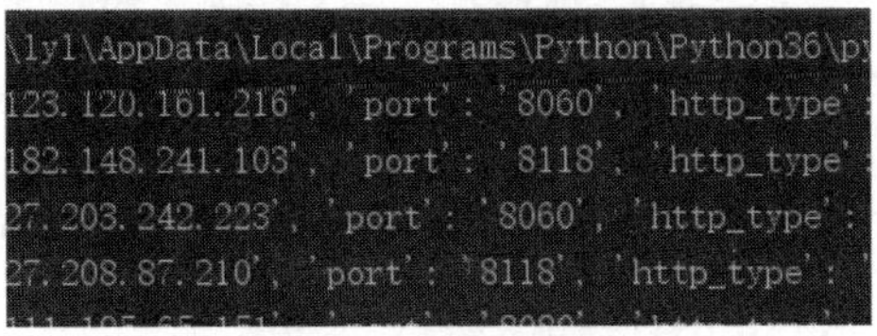

图9-7　IP数据格式

步骤❶：分析网页结构，选取需要爬取的前几页地址。

步骤❷：使用 requests 库抓取网页源码。

步骤❸：使用 re 正则表达式或其他方法提取 IP 地址数据。

步骤❹：将提取得到的 IP 地址保存到 Redis 数据库中。

参考示例代码如下。

```python
import requests
import re
import redis

url_list = [
    "http://www.ip3366.net/free/?stype=1&page=1",
    "http://www.ip3366.net/free/?stype=2&page=1",
    "http://www.ip3366.net/free/?stype=3&page=1",
    "http://www.ip3366.net/free/?stype=4&page=1"
]


# 获取IP
def get_ip(url):
    res = requests.get(url)
    res.encoding = "gb2312"
    p = "<tr>\s+<td>([\s\S+]*?)</td>\s+<td>([\s\S+]*?)</td>\s+" \
        "<td>\S+</td>\s+<td>([\s\S+]*?)</td>\s+"
    ip_list = []
    for x in re.findall(p, res.text):
        ip_list.append({"ip": x[0], "port": x[1], "http_type": x[2].lower()})
    return ip_list


ip_list = []
for url in url_list:
    ip_list += get_ip(url)
conn = redis.StrictRedis(host="192.168.16.8", port=6739)

# 循环将得到的代理IP存入Redis数据库中
for x in ip_list:
    print(x)
    conn.lpush("ip_list", str(x))
```

实训二：爬取简书文章列表数据保存到 MySQL 数据库中

爬取简书首页文章列表的标题、简介、发布人数据，并保存到 MySQL 数据库中，简书地址为 https://www.jianshu.com，这里提供一个思路，爬取简书需要使用到 Selenium，相关参考步骤如下。

步骤❶：分析页面结构和规律。

步骤❷：使用 Selenium 模拟打开简书首页。

步骤❸：模拟鼠标向下滑动，直到出现【阅读更多】按钮则开始获取网页源代码。

步骤❹：指定要单击多少次加载更多。

步骤❺：将数据保存到数据库中。

参考示例代码如下。

```python
from selenium import webdriver
import time
from lxml import etree
import pymysql
from selenium.webdriver.common.by import By


driver = webdriver.Chrome()
driver.get('https://www.jianshu.com/')


# 加载更多
def load_mord(num):
    # 通过观察发现，打开页面需要鼠标滑动5次左右才能出现【阅读更多】按钮
    for x in range(5):
        js = "var q=document.documentElement.scrollTop=100000"
        driver.execute_script(js)
        time.sleep(2)
    if num == 0:
        time.sleep(2)
    # 定位并单击【阅读更多】按钮
    load_more = driver.find_element(By.CLASS_NAME, "load-more")
    load_more.click()


# 获取内容源码
def get_html():
    note_list = driver.find_element(By.CLASS_NAME, "note-list")
    html = note_list.get_attribute('innerHTML')
    return html


# 传入内容网页源码，使用XPath提取信息标题、简介、发布昵称
def extract_data(content_html):
    html = etree.HTML(content_html)
    title_list = html.xpath('//li//a[@class="title"]/text()')
    abstract_list = html.xpath('//li//p[@class="abstract"]/text()')
    nickname_list = html.xpath('//li//a[@class="nickname"]/text()')
    data_list = []
    for index, x in enumerate(title_list):
        item = {}
        item["title"] = title_list[index]
        item["abstract"] = abstract_list[index]
        item["nickname"] = nickname_list[index]
        data_list.append(item)
    return data_list
```

```
# 保存到MySQL数据库中
def insert_data(sql):
    db = pymysql.connect(host="127.0.0.1", user="root", password="1234561yl",
                         database="xs_db", charset="utf8")
    try:
        cursor = db.cursor()
        return cursor.execute(sql)
    except Exception as ex:
        print(ex)
    finally:
        db.commit()
        db.close()


# 模拟单击10次【阅读更多】按钮
for x in range(2):
    print("模拟单击加载更多第 {} 次".format(str(x)))
    load_mord(x)
    time.sleep(1)

resuts = extract_data(get_html())
for item in resuts:
    print(item)
    sql = "insert into tb_test(title,abstract,nickname) values('%s','%s','%s')" \
          "" % (item["title"], item["abstract"], item["nickname"])
    insert_data(sql)
```

9.4 新手问答

学习完本章内容之后，读者可能会有以下疑问。

1. 用Python将数据插入MySQL中时出现乱码该怎么办？

答：如果出现这种问题，可以试试以下几种解决方案，逐步排查测试。

1）Python 文件设置编码 utf-8（文件前面加上 #encoding=utf-8）。

2）将 MySQL 数据库的编码设置为 charset=utf-8。

3）Python 连接 MySQL 时加上参数 charset=utf-8。

4）设置 Python 的默认编码为 utf-8［sys.setdefaultencoding(utf-8)］。

2. 在Python 3中，将list[list[]]信息写入CSV中时，每隔一行会出现空白行问题，运行下面的代码之后，打开生成的CSV文件，发现每隔一行会出现空白行，这时应该如何解决？

```
def save(result):
```

```
csvFile = open("test.csv", "w")
wr = csv.writer(csvFile)
wr.writerows(result)
```

答：遇到这种问题，可以尝试在调用 open() 方法时加上 newline="" 参数。修改之后的代码如下。

```
def save(result):
    csvFile = open("test.csv", "w", newline="")
    wr = csv.writer(csvFile)
    wr.writerows(result)
```

3. 怎么实现向指定的Excel文件中追加数据？

答：可以参考以下示例代码，复制一份 Excel 文件后追加数据，最后将其保存并覆盖原来的文件。

```
import xlrd
from xlwt import *
import os

file_name="E:\\test_file\\test.xls"
# 打开指定路径Excel
bk = xlrd.open_workbook(file_name)
# 复制一份
wb=copy(bk)
# 获取Sheet1
sheet=wb.get_sheet(0)
# 向sheet中写入测试数据
sheet.write(0,1,"test")
# 删除旧文件
os.remove(file_name)
# 保存添加数据后的文件
wb.save(file_name)
```

本章小结

本章主要讲解了 4 种文件存储数据的方式和 4 种数据库存储数据的方式，基本满足了工作中的日常需要，但要根据实际的工作场景选择合适的存储方式。

第**2**篇

技能进阶篇

第 1 篇主要讲解了爬虫开发的基础知识。相信读者通过前面知识的学习，已经能够编写常用的爬虫，完成各种各样的爬虫需求。本篇将对爬虫的知识做进一步的讲解，主要包括常用爬虫框架的使用、爬虫的部署方法、数据的分析等。学完本篇内容，已能够满足大多数公司爬虫岗位的技能要求。

第10章

常用爬虫框架

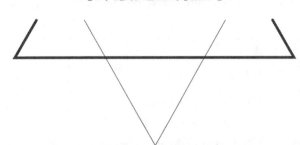

本章导读

　　通过前面章节的学习，相信读者已经能够直接使用 requests 库 +XPath 或 urllib 库等实现用一个爬虫爬取网页，甚至是使用 Selenium 解决 JS 的异步加载问题。但如果有一些代码重复出现，那么就应该把这些代码提取出来封装成一个方法。随着时间的积累就有了一批方法，然后把它们整合成工具类。工具类如果形成规模，就可以整合成类库，类库更系统、功能更全。

　　框架也是一样。框架是为了我们不必总写相同代码而诞生的，也是为了让我们专注于业务逻辑而诞生的。框架把程序设计中不变的部分抽取出来，让我们专注于与业务有关的代码。

　　那么，在 Python 爬虫中，同样也存在许多的爬虫框架，有了这些框架，在写爬虫时，就无须再写很多重复性的代码，能够极大地减少工作量。本章将会对 Python 中比较常用的 PySpider 和 Scrapy 框架进行详细讲解。

知识要点

- ◆ PySpider的安装
- ◆ PySpider的基本使用
- ◆ 使用PySpider爬取目标网站
- ◆ Scrapy的安装
- ◆ Scrapy的基本使用
- ◆ Scrapy的高级用法
- ◆ 使用Scrapy爬取目标网站

10.1 PySpider框架

PySpider 是一个强大的网络爬虫系统，并带有强大的 Web UI。它采用 Python 语言编写，具有分布式架构，并支持多种数据库后端。强大的 Web UI 支持脚本编辑器、任务监视器、项目管理器及结果查看器，使用起来非常方便。PySpider 的官方文档地址参见本书赠送资源文件。

10.1.1 安装 PySpider

PySpider 的安装非常简单，只需使用 pip 命令就可以安装了。这里需要注意的是，目前 PySpider 只支持 32 位系统，这是因为安装 PySpider 前需要先安装一个依赖库 pycurl，而 pycurl 只支持 32 位系统。虽然有些经重新编译过的 pycurl 能够在 64 位系统安装，但并不能保证其完美，可能会无法进行调试。

> **温馨提示：**
>
> 如果是 32 位系统，可按如下方式安装。
>
> （1）安装 pycurl 包：pip install pycurl。
>
> （2）安装 pyspider 包：pip install pyspider。
>
> 如果是 64 位系统，可先下载重新编译过的 pycurl，然后按如下方式安装：
>
> pip install pyspider。

10.1.2 PySpider 的基本功能

PySpider 的基本功能主要有以下几点。

1）提供方便易用的 Web UI 系统，可以通过网页进行可视化的编写和调试爬虫。

2）提供爬取进度监控、爬取结果查看、爬虫项目管理等功能。

3）支持多种后端数据库存储数据，如 MySQL、PostgreSQL、MongoDB、Redis 等。

4）支持多种消息队列，如 RabbitMQ、Beanstalk、Redis、Kombu 等。

5）支持单机和分布式部署，同时也支持 Docker 部署。

PySpider 非常适合爬虫新手入门学习，它简单易上手，如果读者想要快速方便地实现一个页面的抓取，使用 PySpider 不失为一个好的选择。

10.1.3 PySpider 架构

前面了解了什么是 PySpider 框架，下面来介绍它的架构。PySpider 的架构主要分为 Scheduler（调度器）、Fetcher（抓取器）和 Processor（处理器）三部分，整个爬虫受到 Monitor（监控器）的监控，抓取的结果被 Result Worker（结果处理器）处理，如图 10-1 所示。

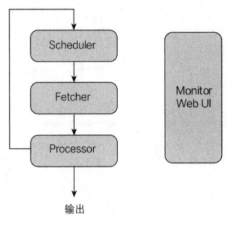

图10-1　PySpider架构图

Scheduler 发起任务调度，Fetcher 负责抓取网页内容，Processor 负责解析网页内容，然后将生成的 Request 发给 Scheduler 进行调度，并将生成的结果提取、输出、保存。PySpider 的任务执行流程逻辑很清晰，具体过程如下。

1）每个 PySpider 的项目对应一个 Python 脚本，该脚本中定义了一个 Handler 类，爬取时首先调用 on_start() 方法生成最初的抓取任务，然后发送给 Scheduler 进行调度。

2）Scheduler 将抓取任务分发给 Fetcher 进行抓取，Fetcher 执行并得到响应，随后将响应发送给 Processor 处理。

3）Processor 处理响应并提取出新的 URL 生成新的抓取任务，然后通过消息队列的方式通知 Scheduler 当前抓取任务的执行情况，并将新生成的抓取任务发送给 Scheduler。若生成了新的提取结果，则将其发送到结果队列等待 Result Worker 进行处理。

4）Scheduler 接收到新的抓取任务后查询数据库，判断其如果是最新的抓取任务或者是需要重试的任务就继续进行调度，然后将其发送回 Fetcher 进行抓取。

5）不断重复以上工作，直到所有的任务都执行完毕，抓取结束。

6）抓取结束后，程序会回调 on_finished() 方法，这里可以定义后处理过程。

10.1.4　第一个 PySpider 爬虫

在对 PySpider 有了大致的了解后，接下来开始进行第一个 PySpider 爬虫的创建编写，具体步骤如下。

步骤❶：打开 cmd 命令行窗口，输入"pyspider"或"pyspider all"命令，然后打开浏览器，在地址栏中输入网址：http://localhost:5000，即可进入 PySpider 的后台，如图 10-2 所示。需要注意的是，cmd 命令行窗口不要关闭。

步骤❷：单击【Create】按钮，在打开的对话框中输入任意名称（有意义即可）。这里输入玩够网的名称，如图 10-3 所示。

图10-2　PySpider启动首页

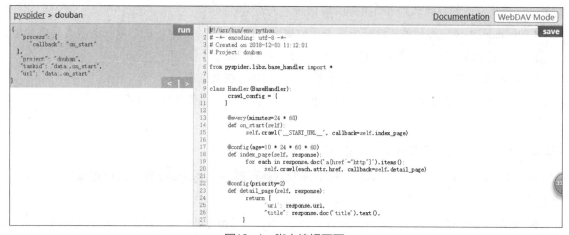

图10-3　创建对话框

步骤❸：单击【Create】按钮，进入脚本编辑页面，如图 10-4 所示。

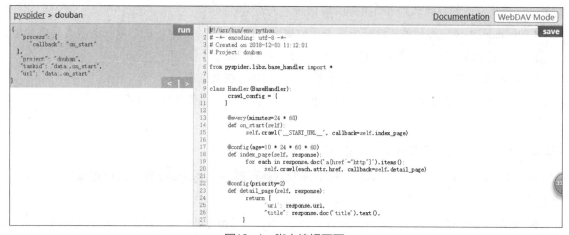

图10-4　脚本编辑页面

创建项目时也自动创建了一个脚本，这里只需改动脚本。如果要爬取玩够网的机场信息，那么可以选择 on_start() 方法设置起始地址，即从这里开始爬取。

步骤❹：改动 on_start() 方法和新增一个 __init__() 方法，代码如下。

```
def __init__(self):
```

```
    self.urls = [
        "www.wego.cn/airports/airport-name/a",
        "www.wego.cn/airports/airport-name/b",
        "www.wego.cn/airports/airport-name/c",
        "www.wego.cn/airports/airport-name/d",
        "www.wego.cn/airports/airport-name/e",
    ]

@every(minutes=24 * 60)
    def on_start(self):
        for url in self.urls:
            self.crawl(url, callback=self.index_page, validate_cert=False)
```

这里新增一个 __init__() 方法，表示初始化一个起始 URL 列表，on_start() 方法中的 callback 就是调用下一个函数开始于起始网页。

步骤 ❺：改动 index_page() 方法。通过浏览器打开起始地址，查询页面如图 10-5 所示。

图10-5　玩够网机场查询页面

从图 10-5 中可以看到，这里的总页数是 A ~ Z 页，可以有选择性地选取 A ~ E 页的 URL 作为起始地址爬取，修改 index_page() 方法，代码如下。

```
@config(age=10 * 24 * 60 * 60)
    def index_page(self, response):
        url_list = re.findall('<li class="extra-item is-hidden">(?:.|\n)+?<a
href="(.+)?">', response.text)
        for item in url_list:
            url = "https://www.wego.cn" + item
            self.crawl(url, callback=self.detail_page, validate_cert=False)
```

这里是从 response.text 通过正则表达式选择需要匹配的元素，也就是匹配出当前页所有机场名称的详情 URL。正则表达式在第 3 章已有相关介绍，也可以根据实际情况替换成其他的选择器，如 XPath 或 CSS 选择器等。

步骤❻：单击任意机场的名称，进入其详情页，如图 10-6 所示。

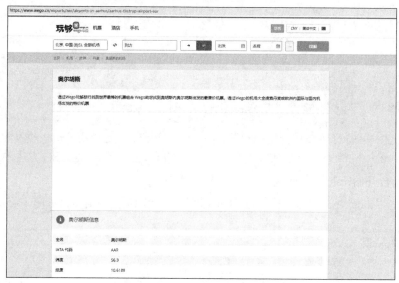

图10-6　机场详情

在该详情页面中可爬取机场全名、IATA 代码、纬度、经度的信息。首先分析页面，按【F12】键或在页面中右击，在弹出的快捷菜单中选择【检查】命令进入元素审查模式，依次审查出机场全名、IATA 代码、纬度、经度的特点，然后再编写正则表达式，如图 10-7 所示。

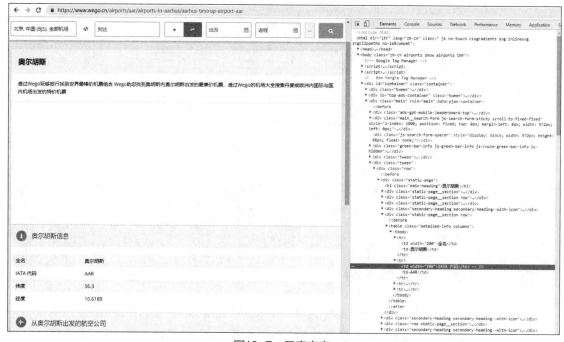

图10-7　元素审查

然后修改 detail_page() 方法，代码如下。

```
@config(priority=2)
def detail_page(self, response):
    print("-----------进入匹配--------------")
    AirportName = re.findall('<tr>\s+<td\swidth="200">全名</td>'
                             '\s+<td>([\s\S+]*?)</td>\s+</tr>', response.text)
    IATA = re.findall('<tr>\s+<td\swidth="200">IATA\s代码</td>'
                      '\s+<td>([\s\S+]*?)</td>\s+</tr>', response.text)
    Latitude = re.findall('<tr>\s+<td\swidth="200">纬度</td>'
                          '\s+<td>([\s\S+]*?)</td>\s+</tr>', response.text)
    Longitude = re.findall('<tr>\s+<td width="200">经度</td>\s+'
                           '<td>([\s\S+]*?)</td>\s+</tr>', response.text)
    return {
        "url": response.url,
        "AirportName": AirportName[0] if AirportName else "无",
        "IATA": IATA[0] if IATA else "无",
        "Latitude": Latitude[0] if Latitude else "无",
        "Longitude": Longitude[0] if Longitude else "无"
    }
```

步骤❼：在脚本编辑页面完成代码编写后，单击页面右上角的【Save】按钮，返回主界面，把爬虫的状态改成 RUNNING 或 DEBUG，然后单击右侧的【Run】按钮，爬虫即可成功启动。

步骤❽：查看爬取结果，在主界面单击【Results】按钮，将进入爬取结果列表，如图 10-8 所示。这里会将结果以表格的形式展现给用户，单击右上角的按钮可以导出为 JSON 和 CSV 等格式。

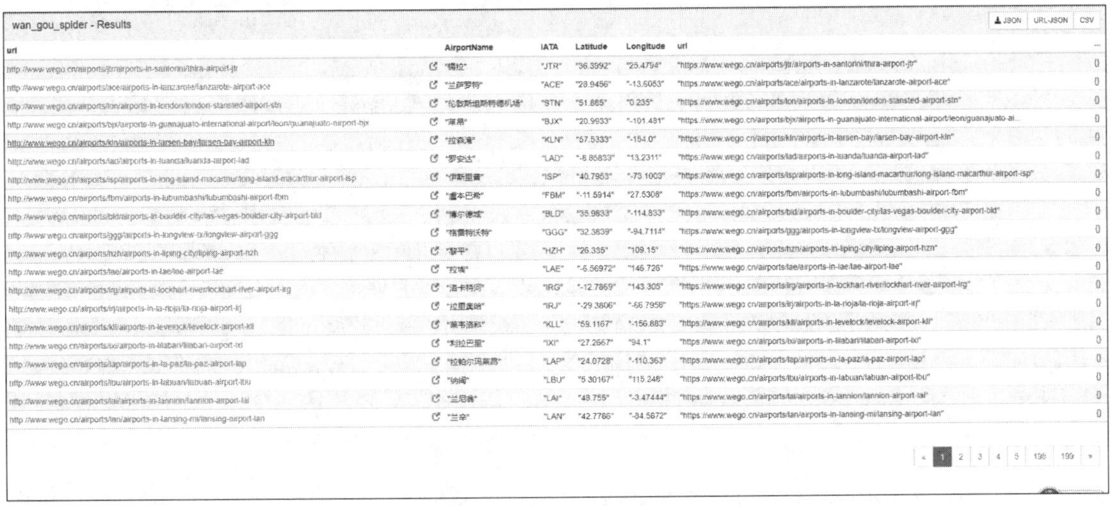

图10-8　爬取结果列表

通过上述步骤，一个简单的 PySpider 爬虫脚本就完成了，完整的代码如下。

```
from pyspider.libs.base_handler import *
import re


class Handler(BaseHandler):
```

```
crawl_config = {
}

def __init__(self):
    self.urls = [
        "www.wego.cn/airports/airport-name/a",
        "www.wego.cn/airports/airport-name/b",
        "www.wego.cn/airports/airport-name/c",
        "www.wego.cn/airports/airport-name/d",
        "www.wego.cn/airports/airport-name/e",
    ]

@every(minutes=24 * 60)
def on_start(self):
    for url in self.urls:
        self.crawl(url, callback=self.index_page, validate_cert=False)

@config(age=10 * 24 * 60 * 60)
def index_page(self, response):

    url_list = re.findall('<li class="extra-item is-hidden">(?:.|\n)+?<a
href="(.+)?">', response.text)
    for item in url_list:
        url = "http://www.wego.cn" + item
        self.crawl(url, callback=self.detail_page, validate_cert=False)

@config(priority=2)
def detail_page(self, response):
    print("-----------进入匹配--------------")
    AirportName = re.findall('<tr>\s+<td\swidth="200">全名</td>'
                             '\s+<td>([\s\S+]*?)</td>\s+</tr>', response.
text)
    IATA = re.findall('<tr>\s+<td\swidth="200">IATA\s代码</td>'
                      '\s+<td>([\s\S+]*?)</td>\s+</tr>', response.text)
    Latitude = re.findall('<tr>\s+<td\swidth="200">纬度</td>'
                          '\s+<td>([\s\S+]*?)</td>\s+</tr>', response.
text)
    Longitude = re.findall('<tr>\s+<td width="200">经度</td>\s+'
                           '<td>([\s\S+]*?)</td>\s+</tr>', response.text)
    return {
        "url": response.url,
        "AirportName": AirportName[0] if AirportName else "无",
        "IATA": IATA[0] if IATA else "无",
        "Latitude": Latitude[0] if Latitude else "无",
        "Longitude": Longitude[0] if Longitude else "无"
    }
```

10.1.5 保存数据到 MySQL 数据库

在爬取数据的过程中，一旦数据量过大，就需要将数据保存到数据库中，因此要确保本机安装了 MySQL 数据库。下面将以 MySQL 为例，介绍如何将爬取的数据保存到数据库中。

步骤❶：修改 10.1.4 节中所编写的爬取玩够网的脚本，在脚本头部加入以下代码。

```
from pyspider.database.mysql.mysqldb import SQL
```

步骤❷：重写 on_result() 方法。PySpider 底层默认帮用户封装了很多数据库保存的方法。这里选择重写保存方法，在脚本中加入以下代码。

```
def on_result(self, result):
    if not result:
        return
    sql = SQL()
    sql.insert('t_dream_xm_project', **result)
```

这段代码的意义为：根据传进来的爬取结果，判断数据是否为空，只有数据不为空，才能将爬取数据插入 "t_dream_xm_project" 表中。

步骤❸：新建一个 py 文件，编写数据脚本，代码如下。

```
from six import itervalues
import pymysql


class SQL:
    # 数据库初始化
    def __init__(self):
        # 数据库连接相关信息
        hosts = '数据库地址'
        username = '数据库用户名'
        password = '数据库密码'
        database = '数据库名'
        charsets = 'utf8'

        self.connection = False
        try:
            self.conn = pymysql.connect(host = hosts, user = username,
                passwd = password, db = database, charset = charsets)
            self.cursor = self.conn.cursor()
            self.cursor.execute("set names " + charsets)
            self.connection = True
        except Exception as ex:
            print("Cannot Connect To Mysql!/n",ex)

    def escape(self, string):
        return '%s' % string
    # 插入数据到数据库
    def insert(self, tablename=None, **values):

        if self.connection:
            tablename = self.escape(tablename)
            if values:
                _keys = ",".join(self.escape(k) for k in values)
                _values = ",".join(['%s',] * len(values))
```

```
                    sql_query = "insert into %s (%s) values (%s)" % (tablename,_
keys,_values)
            else:
                sql_query = "replace into %s default values" % tablename
            try:
                if values:
                    self.cursor.execute(sql_query, list(itervalues(values)))
                else:
                    self.cursor.execute(sql_query)
                self.conn.commit()
                return True
            except Exception as ex:
                return False
```

如果出现 import pymysql 报错，是因为没有安装 PyMySQL 库，而只需使用 pip install pymysql 命令就可以安装。

步骤❹：将新编写的数据库脚本放入 Python 安装目录的 site-packages/pyspider/database/mysql 下。

步骤❺：新建数据库及对应的表，表的字段名称和 PySpider 脚本 detail_page() 方法中 return 返回的字段名称对应。完成此步骤就可以启动服务器进行测试。

要保存到其他数据库，原理是一样的，要重写这个方法。

关于 PySpider 的更多使用方法和示例，有兴趣的读者可以到官方给出的示例代码页面查看（地址参见本书赠送资源文件）。

10.2 Scrapy框架

前面学习了 PySpider 框架，它虽然非常适合入门学习，而且强大的 Web UI 管理端能够满足日常爬虫的大部分需要。但是，它的可定制化程度比较低，在某些情况下不能满足用户实际开发的需求。因此，下面介绍另一个框架——Scrapy 的使用。

Scrapy 是 Python 开发的一个快速、高层次的屏幕抓取和 Web 抓取框架，用于抓取 Web 站点并从页面中提取结构化的数据。Scrapy 用途十分广泛，可用于数据挖掘、监测和自动化测试，而且它仅是一个框架，任何人都可以根据需求进行修改。它提供了多种类型爬虫的基类，如 BaseSpider、sitemap 爬虫等，还提供了 Web 2.0 爬虫的支持。

图 10-9 中展现了 Scrapy 的架构，包括组件及在系统中发生的数据流的概览（箭头

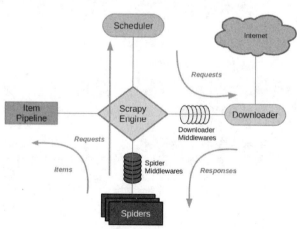

图10-9　Scrapy的架构

所示）。下面对每个组件进行简单介绍，并给出详细内容的链接。

1）Scrapy 引擎（Scrapy Engine）：负责控制数据流在系统的所有组件中流动，并在相应动作发生时触发事件。

2）调度器（Scheduler）：从引擎接受 Requests 并将其入队，以便之后请求它们时提供给引擎。

3）下载器（Downloader）：负责获取页面数据并提供给引擎，然后提供给 Spider。

4）Spiders：指 Scrapy 用户编写用于分析 Responses 并提取 Item（即获取到的 Item）或额外跟进的 URL 的类。每个 Spider 负责处理一个特定（或一些）网站。

5）Item Pipeline：负责处理被 Spider 提取出来的 Item。典型的处理有清理、验证及持久化（如存取到数据库中）。

6）下载器中间件（Downloader Middlewares）：指在引擎及下载器之间的特定钩子（Specific Hook），处理 Downloader 传递给引擎的 Responses。它提供了一个简便的机制，通过插入自定义代码来扩展 Scrapy 功能。

7）Spider 中间件（Spider Middlewares）：指在引擎及 Spider 之间的特定钩子，处理 Spider 的输入（Responses）和输出（Items 及 Requests）。它提供了一个简便的机制，通过插入自定义代码来扩展 Scrapy 功能。

10.2.1　安装 Scrapy

安装 Scrapy 之前，需要确保已经安装了 lxml、OpenSSL 等库。安装 Scrapy 的方法非常简单，使用 pip 命令就可以完成。

不管是在 Windows 操作系统，还是在 Linux 操作系统，直接运行 pip install scrapy 命令即可进行安装。

10.2.2　创建项目

在开始爬取之前，用户必须创建一个新的 Scrapy 项目。进入打算存储代码的目录中，运行下列命令。

```
scrapy startproject tutorial
```

该命令将创建包含下列内容的 tutorial 目录。

```
tutorial/
    scrapy.cfg
    tutorial/
        __init__.py
        items.py
        pipelines.py
        settings.py
        spiders/
            __init__.py
            ...
```

这些文件分别如下。

1）scrapy.cfg：项目的配置文件。

2）tutorial/：该项目的 Python 模块，将在此加入代码。

3）tutorial/items.py：项目中的 item 文件。

4）tutorial/pipelines.py：项目中的 pipelines 文件。

5）tutorial/settings.py：项目的设置文件。

6）tutorial/spiders：放置 spider 代码的目录。

10.2.3　定义 Item

Item 是保存爬取到的数据的容器，其使用方法与 Python 字典类似，并且提供了额外保护机制来避免拼写错误导致的未定义字段错误。

就像在 ORM 中一样，用户可以通过创建一个 scrapy.Item 类，并且定义类型为 scrapy.Field 的类属性来定义一个 Item（此步骤非常简单，即使还不了解 ORM 也能完成）。

根据需要从 dmoz.org 中获取到数据对 Item 进行建模。用户需要从 dmoz 中获取名称、URL 及网站的描述。因此，在 Item 中定义相应的字段，编辑 tutorial 目录中的 items.py 文件，示例代码如下。

```
import scrapy

class DmozItem(scrapy.Item):
    title = scrapy.Field()
    link = scrapy.Field()
    desc = scrapy.Field()
```

刚开始看起来有点复杂，但是通过定义 Item，用户就可以很方便地使用 Scrapy 的其他方法，而这些方法需要知道用户的 Item 定义。

10.2.4　编写第一个爬虫（Spider）

Spider 是用户编写的用于从单个网站（或一些网站）爬取数据的类，其中包含了一个用于下载网页初始 URL 和跟进网页中的链接，以及如何分析页面中的内容、提取生成 Item 的方法等。为了创建一个 Spider，用户必须继承 scrapy.Spider 类，且定义以下 3 个属性。

1）name：用于区别 Spider。该名称必须是唯一的，不能为不同的 Spider 设定相同的名称。

2）start_urls：定义 Spider 开始爬取数据的 URL 列表。后续的 URL 则从初始获取到的 URL 数据中提取。

3）parse()：Spider 的一个方法。被调用时，每个初始 URL 完成下载后生成的 Response 对象将作为唯一的参数传递给该方法。该方法负责解析返回的数据（response data）、提取数据（生成 Item），以及生成需要进一步处理的 URL 的 Request 对象。以下是第一个 Spider 代码，保存在 tutorial/spiders 目录下的 dmoz_spider.py 文件中。

```
import scrapy
```

```
class DmozSpider(scrapy.Spider):
    name = "dmoz"
    allowed_domains = ["runoob.com"]
    start_urls = [
        "https://www.runoob.com/xpath/xpath-examples.html",
        "https://www.runoob.com/bootstrap/bootstrap-tutorial.html"
    ]

    def parse(self, response):
        filename = response.url.split("/")[-2]
        with open(filename, 'wb') as f:
            f.write(response.body)
```

10.2.5　运行爬取

进入项目的根目录，执行下列命令启动 Spider。

```
scrapy crawl dmoz
```

crawl dmoz 启动用于爬取 dmoz.org 的 Spider，得到类似的输出，如图 10-10 所示。

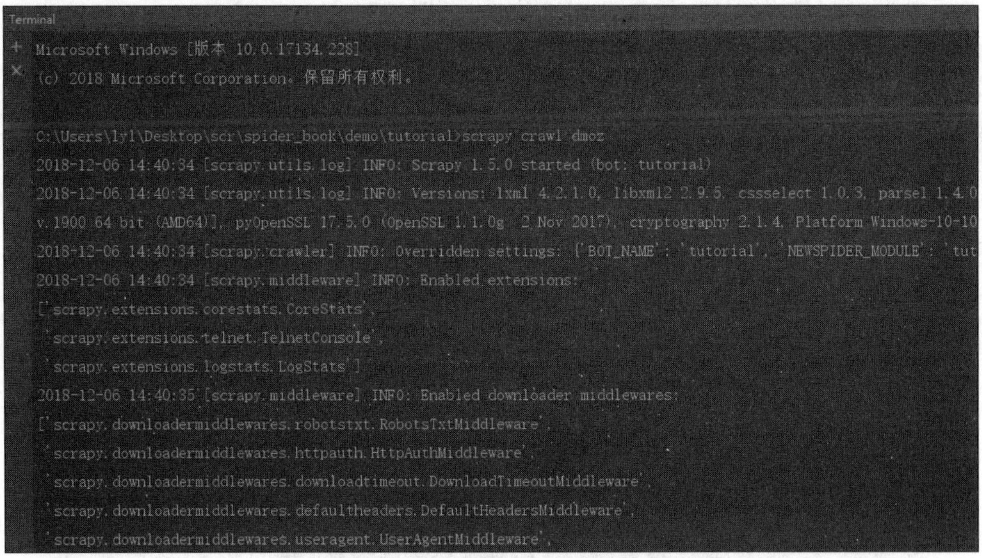

图10-10　运行第一个Scrapy爬虫

查看包含 [dmoz] 的输出，可以看到输出的 log 中包含定义在 start_urls 的初始 URL，并且与 Spider 中的一一对应。在 log 中可以看到其没有指向其他页面 [(referer:None)]。

此外，就像 parse() 方法指定的那样，有两个包含 URL 所对应内容的文件被创建了，即 xpath 和 bootstrap。

Scrapy 为 Spider 的 start_urls 属性中的每个 URL 创建了 scrapy.Request 对象，并将 parse() 方法作为回调函数赋值给了 Request。Request 对象经过调度，执行生成 scrapy.http.Response 对象并返回 Spider parse() 方法。

10.2.6 提取 Item

从网页中提取数据有很多方法。Scrapy 使用了一种基于 XPath 和 CSS 表达式的机制 Scrapy Selectors。此外，还有其他的一些方法，如 re 正则、bs4 等。

下面给出 XPath 表达式的例子及其对应的含义。

1）/html/head/title：选择 HTML 文档 <head> 标签内的 <title> 元素。

2）/html/head/title/text()：选择上面提到的 <title> 元素的文字。

3）//td：选择所有的 <td> 元素。

4）//div[@class="mine"]：选择所有具有 class="mine" 属性的 div 元素。

以上只是几个简单的 XPath 例子，实际上 XPath 要比这些强大很多，在第 3 章已经介绍过相关内容，有需要的读者可以到 W3School 官网查看 XPath 教程。

为了配合 XPath，Scrapy 除了提供 Selector，还提供了方法以避免每次从 response 中提取数据时生成 Selector。Selector 有以下 4 个基本方法。

1）xpath()：传入 XPath 表达式，返回该表达式所对应的所有节点的 selector list 列表。

2）css()：传入 CSS 表达式，返回该表达式所对应的所有节点的 selector list 列表。

3）extract()：序列化该节点为 unicode 字符串并返回 list。

4）re()：根据传入的正则表达式对数据进行提取，返回 unicode 字符串 list 列表。

10.2.7 在 Shell 中尝试 Selector 选择器

为了介绍 Selector 的使用方法，接下来要使用内置的 Scrapy shell 组件。Scrapy shell 需要用户安装好 IPython（一个扩展的 Python 终端）。

用户需要进入项目的根目录，执行下列命令来启动 shell。

```
scrapy shell "https://www.runoob.com/xpath/xpath-examples.html"
```

启动命令后，将输出如图 10-11 所示的页面。

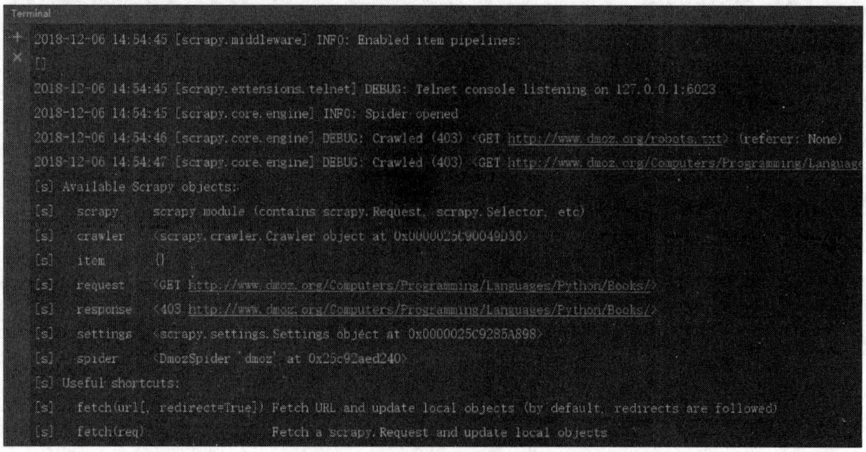

图10-11 测试Selector

当 shell 载入后，将得到一个包含 response 数据的本地 response 变量。输入 response.body 将输出 response 的包体，输出 response.headers 可以看到 response 的包头。

更为重要的是，当输入 response.selector 时，用户将获取到一个可以用于查询返回数据的 Selector（选择器），以及映射到 response.selector.xpath()、response.selector.css() 的快捷方法：response.xpath() 和 response.css()。

同时，shell 根据 response 提前初始化了变量 sel。该 Selector 根据 response 的类型自动选择最合适的分析规则（XML vs HTML）。

10.2.8　提取数据

下面尝试从第 10.2.7 节中获取的页面中提取一部分有用的数据。用户可以在终端中输入 response.body 来观察 HTML 源码并确定合适的 XPath 表达式，也可以考虑使用浏览器来分析，如使用谷歌浏览器。

在查看了网页的源码后，会发现目录菜单都包含在 <ul> 下的 <li> 元素中。用户可以通过以下代码选择该页面网站列表中的所有 <li> 元素。

```
response.xpath('//ul/li')
```

运行结果如图 10-12 所示。

图10-12　提取数据运行结果

从图 10-12 中可以看到，已经选择了很多 <li> 元素下的内容。

每次调用 .xpath() 方法都会返回 Selector List 组成的列表，因此用户可以拼接更多的 .xpath() 来进一步获取某个节点，示例代码如下。

```
for sel in response.xpath('//ul/li'):
    title = sel.xpath('a/text()').extract()
    link = sel.xpath('a/@href').extract()
    print(title, link)
```

在 Spider 中加入以下代码。

```
import scrapy

class DmozSpider(scrapy.Spider):
    name = "dmoz"
    allowed_domains = ["runoob.com"]
    start_urls = [
        "https://www.runoob.com/xpath/xpath-examples.html",
        "https://www.runoob.com/bootstrap/bootstrap-tutorial.html"
    ]

    def parse(self, response):
        for x in response.xpath('//ul/li'):
            print(x.xpath('a/text()').extract())
            print(x.xpath('a/@href').extract())
```

运行结果如图 10-13 所示。

图10-13　XPath匹配运行结果

10.2.9　使用 Item

Item 对象是自定义的 Python 字典。用户可以使用标准的字典语法来获取每个字段（字段即之前用 Field 赋值的属性）的值，示例代码如下。

```
item = DmozItem()
item['title'] = 'Example title'
print(item['title'])
```

运行结果如图 10-14 所示。

图10-14　使用Item运行结果

一般来说，Spider 会将爬取到的数据以 Item 对象返回。所以，为了将爬取的数据返回，最终的代码如下。

```python
import scrapy
from tutorial.items import DmozItem

class DmozSpider(scrapy.Spider):
    name = "dmoz"
    allowed_domains = ["runoob.com"]
    start_urls = [
        "https://www.runoob.com/xpath/xpath-examples.html",
        "https://www.runoob.com/bootstrap/bootstrap-tutorial.html"
    ]

    def parse(self, response):
        for x in response.xpath('//ul/li'):
            item = DmozItem()
            item["title"] = x.xpath('a/text()').extract()
            item["link"] = x.xpath('a/@href').extract()
            yield item
```

运行后，对 runoob.com 进行爬取将产生 DmozItem 对象，如图 10-15 所示。

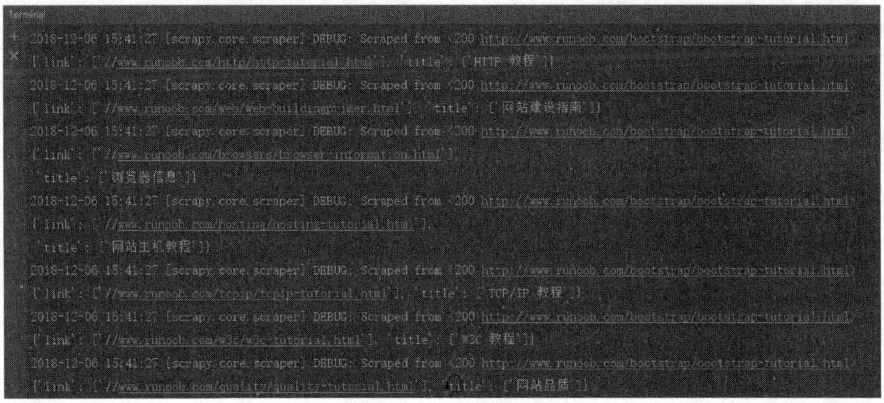

图10-15　运行结果

10.2.10　Item Pipeline

当 Item 在 Spider 中被收集之后，它将被传递到 Item Pipeline 组件，这些组件会按照一定的顺序执行对 Item 的处理。

每个 Item Pipeline 组件都是实现简单方法的 Python 类。它们接收到 Item 并通过它执行一些操作，同时也决定此 Item 是否继续通过 Pipeline，或者被丢弃而不再进行处理。

以下是 Item Pipeline 的一些典型应用。

1）清理 HTML 数据。

2）验证爬取的数据（检查 Item 包含某些字段）。

3）查重（并丢弃）。

4）将爬取结果保存到数据库中。

接下来编写一个自己的 Item Pipeline，并且使每个 Item Pipiline 组件都是一个独立的 Python 类，同时必须实现以下方法。

```
process_item(item, spider)
```

每个 Item Pipeline 组件都需要调用该方法，而且必须返回一个 Item（或任何继承类）对象，或者抛出 DropItem 异常，被丢弃的 Item 将不会被之后的 Pipeline 组件处理。其中，参数为 item（被爬取的 Item）和 spider（爬取该 Item 的 Spider）。

下面的示例使用 Pipeline 丢弃那些没有链接 link 的元素。在 pipelines.py 文件中写入以下代码。

```
from tutorial.items import DmozItem

class TutorialPipeline(object):

    vat_factor = 1.15

    def process_item(self, item, spider):
        if item['link']:
            return item
        else:
            raise DmozItem("link is null in %s" % item)
```

10.2.11　将 Item 写入 JSON 文件

以下 Pipeline 将所有（从所有 Spider 中）爬取到的 Item，存储到一个独立地 items.jl 文件中，每行包含一个序列化为 JSON 格式的 Item。

```
from tutorial.items import DmozItem
import json

class TutorialPipeline(object):

    def __init__(self):
        self.file = open('items.jl', 'wb')

    def process_item(self, item, spider):
        line = json.dumps(dict(item)) + "\n"
        self.file.write(line)
        return item
```

为了启用一个 Item Pipeline 组件，必须将它的类添加到 settings.py 文件中的 ITEM_PIPELINES 配置，其示代码例如下。

```
ITEM_PIPELINES = {
    'tutorial.pipelines.TutorialPipeline': 300,
}
```

再次运行项目，将会把爬取到的数据保存在 items.jl 文件中，如图 10-16 所示，它在根目录生成了一个文件。

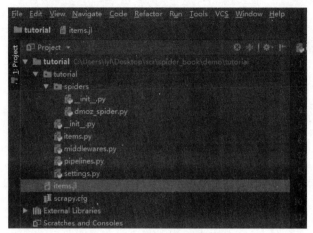

图10-16　生成的items.jl文件

10.2.12　保存数据到数据库

前文介绍了如何把数据保存到文件中，下面把数据保存到数据库中，其操作与保存到文件类似，只需稍微修改即可。例如，下面的示例为将数据保存到 PostgreSQL 数据库中。

```python
from tutorial.items import DmozItem
import json
import psycopg2

'''
通用插入数据方法
data:传入的字典数据，如：{"name":"张三","age":23}
table_name:表名
'''
def insertData(data, table_name):
    conn = psycopg2.connect(database="base_data_inf", user="data_inf_root",
                            password="BASE_root~589",
                            host="127.0.0.1", port="2345")
    cur = conn.cursor()
    try:
        values = []
        columns = []
        for index,item in enumerate(data):
            if data[item]:
                columns.append(item)
                values.append("'{}'".format(data[item]))
        sql = 'insert into {}({}) values({}) '.format(table_name, ",".join(columns), ",".join(values))
        cur.execute(sql)
```

```
    except Exception as ex:
        print(ex)
        return None
    finally:
        conn.commit()
        conn.close()

class TutorialPipeline(object):

    def __init__(self):
        self.file = open('items.jl', 'wb')

    def process_item(self, item, spider):
        data = dict(item)
        # 保存到数据库中
        insertData(data, "tb_test")
        return item
```

运行后即可成功保存数据。Scrapy 支持多种数据库，要根据实际情况选择合适的数据库。

10.3　Scrapy-Splash的使用

前面已经见识到了 Scrapy 的强大之处。但是，Scrapy 也有其不足之处，即没有 JS Engine。因此，它无法爬取 JavaScript 生成的动态网页，只能爬取静态网页。在现代的网络世界中，大部分网页都会采用 JavaScript 来丰富网页的功能，这无疑是 Scrapy 的遗憾之处。那么，如果用户想使用 Scrapy 来爬取动态网页，有没有什么补充的办法呢？那就是使用 Scrapy-Splash 模块。

Scrapy-Splash 模块主要使用了 Splash。在爬虫技术中，Splash 是一个非常重要的工具，它主要用于处理 JavaScript 渲染的网页，能够大大提高爬虫的效率。Splash 其实就是一个 JavaScript 渲染服务，它提供了一个带有 HTTP API 的轻量级浏览器，能够模拟浏览器的行为来渲染网页。Splash 是用 Python 实现的，同时使用 Twisted 和 QT。Twisted（QT）用来让服务具有异步处理能力，以发挥 WebKit 的并发能力。

在学习 Scrapy-Splash 之前，需要先安装它，安装时使用 pip 命令即可。pip 命令如下。

```
pip3 install scrapy-splash
```

安装完 Scrapy-Splash 之后，下面将通过一个实例来讲解如何在 Scrapy 中使用 Splash 进行数据的抓取。

10.3.1　新建项目

新建一个项目，设置项目名为 ScrapyTest，命令如下。

```
scrapy startproject ScrapyTest
```

项目新建好之后，使用 PyCharm 打开该项目，其结构如图 10-17 所示。

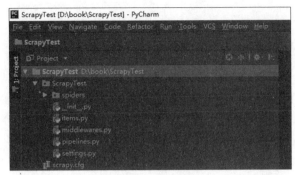

图10-17　项目结构

10.3.2　配置

创建好项目之后，接下来需要在 settings.py 配置文件下添加一些配置，具体步骤如下。

步骤❶：将 splash server 的地址放在 settings.py 文件中，如果是在本地启动的，那地址应该为 http://127.0.0.1:8050，这里地址如下。

```
SPLASH_URL = 'http://127.0.0.1:8050'
```

步骤❷：在下载器中间件 download_middleware() 里启用如下的中间文件，注意启用的顺序。

```
DOWNLOADER_MIDDLEWARES = {
    'scrapy_splash.SplashCookiesMiddleware': 723,
    'scrapy_splash.SplashMiddleware': 725,
    'scrapy.downloadermiddlewares.httpcompression.HttpCompressionMiddleware':
810,
}
```

> **温馨提示：**
>
> scrapy_splash.SplashMiddleware(725) 的顺序是在默认 HttpProxyMiddleware(750) 之前，否则会造成功能的紊乱。
>
> HttpCompressionMiddleware 的优先级和顺序也应该适当地更改一下，这样才能处理请求。

步骤❸：在 settings.py 文件中启用 SplashDeduplicateArgsMiddleware 中间件。

```
SPIDER_MIDDLEWARES = {
    'scrapy_splash.SplashDeduplicateArgsMiddleware': 100,
}
```

步骤❹：设置一个去重的类。

```
DUPEFILTER_CLASS = 'scrapy_splash.SplashAwareDupeFilter'
```

步骤❺：如果使用了 Scrapy HTTP 缓存系统，就需要启用 Scrapy-Splash 的缓存系统：

```
HTTPCACHE_STORAGE = 'scrapy_splash.SplashAwareFSCacheStorage'
```

这里需要注意的是，如果用户在自己的 settings.py 文件中启用 DEFAULT_REQUEST_HEADERS，请务必将其改为注释。

10.3.3　编写爬虫

配置完毕后，接下来在 Spiders 目录下新建爬虫文件用于编写爬虫代码，这里新建了一个 SplashSpider.py 文件。下面以爬取某 CSDN 博客首页的文章列表网页源码为例进行讲解，代码如下。

```python
# -*- coding: utf-8 -*-
from scrapy.spiders import Spider
from scrapy_splash import SplashRequest


class SplashSpider(Spider):
    name = 'scrapy_splash'

    start_urls = [
        'https://blog.csdn.net/qq_32502511'
    ]
    splash_headers={
        "user-agent":"Mozilla/5.0 (Windows NT 10.0; WOW64) AppleWebKit/537.36 "
                    "(KHTML, like Gecko) Chrome/69.0.3497.100 Safari/537.36"
    }
    # request需要封装成SplashRequest
    def start_requests(self):
        for url in self.start_urls:
            yield SplashRequest(
                url,
                self.parse,
                args={'wait': '0.5'},
                method="get",
                splash_headers=self.splash_headers
                )

    def parse(self, response):
        print("---------------获取到的网页源码-------------------" )
        print(response.text)
```

从代码中可以看到，其相对于原来的 Scrapy 用法并没有什么大的改变，只是将请求方法替换成了 SplashRequest() 方法，其他都与原来相同。

10.3.4　运行爬虫

前面讲解 Scrapy 框架时，已经讲过启动爬虫可以在项目根目录下打开 cmd 命令行窗口执行 scrapy crawl 爬虫名称来启动。这里再提供一种启动方式，即编写脚本启动，这样只需运行脚本就可以启动爬虫，不用每次都打开 cmd 命令行窗口。这里在爬虫 ScrapyTest 的根目录下新建一个 run. py 文件，然后写入以下代码。

```
from scrapy import cmdline

cmdline.execute('scrapy crawl scrapy_splash'.split())
```

从以上代码中可以发现，这也是通过命令来运行爬虫，只不过将命令放在脚本中执行，其目的是方便调试和维护。下面运行脚本文件，爬虫就开始启动了，得到的结果如图 10-18 所示，即得到了目标页面的网页源码。获取到网页源码，就可以提取自己想要的数据了。

图10-18　获取网页源码

关于 Scrapy-Splash 的更多详细配置和使用，读者可以参考它的官方文档，具体地址参见本书赠送资源文件。

10.4　新手实训

到这里本章所讲内容已经结束，下面通过两个实训练习来加深印象，希望读者能够认真操作。

实训一：使用 Scrapy 爬取四川麻辣社区提取 <a> 标签内容

四川麻辣社区的地址参见本书赠送资源文件，实现效果如图 10-19 所示。

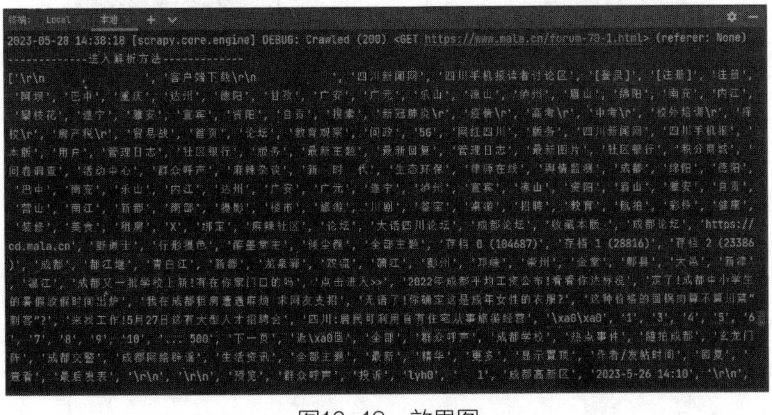

图10-19　效果图

257

参考示例代码如下。

```python
import scrapy
from lxml import etree

class MalaSpider(scrapy.Spider):

    name = "mala_spider"

    def start_requests(self):
        # 定义爬取的链接，列表类型可以有1个或者多个
        urls = [
            "https://www.mala.cn/forum-70-1.html",
            "https://www.mala.cn/forum-70-2.html",
            "https://www.mala.cn/forum-70-3.html"
        ]
        # 循环请求url爬取并将结果提交给parse()方法处理
        for url in urls:
            yield scrapy.Request(url=url, callback=self.parse)

    # 解析请求结果，需要传入一个参数 response
    def parse(self, response):
        print("-------------进入解析方法-------------")
        # print(response.text)
        Html = etree.HTML(response.text)
        # 到这儿就可以进行解析的操作，比如提取新链接、内容等
        data_list =html.xpath("//a/text()")
        print(data_list)
```

实训二：使用 PySpider 爬取 IMDb 电影资料信息

IMDb 是非常有名的电影资料网站，地址参见本书赠送资源文件，首页面如图 10-20 所示。

图10-20　IMDb首页

本实例需要实现爬取这个电影资料信息列表前 5 页的数据。新建一个 PySpider 项目，参考代码如下。

```
from pyspider.libs.base_handler import *
import pymongo

class Handler(BaseHandler):
    client = pymongo.MongoClient('localhost', 27017)
    imdb = client['imdb']
    movie = imdb['movie']

    crawl_config = {
    }

def __init__(self):
self.urls = []
base_url = 'https://www.imdb.com/search/title/?title_type=feature,tv_
series,tv_movie&count=100&start={}'
for i in range(10):
    start = i * 100 + 1
    url = base_url.format(start)
    self.urls.append(url)

    @every(minutes=24 * 60)
    def on_start(self):
        for url in self.urls:
            self.crawl(url, callback=self.parse_detail)


    @config(priority=2)
    def parse_detail(self, response):
        return {
            "url": response.url,
            "title":' response.doc('#main>div>div.lister.list.detail.sub-
list>div>div>div.lister-item-content>h3>a').text(),
            "rate": 'response.doc('#main>div>div.lister.list.detail.sub-
list>div>div>div.lister-item-content>div>div.inline-block.ratings-imdb-
rating>strong').text(),
            "votes": response.doc('#main>div>div.lister.list.detail.sub-
list>div>div>div.lister-item-content>p.sort-num_votes-visible>span').text(),
        }

    def on_result(self, result):
        self.car.insert_one(result)
```

10.5　新手问答

学习完本章内容之后，读者可能会有以下疑问。

1. 在发起请求时，如果出现HTTPError:HTTP 599:SSL certificate problem:self signed certificate in certi…的错误，应该如何解决？

答：此问题的解决方法是忽略证书，并为 crawl() 方法添加参数 validate_cert=False。

2. PySpider定时任务无法顺利进行该怎么办？

答：如果已经修改过 on_start 的装饰器 @every(minute=) 后面的参数，那么 taskbd 一定要清空，否则无法顺利进行定时任务，因为可能出现定时 10 分钟，结果却是定时成 3 分钟或 1 小时的情况。

3. Scrapy框架如何爬取一个需要登录的页面？

答：使用 FormRequest() 方法就可以解决，示例代码如下。

```
import scrapy

class LoginSpider(scrapy.Spider):
    name = 'example.com'
    start_urls = ['http://www.example.com/users/login.php']

    def parse(self, response):
        return scrapy.FormRequest.from_response(
            response,
            formdata={'username': 'john', 'password': 'secret'},
            callback=self.after_login
        )

    def after_login(self, response):
        # check login succeed before going on
        if "authentication failed" in response.body:
            self.logger.error("Login failed")
            return

        # continue scraping with authenticated session...
```

▛ 本章小结

本章学习了 Python 爬虫开发中比较常用的两个框架，详细讲解了 PySpider 框架的基本使用，如爬虫创建、数据抓取、保存到数据库等；以及讲解了 Scrapy 框架的使用，如爬虫创建、数据提取、保存等。通过本章的学习，希望读者重点掌握 Scrapy 和 Scrapy-Splash 的基本使用。在实际工作中，Scrapy 框架用得非常频繁，希望读者多加练习。至于 PySpider 框架，只需了解其使用就可以了。

第11章

部署爬虫

本章导读

　　在实际工作中，当爬虫代码开发完成之后，如果在本地测试通过了，最终还是要发布到服务器上的。本章将讲解如何在服务器上搭建 Python 环境并运行爬虫。实际中常见部署环境为 Linux 或 Docker，本章将重点讲解这两个环境下的爬虫运行。

知识要点

- Linux 系统下的环境搭建
- 上传项目代码到 Linux 系统下运行
- Docker 容器的安装
- Docker 的基本使用
- Docker 下安装 Python 环境并运行爬虫代码

11.1 Linux系统下安装Python 3

Linux 有很多个系列，如红帽、Ubuntu、CentOS、深度等。它们虽然系列不同，但是使用方法都类似，只是在少数命令上有些区别。本章将以 CentOS 7 为例讲解与 Python 爬虫相关的环境搭建与部署。

本节的操作需要配合一台 Linux 系统的计算机或服务器，如云服务器或自己虚拟机中安装的 Linux 等都可以。

11.1.1 安装 Python 3

这里以使用虚拟机中的 CentOS 7 系列为例进行介绍。图 11-1 所示为通过 Xshell 连接的 CentOS 界面。

图11-1 Centos界面

我们开发需要使用 Python 3，但是 Linux 系统下自带的是 Python 2.7 版本。所以，需要安装 Python 3 并且还要将环境隔离开。具体步骤如下。

步骤❶：建立一个 soft 文件夹用来存放下载文件，命令如下。

```
mkdir soft
yum install openssl-devel bzip2-devel expat-devel gdbm-devel readline-devel
sqlite-devel xz gcc zlib zlib-devel
```

步骤❷：进入 soft 路径。

```
cd soft
```

步骤❸：下载 Python 安装包，这里下载的是 Python 3.11.4 版本。

```
wget https://www.python.org/ftp/python/3.11.4/Python-3.11.4.tgz
```

步骤❹：解压下载好的压缩文件。

```
tar -zxvf Python-3.11.4.tgz
```

步骤❺：创建一个存放 Python 3 编译的文件夹。

```
sudo mkdir /usr/local/python3
```

步骤❻：配置编译。分别执行以下命令。

```
sudo mkdir /usr/local/python3
sudo Python-3.11.4/configure --prefix=/usr/local/python311
sudo make
sudo make install
```

步骤❼：安装完之后，检查安装是否正确。如果直接运行 Python 3，就会报错。此时，使用虚拟 virtualenv 隔离环境即可。

11.1.2　安装 virtualenv

在开发 Python 应用程序时，假如系统安装的 Python 3 只有一个版本——3.11 版本，所有第三方的包都会被 pip 安装到 Python 3 的 site-packages 目录下。

如果用户想同时开发多个应用程序，那么这些应用程序都会共用一个 Python，就是安装在系统中的 Python 3。如果应用 A 需要 jinjaz 2.7，而应用 B 需要 jinjaz 2.6 怎么办？

这种情况下，每个应用可能需要拥有一套"独立"的 Python 运行环境。Virtualenv 就是用来为一个应用创建一套"隔离"的 Python 运行环境的工具。

安装 Virtualenv 的步骤如下。

步骤❶：安装 Virtualenv 直接使用 pip 命令就可以了，执行如下命令。

```
pip install virtualenv
```

步骤❷：为目录创建虚拟环境，如这里以 basic_data_api 为目录。

```
virtualenv -p /usr/local/python3/bin/python3 basic_data_api
```

步骤❸：激活虚拟环境。

```
source basic_data_api/bin/activate
```

步骤❹：这个时候就可以执行 Python 命令了。这里进行测试，输入 python 将会看到我们前面安装的 Python 版本信息，如图 11-2 所示。

图11-2　查看Python版本

接下来，用户就可以使用 pip 命令安装其他与项目相关的包了。

11.2　Docker的使用

Docker 是一个开源的应用容器引擎，基于 Go 语言并遵从 Apache 2.0 协议开源。

Docker 可以让开发者打包它们的应用及依赖包到一个轻量级、可移植的容器中，然后发布到任何流行的 Linux 机器上，也可以实现虚拟化。

容器完全使用沙箱机制，相互之间不会有任何接口（类似 iPhone 的 App），更重要的是容器性能开销极低。

本节将讲解 Docker 的基本使用方法。由于前面已经讲过 Docker 的安装，因此这里不再赘述。下面主要讲解 Docker 的基本使用方法和 Python 环境搭建。

11.2.1　DockerHelloWorld

Docker 允许用户在容器内运行应用程序。用 dockerrun 命令在容器内运行一个应用程序，输出 Hello world，命令如下。

```
runoob@runoob:~$ docker run ubuntu:15.10 /bin/echo "Hello world"
Hello world
```

参数说明如下。

1）docker：Docker 的二进制执行文件。

2）run：与前面的 docker 组合运行一个容器。

3）ubuntu:15.10：指定要运行的镜像，Docker 先从本地主机上查找镜像是否存在，如果不存在，Docker 就会从镜像仓库 Docker Hub 下载公共镜像。

4）/bin/echo "Hello world"：在启动的容器中执行的命令。

以上命令可以解释为：Docker 以 Ubuntu 15.10 镜像创建一个新容器，然后在容器中执行 /bin/echo "Hello world"，最后输出结果。

11.2.2　运行交互式的容器

下面通过 Docker 的两个参数 -i 和 -t，让 Docker 运行的容器实现"对话"的能力，命令如下。

```
runoob@runoob:~$ docker run -i -t ubuntu:15.10 /bin/bash
root@dc0050c79503:/#
```

参数说明如下。

1）-t：在新容器内指定一个伪终端或终端。

2）-i：允许对容器内的标准输入（STDIN）进行交互。

此时已进入一个 Ubuntu 15.10 系统的容器，尝试在容器中运行命令 cat /proc/version 和 ls，分别查看当前系统的版本信息和当前目录下的文件列表。可以通过运行 exit 命令或按【Ctrl+D】组合键退出容器。

11.2.3　启动容器（后台模式）

使用以下命令创建一个以进程方式运行的容器。

```
runoob@runoob:~$ docker run -d ubuntu:15.10 /bin/sh -c "while true; do echo hello world; sleep 1; done"
```

在输出中没有看到期望的"hello world"，而是出现一串长字符 2b1b7a428627c51ab8810d

541d759f0 72b4fc75487eed05812646b8534a2fe63，这个长字符串称为容器 ID，对每个容器来说都是唯一的，用户可以通过容器 ID 来查看对应的容器发生了什么。首先需要确认容器正在运行，可以通过 docker ps 命令来查看。

```
runoob@runoob:~$ docker ps
```

然后在容器内使用 docker logs 命令，查看容器内的标准输出，如图 11-3 所示。

```
runoob@runoob:~$ docker logs 2b1b7a428627
```

图11-3　容器内的标准输出

11.2.4　停止容器

要想停止容器，可以使用 docker stop 命令，代码如下。

```
docker stop
```

11.3　Docker安装Python

在 Docker 下安装 Python 的方法主要有以下两种。

11.3.1　docker pull python:3.5

查找 Docker Hub 上的 Python 镜像，输入以下命令，如图 11-4 所示。

```
docker search python
```

```
runoob@runoob:~/python$ docker search python
NAME                          DESCRIPTION                      STARS   OFFICIAL   AUTOMATED
python                        Python is an interpreted,...     982     [OK]
kaggle/python                 Docker image for Python...       33                 [OK]
azukiapp/python               Docker image to run Python ...   3                  [OK]
vimagick/python               mini python                                2        [OK]
tsuru/python                  Image for the Python ...         2                  [OK]
pandada8/alpine-python        An alpine based python image               1        [OK]
1science/python               Python Docker images based on ... 1                 [OK]
lucidfrontier45/python-uwsgi  Python with uWSGI                1                  [OK]
orbweb/python                 Python image                     1                  [OK]
pathwar/python                Python template for Pathwar levels 1                [OK]
rounds/10m-python             Python, setuptools and pip.      0                  [OK]
ruimashita/python             ubuntu 14.04 python              0                  [OK]
tnanba/python                 Python on CentOS-7 image.        0                  [OK]
```

图11-4　查找Python镜像

这里拉取官方的镜像，标签为 3.11。

```
runoob@runoob:~/python$ docker pull python:3.11
```

等待下载完成后，用户即可在本地镜像列表中查到 REPOSITORY 为 python、标签为 3.11 的镜像。

```
runoob@runoob:~/python$ docker images python:3.11
REPOSITORY              TAG             IMAGE ID            CREATED             SIZE
python                  3.11            86cd43f66f4e        9 days ago          920MB
```

11.3.2 通过 Dockerfile 构建

步骤 ❶：创建目录 python，用于存放后面的相关文件。

```
runoob@runoob:~$ mkdir -p ~/python ~/python/myapp
```

步骤 ❷：创建 Dockerfile。myapp 目录将映射为 Python 容器配置的应用目录，进入创建的 Python 目录，创建 Dockerfile。

```
FROM buildpack-deps:bullseye

# 确保本地Python优先于分发的Python
ENV PATH /usr/local/bin:$PATH

# http://bugs.python.org/issue19846
# > At the moment, setting "LANG=C" on a Linux system *fundamentally breaks
Python 3*, and that's not OK.
ENV LANG C.UTF-8

# 运行时依赖
RUN set -eux; \
        apt-get update; \
        apt-get install -y --no-install-recommends \
                libbluetooth-dev \
                tk-dev \
                uuid-dev \
        ; \
        rm -rf /var/lib/apt/lists/*

ENV GPG_KEY A035C8C19219BA821ECEA86B64E628F8D684696D
ENV PYTHON_VERSION 3.11.4

RUN set -eux; \
        \
        wget -O python.tar.xz "https://www.python.org/ftp/python/${PYTHON_
VERSION%%[a-z]*}/Python-$PYTHON_VERSION.tar.xz"; \
        wget -O python.tar.xz.asc "https://www.python.org/ftp/python/${PYTHON_
VERSION%%[a-z]*}/Python-$PYTHON_VERSION.tar.xz.asc"; \
        GNUPGHOME="$(mktemp -d)"; export GNUPGHOME; \
        gpg --batch --keyserver hkps://keys.openpgp.org --recv-keys "$GPG_
KEY"; \
        gpg --batch --verify python.tar.xz.asc python.tar.xz; \
```

```
        gpgconf --kill all; \
        rm -rf "$GNUPGHOME" python.tar.xz.asc; \
        mkdir -p /usr/src/python; \
        tar --extract --directory /usr/src/python --strip-components=1 --file
python.tar.xz; \
        rm python.tar.xz; \
        \
        cd /usr/src/python; \
        gnuArch="$(dpkg-architecture --query DEB_BUILD_GNU_TYPE)"; \
        ./configure \
                --build="$gnuArch" \
                --enable-loadable-sqlite-extensions \
                --enable-optimizations \
                --enable-option-checking=fatal \
                --enable-shared \
                --with-lto \
                --with-system-expat \
                --without-ensurepip \
        ; \
        nproc="$(nproc)"; \
        EXTRA_CFLAGS="$(dpkg-buildflags --get CFLAGS)"; \
        LDFLAGS="$(dpkg-buildflags --get LDFLAGS)"; \
        make -j "$nproc" \
                "EXTRA_CFLAGS=${EXTRA_CFLAGS:-}" \
                "LDFLAGS=${LDFLAGS:-}" \
                "PROFILE_TASK=${PROFILE_TASK:-}" \
        ; \
# https://github.com/docker-library/python/issues/784
# prevent accidental usage of a system installed libpython of the same version
        rm python; \
        make -j "$nproc" \
                "EXTRA_CFLAGS=${EXTRA_CFLAGS:-}" \
                "LDFLAGS=${LDFLAGS:--Wl},-rpath='\$\$ORIGIN/../lib'" \
                "PROFILE_TASK=${PROFILE_TASK:-}" \
                python \
        ; \
        make install; \
        \
# enable GDB to load debugging data: https://github.com/docker-library/python/
# pull/701
        bin="$(readlink -ve /usr/local/bin/python3)"; \
        dir="$(dirname "$bin")"; \
        mkdir -p "/usr/share/gdb/auto-load/$dir"; \
        cp -vL Tools/gdb/libpython.py "/usr/share/gdb/auto-load/$bin-gdb.py";
\
        \
        cd /; \
        rm -rf /usr/src/python; \
        \
```

```
        find /usr/local -depth \
                \( \
                        \( -type d -a \( -name test -o -name tests -o -name
idle_test \) \) \
                        -o \( -type f -a \( -name '*.pyc' -o -name '*.pyo' -o
-name 'libpython*.a' \) \) \
                \) -exec rm -rf '{}' + \
        ; \
        \
        ldconfig; \
        \
        python3 --version

# make some useful symlinks that are expected to exist ("/usr/local/bin/python"
# and friends)
RUN set -eux; \
        for src in idle3 pydoc3 python3 python3-config; do \
                dst="$(echo "$src" | tr -d 3)"; \
                [ -s "/usr/local/bin/$src" ]; \
                [ ! -e "/usr/local/bin/$dst" ]; \
                ln -svT "$src" "/usr/local/bin/$dst"; \
        done

# if this is called "PIP_VERSION", pip explodes with "ValueError: invalid truth
# value '<VERSION>'"
ENV PYTHON_PIP_VERSION 23.1.2
# https://github.com/docker-library/python/issues/365
ENV PYTHON_SETUPTOOLS_VERSION 65.5.1
# https://github.com/pypa/get-pip
ENV PYTHON_GET_PIP_URL https://github.com/pypa/get-pip/raw/0d8570dc44796f4369b
652222cf176b3db6ac70e/public/get-pip.py
ENV PYTHON_GET_PIP_SHA256 96461deced5c2a487ddc65207ec5a9cffeca0d34e7af7ea1afc4
70ff0d746207

RUN set -eux; \
        \
        wget -O get-pip.py "$PYTHON_GET_PIP_URL"; \
        echo "$PYTHON_GET_PIP_SHA256 *get-pip.py" | sha256sum -c -; \
        \
        export PYTHONDONTWRITEBYTECODE=1; \
        \
        python get-pip.py \
                --disable-pip-version-check \
                --no-cache-dir \
                --no-compile \
                "pip==$PYTHON_PIP_VERSION" \
                "setuptools==$PYTHON_SETUPTOOLS_VERSION" \
        ; \
        rm -f get-pip.py; \
```

```
        \
        pip --version
CMD ["python3"]
```

步骤❸：通过 Dockerfile 创建一个镜像，并替换成用户的名称。

```
runoob@runoob:~/python$ docker build -t python:3.11 .
```

步骤❹：创建完成后，用户就可以在本地的镜像列表中查找到刚刚创建的镜像。

```
runoob@runoob:~/python$ docker images python:3.11
REPOSITORY      TAG      IMAGE ID        CREATED              SIZE
python          3.11     4357462937ba    About a minute ago   920 MB
```

11.3.3　使用 python 镜像

在 ~ /python/myapp 目录下创建一个 helloworld.py 文件，代码如下。

```
#!/usr/bin/python

print("Hello, World!");
```

运行容器，命令如下。

```
runoob@runoob:~/python$ docker run -v $PWD/myapp:/usr/src/myapp -w /usr/src/
myapp python:3.11 python helloworld.py
```

命令说明如下。

1）-v $PWD/myapp:/usr/src/myapp：将主机中当前目录下的 myapp 挂载到容器的 /usr/src/myapp。

2）-w /usr/src/myapp：指定容器的 /usr/src/myapp 目录为工作目录。

3）python helloworld.py：使用容器的 python 命令来执行工作目录中的 helloworld.py 文件。

输出结果如下。

```
Hello,World!
```

至此，Python 安装完成，下面可以继续使用 pip 命令安装与爬虫项目相关的包，把爬虫代码托上去即可。

11.4　Docker安装MySQL

使用 Docker 安装 MySQL，可以通过 docker pull mysql 命令进行安装。查找 Docker Hub 上的 mysql 镜像，输入 "docker search mysql" 命令，如图 11-5 所示。

```
runoob@runoob:/mysql$ docker search mysql
NAME                    DESCRIPTION                              STARS   OFFICIAL   AUTOMATED
mysql                   MySQL is a widely used, open-source relati... 2529  [OK]
mysql/mysql-server      Optimized MySQL Server Docker images. Crea... 161             [OK]
centurylink/mysql       Image containing mysql. Optimized to be li... 45              [OK]
sameersbn/mysql                                                  36              [OK]
google/mysql            MySQL server for Google Compute Engine    16              [OK]
appcontainers/mysql     Centos/Debian Based Customizable MySQL Con... 8              [OK]
marvambass/mysql        MySQL Server based on Ubuntu 14.04        6              [OK]
drupaldocker/mysql      MySQL for Drupal                          2              [OK]
azukiapp/mysql          Docker image to run MySQL by Azuki - http:... 2            [OK]
...
```

图11-5　查找mysql镜像

这里拉取官方的镜像，标签为 5.6。

```
runoob@runoob:~/mysql$ docker pull mysql:5.6
```

等待下载完成后，用户即可在本地镜像列表中查到 REPOSITORY 为 mysql、标签为 5.6 的镜像。

```
runoob@runoob:~/mysql$ docker images |grep mysql
mysql                   5.6                     2c0964ec182a            3 weeks ago
329 MB
```

本章小结

　　本章主要讲解了在企业实际开发中爬虫的部署环境搭建，企业中爬虫一般都是部署在 Linux 或 Docker 环境下。所以，本章主要针对这两个环境讲解搭建爬虫需要的 Python 安装，读者可以根据自己的需要选择安装环境。

第12章

数据分析与可视化

本章导读

前面已经学习了大部分关于爬虫开发的相关知识，并且能够顺利地编写爬虫获取数据并保存到文本文件或数据库中。数据，最终是要发挥它的作用。例如，有人会拿它从各个维度分析，以便从中挖掘出有价值的线索；也有人会将它清洗后，应用到自己的系统中做数据支撑等。但是，这些数据往往都是参差不齐的，有时会从不同的地方获取数据。这时如果要使用这些数据，就需要做一些处理，让数据格式统一。因此，还需要掌握一些关于数据分析和数据清洗的技能。

本章将讲解一些常用的数据处理和分析方面的知识，如 NumPy、Pandas 数据清洗、Matplotlib 等的基本用法。

知识要点

- NumPy的基本使用方法
- Pandas数据清洗
- NumPy Matplotlib基本绘图
- pyecharts数据可视化的基本使用方法

12.1 NumPy的使用

NumPy（Numerical Python）是 Python 语言的一个扩展程序库，支持大量的维度数组与矩阵运算，同时也针对数组运算提供大量的数学函数库。

NumPy 的前身 Numeric 最早由吉姆·休格林（Jim Hugunin）与其他协作者共同开发。2005 年，特拉维斯·奥利芬特（Travis Oliphant）在 Numeric 中结合了另一个同性质的程序库 Numarray 的特色，并加入了其他扩展而开发了 NumPy。同时，NumPy 作为开放源代码由许多协作者共同维护开发。

NumPy 是一个运行速度非常快的数学函数库，主要用于数组计算，包括以下几个部分。

1）一个强大的 N 维数组对象 ndarray。

2）广播功能函数。

3）整合 C/C++/Fortran 代码的工具。

4）线性代数、傅里叶变换、随机数生成。

12.1.1 NumPy 安装

在学习 NumPy 之前，需要先安装它，安装 NumPy 最简单的方法就是使用 pip 工具。pip 安装命令如下。

```
python -m pip install --user numpy scipy matplotlib ipython jupyter pandas
sympy nose
```

安装完成后，还要测试是否安装成功。新建 py 文件并输入以下代码进行测试，如果出现如图 12-1 所示的运行结果，则证明安装成功。

```
from numpy import *


print(eye(4))
```

图12-1　测试Numpy是否安装成功

12.1.2 NumPy ndarray 对象

NumPy 最重要的一个特点是其 N 维数组对象 ndarray，它是一系列同类型数据的集合，并以 0

下标为开始进行集合中元素的索引。ndarray 内部由以下内容组成。

1）一个指向数据（内存或内存映射文件中的一块数据）的指针。

2）数据类型或 dtype，描述在数组中固定大小值的格子。

3）一个表示数组形状（shape）的元组，即表示各维度大小的元组。

4）一个跨度元组（stride），其中的整数指的是为了前进到当前维度下一个元素需要"跨过"的字节数。

ndarray 的内部结构如图 12-2 所示，跨度可以是负数，这样会使数组在内存中后向移动，切片中 obj[::-1] 或 obj[:,::-1] 就是如此。创建一个 ndarray，只需调用 NumPy 的 array 函数即可。

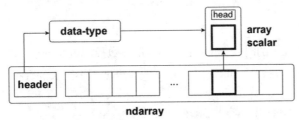

图12-2　ndarray内部结构

NumPy 的 array 函数的相关语法格式如下。

```
numpy.array(object, dtype = None, copy = True, order = None, subok = False,
ndmin = 0)
```

参数说明如下。

1）object：数组或嵌套的数列。

2）dtype：数组元素的数据类型，可选参数。

3）copy：对象是否需要复制，可选参数。

4）order：创建数组的样式，C 为行方向，F 为列方向，A 为任意方向（默认）。

5）subok：默认返回一个与基类类型一致的数组。

6）ndmin：指定生成数组的最小维度。

接下来通过以下实例来帮助读者更好地理解相关内容。

1. 创建一维数组

一维数组是由相同类型的元素（如整型、字符型等）组合在一起的一组数据。可以把一维数组想象成一个线性的列表或队列，其中每个元素都有一个唯一的索引（或下标）来表示其位置。构建一维数组的示例代码如下。

```
import numpy as np

a = np.array([1,2,3])
print (a)
```

运行后输出结果为：

```
[1,2,3]
```

2. 创建多于一个维度的数组

多个一维数组可以组合在一起，用来表示更复杂的数据结构，比如矩阵、表格或更高维的数据。下面是构建二维数组的示例代码。

```
import numpy as np

a = np.array([[1, 2], [3, 4]])
print (a)
```

运行后输出结果为：

```
[[1,2]
[3,4]]
```

3. 创建最小维度的数组

在使用 NumPy 构建数组的时候，可以通过 ndmin 参数控制数组的最小维度。下面的示例代码中，通过将 ndmin 参数的值设置成 2，可以让 NumPy 生成维度不小于 2 的数据。

```
import numpy as np
a = np.array([1, 2, 3, 4, 5], ndmin=2)
print(a)
```

运行后输出结果为：

```
[[1,2,3,4,5]]
```

12.1.3　NumPy 数据类型

NumPy 支持的数据类型比 Python 内置的类型要多，基本上可以和 C 语言的数据类型对应上，其中部分类型对应为 Python 内置的类型。表 12-1 列举了常用 NumPy 的基本类型。

表12-1　基本类型

名称	描述
bool_	布尔型数据类型（True或者False）
int_	默认的整数类型（类似于C语言中的long，一般是int32或int64）
intc	与C语言的int类型一样，一般是int32或int64
intp	用于索引的整数类型（类似于C语言的ssize_t，一般是int32或int64）
int8	字节（-128～127）
int16	整数（-32768～32767）
int32	整数（-2147483648～2147483647）
int64	整数（-9223372036854775808～9223372036854775807）
uint8	无符号整数（0～255）
uint16	无符号整数（0～65535）
uint32	无符号整数（0～4294967295）

续表

名称	描述
uint64	无符号整数（0～18446744073709551615）
float_	float64类型的简写
float16	半精度浮点数，包括1个符号位、5个指数位和10个尾数位
float32	单精度浮点数，包括1个符号位、8个指数位和23个尾数位
float64	双精度浮点数，包括1个符号位、11个指数位和52个尾数位
complex_	complex128类型的简写，即128位复数
complex64	复数，表示双32位浮点数（实数部分和虚数部分）
complex128	复数，表示双64位浮点数（实数部分和虚数部分）

NumPy 的数据类型实际上是 dtype 对象的实例，并对应唯一的字符，包括 np.bool_、np.int32、np.float32 等。

数据类型对象（dtype）用来描述与数组对应的内存区域是如何使用的，主要表现在以下几个方面。

1）数据的类型（整数、浮点数或 Python 对象）。

2）数据的大小（例如，整数使用多少字节存储）。

3）数据的字节顺序（小端法或大端法）。

4）在结构化类型的情况下，字段的名称、每个字段的数据类型和每个字段所取内存块的部分。

5）如果数据类型是子数组，则为它的形状和数据类型。

下面通过实例进行说明。

1. 使用标量数据类型

下面示例代码以 int32 类型为例，演示了如何定义特定的标量数据类型。

```
import numpy as np

dt = np.dtype(np.int32)
print(dt)
```

运行后输出结果为：

```
int32
```

2. 数据类型的简易表示法

NumPy 中的 int8、int16、int32 和 int64 四种数据类型可以分别使用字符串 'i1'、'i2'、'i4' 和 'i8' 代替，使编码时候更加方便。下面是以 i4 作为示例的代码。

```
import numpy as np

dt = np.dtype('i4')
print(dt)
```

运行后输出结果为：

```
int32
```

3. 字节顺序标注

字节顺序是指计算机系统如何在内存中存储多字节数据（如整数和浮点数）的顺序。字节顺序有两种主要的格式：第一种为大端字节序，即最高有效字节存储在最低的内存地址处；第二种为小端字节序，即最低有效字节存储在最低的内存地址处。在 NumPy 中，数据类型字符串可以用来指定数据类型的大小和字节顺序。格式通常为 '< 字节序符号 >< 类型符号 >< 字节数 >'，下面示例代码定义了一个大端（>）的 32 位整数（i4）类型。

```
import numpy as np

dt = np.dtype('>i4')
print(dt)
```

运行后输出结果为：

```
int32
```

4. 创建结构化数据类型

结构化数据类型允许我们定义具有不同数据类型的字段的复合数据结构，类似于数据库中的表结构或者 C 语言中的结构体，每个字段都有一个名字和一个数据类型。下面的示例代码定义了一个 int8 类型且名字为 age 的数据类型。

```
import numpy as np
dt = np.dtype([('age',np.int8)])
print(dt)
```

运行后输出结果为：

```
[('age','i1')]
```

5. 将数据类型应用于ndarray对象

在创建 ndarray 对象时，可通过参数指定数据类型，以创建指定数据类型的 ndarray 对象。示例代码如下。

```
import numpy as np

dt = np.dtype([('age', np.int8)])
a = np.array([(10,), (20,), (30,)], dtype=dt)
print(a)
```

运行后输出结果为：

```
[(10,)(20,)(30,)]
```

6. 类型字段名可用于存取实际的age列

对于应用的结构化数据类型的数组，可以直接使用字段名读取对应的值，示例代码如下。

```
import numpy as np

student = np.dtype([('name', 'S20'), ('age', 'i1'), ('marks', 'f4')])
print(student)
```

```
students_data = np.array([('Alice', 21, 85.5), ('Bob', 22, 90.0), ('Charlie',
23, 95.5)], dtype=student)

# 打印整个结构化数组
print(students_data)

# 访问 'age' 列
print(students_data['age'])
```

运行后输出结果为：

```
[('name', 'S20'), ('age', 'i1'), ('marks', '<f4')]
[(b'Alice', 21, 85.5) (b'Bob', 22, 90. ) (b'Charlie', 23, 95.5)]
[21 22 23]
```

12.1.4　数组属性

NumPy 数组的维数称为秩（rank），一维数组的秩为 1，二维数组的秩为 2，以此类推。在 NumPy 中，每一个线性数组称为一个轴（axis），也就是维度（dimensions）。例如，二维数组相当于两个一维数组，其中第一个一维数组中每个元素又是一个一维数组。所以一维数组就是 NumPy 中的轴，第一个轴相当于底层数组，第二个轴是底层数组中的数组，而轴的数量——秩，就是数组的维数。

很多时候可以声明 axis。若 axis=0，则表示沿着第 0 轴进行操作，即对每一列进行操作；若 axis=1，则表示沿着第 1 轴进行操作，即对每一行进行操作。NumPy 数组中比较重要的 ndarray 对象属性如表 12-2 所示。

表12-2　ndarray对象属性

名称	描述
ndarray.ndim	秩，即轴的数量或维度的数量
ndarray.shape	数组的维度，对于应矩阵的n行m列
ndarray.size	数组元素的总个数，相当于.shape中n×m的值
ndarray.dtype	ndarray对象的元素类型
ndarray.itemsize	ndarray对象中每个元素的大小，以字节为单位
ndarray.flags	ndarray对象的内存信息
ndarray.real	ndarray元素的实部
ndarray.image	ndarray元素的虚部
ndarray.data	包含实际数组元素的缓冲区，由于一般通过数组的索引获取元素，所以通常不需要使用此属性

下面看几个常用属性的示例。

1. ndarray.ndim

ndarray.ndim 用于返回数组的维数，等于秩。示例代码如下。

```
import numpy as np
```

```
a = np.arange(24)

print (a.ndim)                    # a现在只有一个维度
# 现在调整其大小
b = a.reshape(2,4,3)   # b现在拥有三个维度
print (b.ndim)
```

运行后输出结果为：

```
1
3
```

2. ndarray.shape

ndarray.shape 表示数组的维度，返回一个元组，该元组的长度就是维度的数目，即 ndim 属性（秩）。例如，一个二维数组，其维度表示"行数"和"列数"。ndarray.shape 也可以用于调整数组大小。示例代码如下。

```
import numpy as np

a = np.array([[1,2,3],[4,5,6]])
print (a.shape)
```

运行后输出结果为：

```
(2,3)
```

可通过直接修改数组的 shape 属性来调整数组大小，示例代码如下。

```
import numpy as np

a = np.array([[1,2,3],[4,5,6]])
a.shape =   (3,2)
print (a)
```

运行后输出结果为：

```
[[1 2]
[3 4]
[5 6]]
```

也可以通过数组的 reshape() 方法来调整数组大小，示例代码如下。

```
import numpy as np


a = np.array([[1,2,3],[4,5,6]])
b = a.reshape(3,2)
print (b)
```

运行后输出结果为：

```
[[1,2]
[3,4]
[5,6]]
```

3. ndarray.itemsize

ndarray.itemsize 以字节的形式返回数组中每一个元素的大小。例如，一个元素类型为 float64 的数组 itemsiz 属性值为 8（float64 占用 64bit，每个字节长度为 8，所以占用 8 字节）；又如，一个元素类型为 complex32 的数组 item 属性为 4（32/8）。示例代码如下。

```
import numpy as np

# 数组的 dtype 为 int8（1字节）
x = np.array([1,2,3,4,5], dtype = np.int8)
print (x.itemsize)

# 数组的 dtype 现在为 float64（8字节）
y = np.array([1,2,3,4,5], dtype = np.float64)
print (y.itemsize)
```

运行后输出结果为：

```
1
8
```

4. ndarray.flags

ndarray.flags 返回 ndarray 对象的内存信息，包含以下属性。

1）C_CONTIGUOUS(C)：数据是在一个单一的 C 风格的连续段中。

2）F_CONTIGUOUS(F)：数据是在一个单一的 Fortran 风格的连续段中。

3）OWNDATA(O)：数组拥有它所使用的内存或从另一个对象中借用它。

4）WRITEABLE(W)：数据区域可以被写入，将该值设置为 False，则数据为只读。

5）ALIGNED(A)：数据和所有元素都适当地对齐到硬件上。

6）UPDATEIFCOPY(U)：该数组是其他数组的一个副本，当其被释放时，原数组的内容将被更新。

ndarray.flags 的示例代码如下。

```
import numpy as np

x = np.array([1,2,3,4,5])
print (x.flags)
```

运行后输出结果为：

```
C_CONTIGUOUS : True
F_CONTIGUOUS : True
OWNDATA : True
WRITEABLE : True
ALIGNED : True
WRITEBACKIFCOPY : False
UPDATEIFCOPY : False
```

12.1.5　NumPy 创建数组

前面已经对 NumPy 和数组有了初步的认识。ndarray 数组除了可以使用底层 ndarray 构造器来创建，还可以通过以下几种方式来创建。

1. numpy.empty()

numpy.empty() 方法用来创建一个指定形状（shape）、数据类型（dtype）且未初始化的数组，相关语法格式如下。

```
numpy.empty(shape, dtype = float, order = 'C')
```

numpy.empty() 方法的参数说明如下。

1）shape：数组形状。

2）dtype：数据类型，可选参数。

3）order：有 'C' 和 'F' 两个选项，分别代表行优先和列优先，即在计算机内存中存储元素的顺序。

下面是一个创建空数组的实例，这里需要注意的是，数组元素为随机值，因为它们未初始化。

```
import numpy as np
x = np.empty([3, 2], dtype=int)
print(x)
```

运行后输出结果为：

```
[[ 6917529027641081856  5764616291768666155]
 [ 6917529027641081859 -5764598754299804209]
 [          4497473538       844429428932120]]
```

2. numpy.zeros()

接下来用 numpy.zeros() 方法创建指定大小的数组，数组元素以 0 来填充，相关语法格式如下。

```
numpy.zeros(shape, dtype = float, order = 'C')
```

numpy.zeros() 方法的参数说明如下。

1）shape：数组形状。

2）dtype：数据类型，可选参数。

3）order：'C' 用于 C 的行数组，或者 'F' 用于 Fortran 的列数组。

numpy.zeros() 方法的示例代码如下。

```
import numpy as np

# 默认为浮点数
x = np.zeros(5)
print(x)

# 设置类型为整数
y = np.zeros((5,), dtype = np.int)
print(y)

# 自定义类型
z = np.zeros((2,2), dtype = [('x', 'i4'), ('y', 'i4')])
print(z)
```

运行后输出结果为：

```
[0. 0. 0. 0. 0.]
[0 0 0 0 0]
[[(0, 0) (0, 0)]
 [(0, 0) (0, 0)]]
```

3. numpy.ones()

接下来用 numpy.ones() 方法创建指定形状的数组，数组元素以 1 来填充，相关语法格式如下。

```
numpy.ones(shape, dtype = None, order = 'C')
```

numpy.ones() 方法的参数说明如下。

1）shape：数组形状。

2）dtype：数据类型，可选参数。

3）order：'C' 用于 C 的行数组，或者 'F' 用于 Fortran 的列数组。

numpy.ones() 方法的示例代码如下。

```
import numpy as np

# 默认为浮点数
x = np.ones(5)
print(x)

# 自定义类型
x = np.ones([2,2], dtype = int)
print(x)
```

运行后输出结果为：

```
[1. 1. 1. 1. 1.]
[[1 1]
 [1 1]]
```

12.1.6　NumPy 切片和索引

ndarray 对象的内容可以通过索引或切片来访问和修改，与 Python 中 list 的切片操作一样。ndarray 数组可以基于 0 ~ n 的下标进行索引，切片对象可以通过内置的 slice() 方法，并对 start、stop 及 step 参数进行设置，从原数组中切割出一个新数组，示例代码如下。

```
import numpy as np

a = np.arange(10)
s = slice(2,7,2)      # 从索引2开始到索引7停止，间隔为2
print (a[s])
```

运行后输出结果为：

```
[2 4 6]
```

以上示例中，首先通过 arange() 方法创建 ndarray 对象，然后分别设置起始、终止和步长的参数为 2、7 和 2。此外，也可以通过冒号分隔切片参数 start:stop:step 来进行切片操作，示例代码如下。

```
import numpy as np
```

```
a = np.arange(10)
b = a[2:7:2]    # 从索引2开始到索引7停止，间隔为2
print(b)
```

运行后输出结果为：

```
[2 4 6]
```

冒号（:）的解释：如果只放置一个参数，如 [2]，那么将返回与该索引相对应的单个元素。如果为 [2:]，表示从该索引开始以后的所有项都将被提取。如果使用了两个参数，如 [2:7]，那么将提取两个索引（不包括停止索引）之间的项。示例代码如下。

```
import numpy as np

a = np.arange(10)  # [0 1 2 3 4 5 6 7 8 9]
b = a[5]
print(b)
```

运行后输出结果为：

```
5
```

对于多维数组同样适用上述索引提取方法，示例代码如下。

```
import numpy as np

a = np.array([[1, 2, 3], [3, 4, 5], [4, 5, 6]])
print(a)
# 从某个索引处开始切割
print('从数组索引a[1:]处开始切割')
print(a[1:])
```

运行后输出结果为：

```
[[1 2 3]
 [3 4 5]
 [4 5 6]]
从数组索引a[1:]处开始切割
[[3 4 5]
 [4 5 6]]
```

切片还可以包括省略号（...），以使选择元组的长度与数组的维度相同。如果在行位置使用省略号，那么将返回包含行中元素的 ndarray，示例代码如下。

```
import numpy as np

a = np.array([[1,2,3],[3,4,5],[4,5,6]])
print (a[...,1])     # 第2列元素
print (a[1,...])     # 第2行元素
print (a[...,1:])    # 第2列及剩下的所有元素
```

运行后输出结果为：

```
[2 4 5]
[3 4 5]
```

```
[[2 3]
 [4 5]
 [5 6]]
```

关于切片的常用方法就是这些，其他与 Python 中的用法是一样的，使用起来非常简单。

12.1.7　数组的运算

NumPy 专为科学计算而生，下面介绍数组的运算。数组支持常规的算术运算，NumPy 包含完整的基本数学函数，这些函数在数组的运算上发挥了很大的作用。一般来说，数组所有的操作都是以元素的对应方式实现的，也同时应用于数组的所用元素，且一一对应，示例代码如下。

```
import numpy as np

arr1 = np.arange(4)
arr2 = np.arange(10, 14)
print(arr1 + arr2)
```

运行后输出结果为：

```
[10 12 14 16]
```

值得注意的是，即使是乘法运算，在 NumPy 中也是按照逐元素对应的方式进行计算，这与线性代数的矩阵乘法不同，示例代码如下。

```
import numpy as np

arr1 = np.arange(4)
arr2 = np.arange(10, 14)
print(arr1 * arr2)
```

上述代码表示数组与数组相乘，运行后输出结果为：

```
[ 0 11 24 39]
```

再来看数组与数字相乘，示例代码如下。

```
import numpy as np

arr1 = np.arange(4)
print(arr1 * 1.5)
```

运行后输出结果为：

```
[0.  1.5 3.  4.5]
```

NumPy 提供了完整的数学函数，并且可以在整个数组上运行，其中包括对数、指数、三角函数和双曲三角函数等。此外，SciPy 还在 scipy.special 模块中提供了一个丰富的特殊函数库，具有贝塞尔、艾里等古典特殊功能。例如，在 0 的 2π 之间的正弦函数上采集 20 个点，其实现代码如下。

```
import numpy as np

x = np.linspace(0, 2*np.pi, 20)
y = np.sin(x)
```

```
print(y)
```

运行后输出结果为：

```
[ 0.00000000e+00   3.24699469e-01   6.14212713e-01   8.37166478e-01
  9.69400266e-01   9.96584493e-01   9.15773327e-01   7.35723911e-01
  4.75947393e-01   1.64594590e-01  -1.64594590e-01  -4.75947393e-01
 -7.35723911e-01  -9.15773327e-01  -9.96584493e-01  -9.69400266e-01
 -8.37166478e-01  -6.14212713e-01  -3.24699469e-01  -2.44929360e-16]
```

12.1.8 NumPy Matplotlib

Matplotlib 是 Python 的绘图库，它既可与 NumPy 一起使用，提供一种有效的 MATLAB 开源替代方案，也可以和图形工具包一起使用，如 PyQt 和 wxPython。

在以下示例中，np.arange() 函数生成一个从 1 到 10 的数组，并将该数组存储在变量 x 中作为 x 轴的值。随后，y 轴的值通过对 x 中的每个值进行线性变换（乘以 2 并加上 5）生成，结果存储在变量 y 中。这些生成的 x 和 y 数据被传递给 Matplotlib 软件包中的 plot() 函数，绘制成一个线性图，并通过 show() 函数显示。

```
import numpy as np
from matplotlib import pyplot as plt

x = np.arange(1, 11)
y = 2 * x + 5
plt.title("Matplotlib demo")
plt.xlabel("x axis caption")
plt.ylabel("y axis caption")
plt.plot(x, y)
plt.show()
```

运行结果如图 12-3 所示。

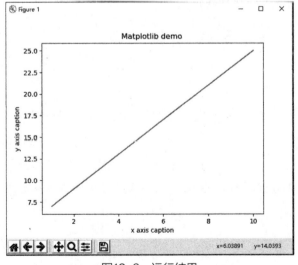

图12-3　运行结果

1. 图形中文显示

Matplotlib 默认情况不支持中文，可以使用以下简单的方法来解决。

首先下载字体（注意系统），下载地址参见本书赠送资源文件，然后将下载好的 SimHei.ttf 文件放在当前执行的代码文件中。

```python
import numpy as np
from matplotlib import pyplot as plt
import matplotlib

# fname指定字体库路径，注意SimHei.ttf字体的路径
zhfont1 = matplotlib.font_manager.FontProperties(fname="SimHei.ttf")

x = np.arange(1, 11)
y = 2 * x + 5
plt.title("中文测试 - 测试", fontproperties=zhfont1)

# fontproperties设置中文显示，fontsize设置字体大小
plt.xlabel("x 轴", fontproperties=zhfont1)
plt.ylabel("y 轴", fontproperties=zhfont1)
plt.plot(x, y)
plt.show()
```

运行结果如图 12-4 所示。

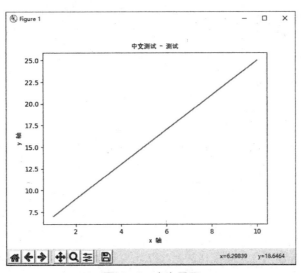

图12-4 中文显示

此外，还可以使用系统的字体。代码如下。

```python
from matplotlib import pyplot as plt
import matplotlib

a = sorted([f.name for f in matplotlib.font_manager.fontManager.ttflist])

for i in a:
```

```
    print(i)
```

打印出 font_manager 中 ttflist 的所有注册名称，如 STFangsong（仿宋），然后添加以下代码。

```
plt.rcParams['font.family']=['STFangsong']
```

2. 绘制正弦波

以下示例使用 Matplotlib 生成正弦波形图。

```
import numpy as np
import matplotlib.pyplot as plt

# 计算正弦曲线上点的 x 和 y 坐标
x = np.arange(0, 3 * np.pi, 0.1)
y = np.sin(x)
plt.title("sine wave form")
# 使用 Matplotlib 来绘制点
plt.plot(x, y)
plt.show()
```

运行结果如图 12-5 所示。

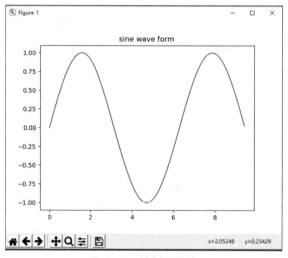

图12-5　绘制正弦波

3. bar()

pyplot 子模块提供 bar() 函数来生成柱状图。以下示例生成两组由 x 和 y 组成的数组的柱状图。

```
from matplotlib import pyplot as plt

x = [5, 8, 10]
y = [12, 16, 6]
x2 = [6, 9, 11]
y2 = [6, 15, 7]

plt.bar(x, y, align='center')
plt.bar(x2, y2, color='g', align='center')
```

```
plt.title('Bar graph')
plt.ylabel('Y axis')
plt.xlabel('X axis')
plt.show()
```

运行结果如图 12-6 所示。

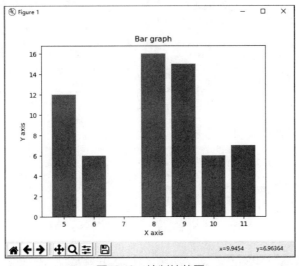

图12-6　绘制柱状图

本节关于 NumPy 的基本使用方法介绍就结束了，如需了解 NumPy 的更多用法，可以查阅其官方帮助文档，具体网址参见本书赠送资源文件。

12.2　Pandas的使用

Pandas 是用于数据清洗的库，通过带有标签的列和索引，使用户以一种所有人都能理解的方式来处理数据。用户可以用它毫不费力地从诸如 CSV 类型的文件中导入数据，也可以快速地对数据进行复杂的转换和过滤等操作。

本节将对 Pandas 的基本使用方法做一个大致的讲解，并使用它实现数据清洗的基本操作。在使用 Pandas 之前先确认已经安装了整个库。安装 Pandas 最简单的方式就是使用 pip 命令：pip install pandas。安装完 Pandas 后，可以使用以下代码测试是否安装成功。

```
import pandas as pd
import numpy as np
import matplotlib.pyplot as plt

print("Hello, Pandas")
```

运行以上代码，如果安装成功，会在终端输出区看到以下结果。

```
Hello,Pandas
```

12.2.1　从 CSV 文件中读取数据

下面以 CSV 文件为例介绍如何使用 Pandas 读取 CSV 文件，如图 12-7 所示。

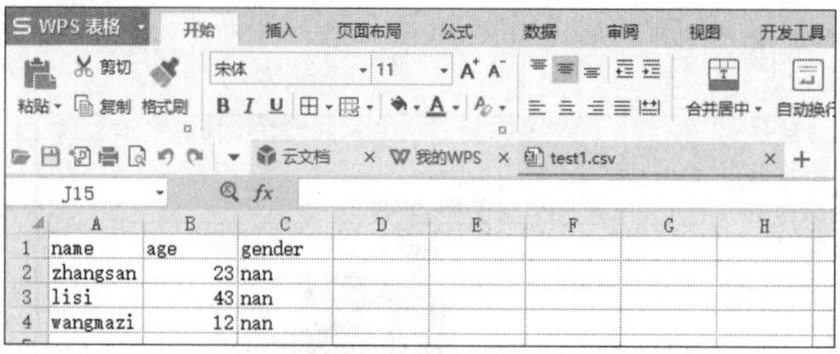

图12-7　CSV文件

Pandas 提供了直接读取 CSV 文件的方法，示例代码如下。

```
import pandas as pd

df = pd.read_csv('C:\\Users\\lyl\\Desktop\\python_doc\\test1.csv',)
print(df)
```

运行结果如图 12-8 所示。

图12-8　读取CSV文件

read_csv 函数除了可以直接读取 CSV 文件，还可以指定参数，使用方式如下。

```
pd.read_csv('C:\\Users\\lyl\\Desktop\\python_doc\\test1.csv',delimiter=",",
encoding="utf-8",header=0)
```

参数说明如下。

1）encoding：根据所读取的数据文件编码格式设置 encoding 参数，如 "utf-8" 和 "gbk" 等。

2）delimiter：根据所读取的数据文件列之间的分隔方式设置 delimiter 参数，大于一个字符的分隔符被看作正则表达式，如一个或者多个空格（\s+）、tab 符号（\t）等。

12.2.2　向 CSV 文件中写入数据

接下来通过 Pandas 向 CSV 文件中写入数据，代码如下。

```
import pandas as pd

# pandas将数据写入CSV文件
DATA = {
    'english': ['one', 'two', 'three'],
```

```
    'number': [1, 2, 3]
}
save = pd.DataFrame(DATA, index=['row1', 'row2', 'row3'], columns=['english',
'number'])
print(save)
save.to_csv('C:\\Users\\lyl\\Desktop\\python_doc\\test2.csv', sep=',')
```

运行以上代码，将在指定路径下生成一个 test2.csv 文件，如图 12-9 所示。

	A	B	C	D	E	F	G
1		english	number				
2	row1	one	1				
3	row2	two	2				
4	row3	three	3				
5							
6							

图12-9　生成的CSV文件

12.2.3　Pandas 数据帧

数据帧（DataFrame）是二维数据结构，即数据以行和列的表格方式排列，其功能特点主要有以下几点。

1）潜在的列是不同的类型。

2）大小可变。

3）标记轴（行和列）。

4）可以对行和列执行算术运算。

观察它的结构体，假设要创建一个包含学生数据的数据帧，其参考如图 12-10 所示。

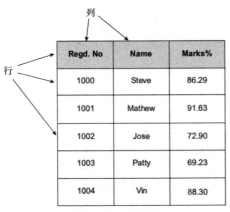

图12-10　数据帧

可以将图 12-10 视为 SQL 表或电子表格数据表示。Pandas 中的 DataFrame 可以使用以下构造函数创建。

```
pandas.DataFrame(data, index, columns, dtype, copy)
```

构造函数的参数说明如下。

1）data：数据采取各种形式，如 ndarray、series、map、lists、dict、constant 和另一个 DataFrame。

2）index：对于行标签，如果没有传递索引值，则用于结果帧的索引是可选缺省值 np.arrange(n)。

3）columns：对于列标签，在没有索引传递的情况下，可选的默认语法格式是 -np.arange(n)。

4）dtype：每列的数据类型。

5）copy：如果默认值为 False，则此命令用于复制数据。

1. 创建一个空的DataFrame

创建一个空的 DataFrame，示例代码如下。

```
import pandas as pd

df = pd.DataFrame()
print(df)
```

运行后输出结果为：

```
Empty DataFrame
Columns: []
Index: []
```

2. 从列表创建DataFrame

可以使用单个列表或列表的列表创建 DataFrame，示例代码如下。

```
import pandas as pd

data = [1, 2, 3, 4, 5]
df = pd.DataFrame(data)
print(df)
```

运行后输出结果为：

```
   0
0  1
1  2
2  3
3  4
4  5
```

再来看一个示例。

```
import pandas as pd

data = [['Alex', 10], ['Bob', 12], ['Clarke', 13]]
df = pd.DataFrame(data, columns=['Name', 'Age'])
print(df)
```

运行后输出结果为：

```
     Name  Age
0    Alex   10
1     Bob   12
2  Clarke   13
```

3. 从ndarrays/Lists的字典来创建DataFrame

所有的 ndarrays 必须具有相同的长度。若传递了索引（index），则索引的长度应等于数组的长度；若没有传递索引，则默认情况下，索引为 range(n)，其中 n 为数组长度，示例代码如下。

```
import pandas as pd

data = {'Name': ['Tom', 'Jack', 'Steve', 'Ricky'], 'Age': [28, 34, 29, 42]}
df = pd.DataFrame(data)
print(df)
```

运行后输出结果为：

```
    Name   Age
0    Tom    28
1   Jack    34
2  Steve    29
3  Ricky    42
```

4. 从字典列表创建DataFrame

字典列表可作为输入数据传递，用来创建 DataFrame，字典键默认为列名，示例代码如下。

```
import pandas as pd

data = [{'a': 1, 'b': 2}, {'a': 5, 'b': 10, 'c': 20}]
df = pd.DataFrame(data)
print(df)
```

运行后输出结果为：

```
   a   b     c
0  1   2   NaN
1  5  10  20.0
```

5. 通过 Series 字典创建 DataFrame

在 Pandas 中，Series 是一种一维的数据结构，类似于 Python 的列表或一列数据。Series 的每个元素都有一个对应的索引，类似于键值对的形式。它既可以存储简单的数字，也可以存储字符串或其他类型的对象。

通过将多个 Series 组合到一个字典中，可以方便地创建一个 DataFrame。字典的键将作为 DataFrame 的列名，而 Series 的数据将作为对应的列。如果各 Series 的索引不完全相同，DataFrame 的索引将是所有 Series 索引的并集，示例代码如下：

```
import pandas as pd

d = {
    'one': pd.Series([1, 2, 3], index=['a', 'b', 'c']),
    'two': pd.Series([1, 2, 3, 4], index=['a', 'b', 'c', 'd'])
}

df = pd.DataFrame(d)
print(df)
```

运行后输出结果为：

```
   one   two
a  1.0   1
b  2.0   2
c  3.0   3
d  NaN   4
```

> **温馨提示：**
> 这里需要注意的是，对于第一个系列，观察到没有传递标签 d，但在结果中，对于 d 标签，附加了 NaN。

12.2.4　Pandas 函数应用

要将自定义或其他库的函数应用于 Pandas 对象，应该了解以下 3 种重要方法。

1）表格函数应用：pipe()。

2）行或列函数应用：apply()。

3）元素函数应用：applymap()。

1. 表格函数应用

由于可以将函数和适当数量的参数作为管道参数来执行自定义操作，因此可以对整个 Data-Frame 执行操作。例如，为 DataFrame 中的所有元素相加一个值 2，加法器函数会将两个数值作为参数添加并返回总和。示例代码如下。

```
def adder(ele1, ele2):
    return ele1 + ele2
```

现在将使用自定义函数对 DataFrame 进行操作：

```
df = pd.DataFrame(np.random.randn(5, 3), columns=['col1', 'col2', 'col3'])
df.pipe(adder, 2)
```

完整的程序代码如下。

```
import pandas as pd
import numpy as np

def adder(ele1, ele2):
    return ele1 + ele2

df = pd.DataFrame(np.random.randn(5, 3), columns=['col1', 'col2', 'col3'])
df.pipe(adder, 2)
print(df)
```

运行后输出结果为：

```
col1        col2        col3
0   2.176704    2.219691    1.509360
1   2.222378    2.422167    3.953921
2   2.241096    1.135424    2.696432
```

```
3    2.355763    0.376672    1.182570
4    2.308743    2.714767    2.130288
```

2. 行或列函数应用

使用 apply() 方法可以沿 DataFrame 或 Panel 的轴应用任意函数，它与描述性统计方法一样，采用可选的轴参数。默认情况下，操作按列执行，将每列作为数组。示例代码如下。

```
import pandas as pd
import numpy as np

df = pd.DataFrame(np.random.randn(5, 3), columns=['col1', 'col2', 'col3'])
df.apply(np.mean)
print(df)
```

运行后输出结果为：

```
     col1        col2        col3
0    0.726691   -0.556429   -0.714829
1    0.843354    1.026499   -1.273448
2    1.238913    1.404443    0.662548
3    0.435017    0.440488    0.221883
4    0.140180    0.050733    0.281229
```

3. 元素函数应用

在 Pandas 中，applymap() 方法用于将一个函数逐元素地应用于整个 DataFrame 的每一个值。这种方法特别适合需要对 DataFrame 中所有元素逐一执行操作的场景。applymap() 方法接收任何 Python 函数，返回一个新的 DataFrame，每个元素均为该函数的返回值。示例代码如下。

```
import pandas as pd
import numpy as np

df = pd.DataFrame(np.random.randn(5, 3), columns=['col1', 'col2', 'col3'])
print('旧df')
print(df)

new_df = df.applymap(lambda x: round(x, 2))
print('新df')
print(new_df)
```

运行后输出结果为：

```
旧df
     col1        col2        col3
0    1.438438    0.160291    0.227161
1    1.260662    0.842284   -1.320432
2    0.757074   -0.766156    1.022311
3   -0.676073   -0.111748   -0.987783
4   -0.088786   -0.151170   -0.977698
新df
   col1  col2  col3
0  1.44  0.16  0.23
```

```
1   1.26   0.84   -1.32
2   0.76   -0.77  1.02
3   -0.68  -0.11  -0.99
4   -0.09  -0.15  -0.98
```

12.2.5 Pandas 排序

Pandas 有两种主要的排序方式，即按标签和按实际值。

1. 按标签排序

使用 sort_index() 方法，通过传递 axis 参数和排序顺序，可以对 DataFrame 进行排序。默认情况下，按照升序对行标签进行排序。示例代码如下。

```
import pandas as pd
import numpy as np

unsorted_df = pd.DataFrame(np.random.randn(10, 2), index=[1, 4, 6, 2, 3, 5, 9,
8, 0, 7], columns=['col2', 'col1'])

sorted_df = unsorted_df.sort_index()
print (sorted_df)
```

运行后输出结果为：

```
      col2       col1
0  -0.578349   0.575024
1  -0.532665   0.653456
2   0.172771   0.048131
3   1.138308  -1.137393
4   1.478506  -0.054912
5  -1.029994   0.891782
6  -0.077999   1.507678
7   0.782267   0.696952
8  -0.486571  -0.153092
9  -1.136624   0.349394
```

（1）排序顺序

通过将布尔值传递给升序参数，可以控制排序顺序。示例代码如下。

```
unsorted_df = pd.DataFrame(np.random.randn(10, 2), index=[1, 4, 6, 2, 3, 5, 9,
8, 0, 7], columns=['col2', 'col1'])

sorted_df = unsorted_df.sort_index(ascending=False)
print(sorted_df)
```

运行后输出结果为：

```
      col2       col1
9  -0.692509  -0.203833
8  -0.538642   0.109739
7   1.020750  -0.309511
```

```
6   0.234387  -0.555615
5   0.024087  -0.580646
4  -1.677520  -0.836266
3  -0.489006  -0.551100
2  -1.316236   2.321328
1  -0.032724  -0.519603
0   0.630236   0.010940
```

（2）按列排序

通过传递 axis 参数值为 0 或 1，可以对列标签进行排序。默认情况下，若 axis=0，则逐行排列。示例代码如下。

```
import pandas as pd
import numpy as np

unsorted_df = pd.DataFrame(np.random.randn(10, 2), index=[1, 4, 6, 2, 3, 5, 9,
8, 0, 7], columns=['col2', 'col1'])

sorted_df = unsorted_df.sort_index(axis=1)

print(sorted_df)
```

运行后输出结果为：

```
       col1       col2
1   0.143819   1.367437
4   0.559871   0.089700
6   0.098291   0.986618
2  -0.296917  -1.272117
3   2.009129   1.427756
5   0.790965   0.549620
9   1.393392  -0.303524
8   0.533711   0.263995
0  -2.070960   0.068839
7  -1.430437  -0.355862
```

2. 按实际值排序

（1）按值排序

与按索引排序不同，sort_values() 方法可以根据指定的列或行的值对数据进行排序。它主要用于按列的值进行排序，并且可以通过参数 by 指定排序的列的名称。

```
import pandas as pd

unsorted_df = pd.DataFrame({'col1': [2, 1, 1, 1], 'col2': [1, 3, 2, 4]})
sorted_df = unsorted_df.sort_values(by='col1')

print (sorted_df)
```

运行后输出结果为：

```
   col1  col2
```

```
1      1      3
2      1      2
3      1      4
0      2      1
```

（2）排序算法

sort_values() 提供了从 mergesort、heapsort 和 quicksort 中选择算法的一个配置，其中 mergesort 是唯一稳定的算法。示例代码如下。

```
import pandas as pd

unsorted_df = pd.DataFrame({'col1': [2, 1, 1, 1], 'col2': [1, 3, 2, 4]})
sorted_df = unsorted_df.sort_values(by='col1', kind='mergesort')

print (sorted_df)
```

运行后输出结果为：

```
   col1   col2
1     1      3
2     1      2
3     1      4
0     2      1
```

12.2.6   Pandas 聚合

当有了滚动、扩展和创建 ewm 对象以后，有以下几种方法可以对数据执行聚合。

1. DataFrame应用聚合

创建一个 DataFrame 并在其上应用聚合，示例代码如下。

```
import pandas as pd
import numpy as np

df = pd.DataFrame(
    np.random.randn(10, 4),
    index=pd.date_range('1/1/2019', periods=10),
    columns=['A', 'B', 'C', 'D']
)

print(df)
print("===================================")
r = df.rolling(window=3, min_periods=1)
print(r)
```

运行后输出结果为：

```
                   A          B          C          D
2019-01-01   1.726086  -1.349646   0.317360  -0.168591
2019-01-02  -0.217225  -2.875687  -0.330538   0.566620
2019-01-03  -0.657163  -1.745766  -1.673432   0.772934
```

```
2019-01-04 -0.874114  1.760622 -0.357013 -0.004710
2019-01-05  1.004613 -1.008820 -1.490796 -0.457573
2019-01-06  0.018013  1.450911 -0.401929 -0.730532
2019-01-07 -0.114584 -0.996850 -2.269620  0.733289
2019-01-08 -1.933249 -0.198794 -0.922296 -1.696276
2019-01-09  1.542797 -0.493503 -1.206969  0.997765
2019-01-10  2.282924  1.744020 -1.552449 -1.782261
========================================
Rolling [window=3,min_periods=1,center=False,axis=0]
```

可以通过向整个 DataFrame 传递一个函数来进行聚合，或者通过标准的获取项目方法来选择一个列。

2. 在整个数据框上应用聚合

在整个数据框上应用聚合的示例代码如下。

```python
import pandas as pd
import numpy as np

df = pd.DataFrame(
    np.random.randn(10, 4),
    index=pd.date_range('1/1/2000', periods=10),
    columns=['A', 'B', 'C', 'D']
)

print(df)

r = df.rolling(window=3, min_periods=1)
print(r.aggregate(np.sum))
```

运行后输出结果为：

```
                   A         B         C         D
2020-01-01  1.069090 -0.802365 -0.323818 -1.994676
2020-01-02  0.190584  0.328272 -0.550378  0.559738
2020-01-03  0.044865  0.478342 -0.976129  0.106530
2020-01-04 -1.349188 -0.391635 -0.292740  1.412755
2020-01-05  0.057659 -1.331901 -0.297858 -0.500705
2020-01-06  2.651680 -1.459706 -0.726023  0.294283
2020-01-07  0.666481  0.679205 -1.511743  2.093833
2020-01-08 -0.284316 -1.079759  1.433632  0.534043
2020-01-09  1.115246 -0.268812  0.190440 -0.712032
2020-01-10 -0.121008  0.136952  1.279354  0.275773
========================================
                   A         B         C         D
2020-01-01  1.069090 -0.802365 -0.323818 -1.994676
2020-01-02  1.259674 -0.474093 -0.874197 -1.434938
2020-01-03  1.304539  0.004249 -1.850326 -1.328409
2020-01-04 -1.113739  0.414979 -1.819248  2.079023
2020-01-05 -1.246664 -1.245194 -1.566728  1.018580
2020-01-06  1.360151 -3.183242 -1.316621  1.206333
2020-01-07  3.375821 -2.112402 -2.535624  1.887411
2020-01-08  3.033846 -1.860260 -0.804134  2.922160
```

```
2020-01-09   1.497411  -0.669366   0.112329   1.915845
2020-01-10   0.709922  -1.211619   2.903427   0.097785
```

3. 在数据框的单个列上应用聚合

在数据框的单个列上应用聚合的示例代码如下。

```python
import pandas as pd
import numpy as np


df = pd.DataFrame(
    np.random.randn(10, 4),
    index=pd.date_range('1/1/2000', periods=10),
    columns=['A', 'B', 'C', 'D']
)
print(df)
print("==================================")
r = df.rolling(window=3, min_periods=1)
print(r['A'].aggregate(np.sum))
```

运行后输出结果为：

```
                   A          B          C          D
2000-01-01  -1.095530  -0.415257  -0.446871  -1.267795
2000-01-02  -0.405793  -0.002723   0.040241  -0.131678
2000-01-03  -0.136526   0.742393  -0.692582  -0.271176
2000-01-04   0.318300  -0.592146  -0.754830   0.239841
2000-01-05  -0.125770   0.849980   0.685083   0.752720
2000-01-06   1.410294   0.054780   0.297992  -0.034028
2000-01-07   0.463223  -1.239204  -0.056420   0.440893
2000-01-08  -2.244446  -0.516937  -2.039601  -0.680606
2000-01-09   0.991139   0.026987  -2.391856   0.585565
2000-01-10   0.112228  -0.701284  -1.139827   1.484032
==================================
2000-01-01   -1.095530
2000-01-02   -1.501323
2000-01-03   -1.637848
2000-01-04   -0.224018
2000-01-05    0.056004
2000-01-06    1.602824
2000-01-07    1.747747
2000-01-08   -0.370928
2000-01-09   -0.790084
2000-01-10   -1.141079
Freq: D, Name: A, dtype: float64
```

4. 在DataFrame的多列上应用聚合

在 DataFrame 的多列上应用聚合的示例代码如下。

```python
import pandas as pd
```

```
import numpy as np

df = pd.DataFrame(
    np.random.randn(10, 4),
    index=pd.date_range('1/1/2018', periods=10),
    columns=['A', 'B', 'C', 'D']
)
print(df)
print("=========================================")
r = df.rolling(window=3, min_periods=1)
print(r[['A', 'B']].aggregate(np.sum))
```

运行后输出结果为：

```
                   A          B          C          D
2019-01-01  1.022641  -1.431910   0.780941  -0.029811
2019-01-02 -0.302858   0.009886  -0.359331  -0.417708
2019-01-03 -1.396564   0.944374  -0.238989  -1.873611
2019-01-04  0.396995  -1.152009  -0.560552  -0.144212
2019-01-05 -2.513289  -1.085277  -1.016419  -1.586994
2019-01-06 -0.513179   0.823411   0.670734   1.196546
2019-01-07 -0.363239  -0.991799   0.587564  -1.100096
2019-01-08  1.474317   1.265496  -0.216486  -0.224218
2019-01-09  2.235798  -1.381457  -0.950745  -0.209564
2019-01-10 -0.061891  -0.025342   0.494245  -0.081681
=========================================
                 sum       mean
2019-01-01  1.022641   1.022641
2019-01-02  0.719784   0.359892
2019-01-03 -0.676780  -0.225593
2019-01-04 -1.302427  -0.434142
2019-01-05 -3.512859  -1.170953
2019-01-06 -2.629473  -0.876491
2019-01-07 -3.389707  -1.129902
2019-01-08  0.597899   0.199300
2019-01-09  3.346876   1.115625
2019-01-10  3.648224   1.216075
```

12.2.7　Pandas 可视化

下面通过一些简单示例来了解如何使用 Pandas 实现绘图可视化。

1. 绘制折线图

Series 和 DataFrame 上的绘图可视化功能只是使用 matplotlib 库的 plot() 方法的简单包装，参考示例代码如下。

```
import pandas as pd
import numpy as np

df = pd.DataFrame(
```

```
    np.random.randn(10, 4),
    index=pd.date_range('2018/12/18', eriods=10),
    columns=list('ABCD')
)

df.plot()
```

执行以上代码，结果如图 12-11 所示。

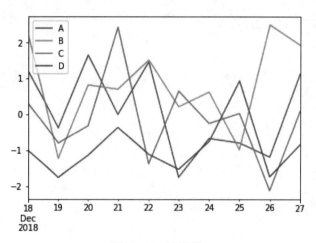

图12-11　折线图

若索引由日期组成，则调用 gct().autofmt_xdate() 来格式化 x 轴。使用 plot() 中的 x 和 y 关键字可以绘制一列与另一列对应的图片。绘图方法允许除默认线图之外的少数绘图样式。这些方法可以通过 plot() 的 kind 关键字参数提供，主要参数有以下几种。

1）bar 或 barh：表示柱状图或条形图。

2）boxplot：表示箱线图。

3）area：表示面积。

4）scatter：表示散点图。

2. 绘制柱状图

使用 plot.bar() 方法绘制一个柱状图，示例代码如下。

```
import pandas as pd
import numpy as np

df = pd.DataFrame(
    np.random.rand(10, 4),
    columns=['a', 'b', 'c', 'd']
)
df.plot.bar()
```

执行以上代码，结果如图 12-12 所示。

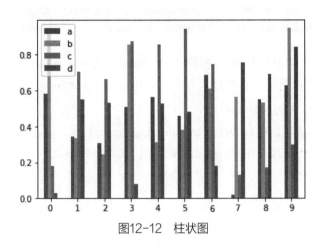

图12-12 柱状图

3. 绘制直方图

使用 plot.hist() 方法绘制直方图，可以指定 bins 的数量值，示例代码如下。

```
mport pandas as pd
import numpy as np

df = pd.DataFrame(
    {
        'a': np.random.randn(1000) + 1,
        'b': np.random.randn(1000),
        'c': np.random.randn(1000) - 1
    },
    columns=['a', 'b', 'c']
)

df.plot.hist(bins=20)
```

执行以上代码，结果如图 12-13 所示。

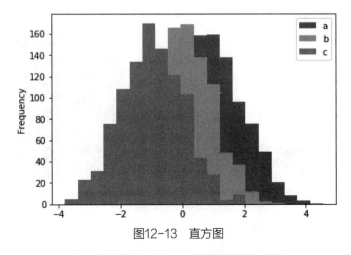

图12-13 直方图

Pandas 除了以上方法，还有很多其他的方法，可详见其官方文档。

12.3　pyecharts的使用

pyecharts 是一个用于生成 Echarts 图表的类库。Echarts 是百度开源的一个数据可视化 JS 库。用 Echarts 生成的图表可视化效果非常好，为了与 Python 进行对接，方便在 Python 中直接使用数据生成图表，所以需要用到 pyecharts 库。

在使用 pyecharts 库之前，可直接使用 pip install pyecharts==0.5.11 和 pip install pyecharts_snapshot 命令安装库。接下来讲解如何使用 pyecharts 绘制一些常见的图表。

12.3.1　绘制第一个图表

前面已经安装好 pyecharts 库，接下来绘制一个图表，示例代码如下。

```
from pyecharts import Bar

bar = Bar("我的第一个图表", "这里是副标题")
bar.add(
    "服装",
    ["衬衫", "羊毛衫", "雪纺衫", "裤子", "高跟鞋", "袜子"],
    [5, 20, 36, 10, 75, 90]
)
# bar.print_echarts_options() # 该行只为了打印配置项，方便调试时使用
bar.render()      # 生成本地 HTML 文件
```

运行代码之后，将在本地生成一个 render.html 网页文件，在浏览器中打开此文件，结果如图 12-14 所示，可以看到已经生成了一个柱状图统计图表。

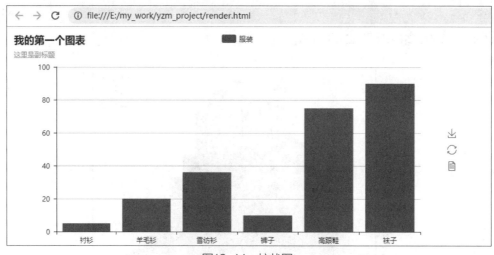

图12-14　柱状图

相关方法详解如下。

1）add()：主要方法，用于添加图表的数据和设置各种配置项。

2）print_echarts_options()：打印输出图表的所有配置项。

3）render()：默认在根目录下生成一个 render.html 文件，支持 path 参数，设置文件保存位置，如 render(r"e:\my_first_chart.html")，文件用浏览器打开。

如果需要提供更多实用工具，可在 add() 中设置 is_more_utils 为 True，示例代码如下。

```
from pyecharts import Bar

bar = Bar("我的第一个图表", "这里是副标题")
bar.add(
    "服装",
    ["衬衫", "羊毛衫", "雪纺衫", "裤子", "高跟鞋", "袜子"],
    [5, 20, 36, 10, 75, 90],
    is_more_utils=True
)
bar.render()
```

运行以上代码，打开生成的 HTML 文件，结果如图 12-15 所示。

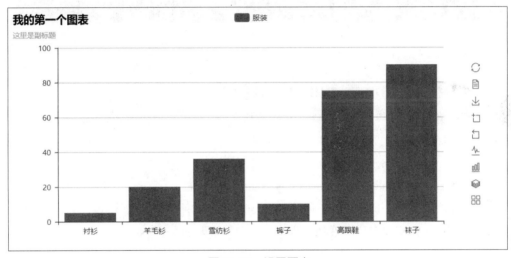

图12-15　设置图表

12.3.2　使用主题

自 pyecharts v0.5.2+ 起，pyecharts 支持更换主题色系。下面是更换为 "dark" 的例子，运行以下代码，打开生成的 HTML 文件，结果如图 12-16 所示。

```
from pyecharts import Bar

bar = Bar("我的第一个图表", "这里是副标题")
bar.use_theme('dark')
bar.add(
    "服装",
    ["衬衫", "羊毛衫", "雪纺衫", "裤子", "高跟鞋", "袜子"],
```

```
    [5, 20, 36, 10, 75, 90]
)
bar.render()
```

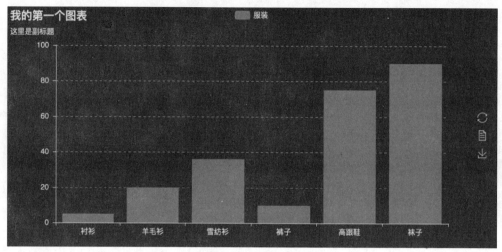

图12-16　更换主题

12.3.3　使用 pyecharts-snapshot 插件

如果想直接将图片保存为 PNG、PDF、GIF 等格式的文件，可以使用 pyecharts-snapshot 插件。使用该插件要确保系统上已经安装了 Node.js 环境。

1）安装 phantomjs：$ npm install -g phantomjs-prebuilt。

2）安装 pyecharts-snapshot：$ pip install pyecharts-snapshot。

3）调用 render() 方法：bar.render(path='snapshot.png')。文件结尾可以是 svg、jpeg、png、pdf、gif。需要注意的是，SVG 文件需要在初始化 bar 时设置，即 renderer='svg'。

12.3.4　图形绘制过程

图表类提供了若干构建和渲染的方法，在使用的过程中，建议按照以下的顺序分别调用。

1）为图表添加一个具体类型的对象，代码示例：chart=FooChart()。

2）为图表添加通用的配置，如主题，代码示例：chart.use_theme()。

3）为图表添加特定的配置，代码示例：geo.add_coordinate()。

4）添加数据及配置项，代码示例：chart.add()。

5）生成本地文件（html、svg、jpeg、png、pdf、gif），代码示例：chart.render()。

从 pyecharts v0.5.9 开始，以上涉及的方法均支持链式调用，示例代码如下。

```
from pyecharts import Bar

CLOTHES = ["衬衫", "羊毛衫", "雪纺衫", "裤子", "高跟鞋", "袜子"]
```

```
clothes_v1 = [5, 20, 36, 10, 75, 90]
clothes_v2 = [10, 25, 8, 60, 20, 80]

(
    Bar("柱状图数据堆叠示例")
    .add("商家A", CLOTHES, clothes_v1, is_stack=True)
    .add("商家B", CLOTHES, clothes_v2, is_stack=True)
    .render()
)
```

12.3.5　多次显示图表

从 pyecharts v0.4.0+ 开始，pyecharts 重构了渲染的内部逻辑，改善了效率。推荐使用以下方式显示多个图表。

```
from pyecharts import Bar, Line
from pyecharts.engine import create_default_environment

bar = Bar("我的第一个图表", "这里是副标题")
bar.add(
    "服装",
    ["衬衫", "羊毛衫", "雪纺衫", "裤子", "高跟鞋", "袜子"],
    [5, 20, 36, 10, 75, 90]
)

line = Line("我的第一个图表", "这里是副标题")
line.add(
    "服装",
    ["衬衫", "羊毛衫", "雪纺衫", "裤子", "高跟鞋", "袜子"],
    [5, 20, 36, 10, 75, 90]
)

env = create_default_environment("html")
# 为渲染创建一个默认配置环境
# create_default_environment(filet_ype)
# file_type: 'html', 'svg', 'png', 'jpeg', 'gif' or 'pdf'

env.render_chart_to_file(bar, path='bar.html')
env.render_chart_to_file(line, path='line.html')
```

该代码通过使用同一个渲染引擎对象，避免了重复创建渲染环境的操作，并提升了效率。

12.3.6　Pandas 或 Numpy 简单示例

如果使用的是 NumPy 或 Pandas 的示例，相关代码如下。

```
import pandas as pd
import numpy as np
from pyecharts import Bar
```

```
title = "bar chart"
index = pd.date_range('3/8/2017', periods=6, freq="M")
df1 = pd.DataFrame(np.random.randn(6), index=index)
df2 = pd.DataFrame(np.random.randn(6), index=index)

dtvule1 = [i[0] for i in df1.values]
dtvule2 = [i[0] for i in df2.values]

_index = [i for i in df1.index.format()]

bar = Bar(title, "test111111")
bar.add('profit', _index, dtvule1)
bar.add('loss', _index, dtvule2)

bar.render("reder.html")
```

需要注意的是，使用 Pandas 或 NumPy 时，整数类型要确保为 int，而不是 numpy.int32。当然，用户也可以采用更加丰富的方式，使用 Jupyter Notebook 来展示图表。

要想使用 pyecharts 画出更多更丰富的图表，可以参考其官方中文文档。

12.4　新手问答

学习完本章之后，读者可能会有以下疑问。

1. NumPy array与Python list相比，优势在哪里?

答：NumPy array 比 Python list 更紧凑，存储数据占的空间小，读写速度快。这是因为 Python list 存储的是指向对象（至少需要 16 字节）的指针（至少 4 字节）；而 array 中存储的是单一变量（如单精度浮点数为 4 字节，双精度浮点数为 8 字节）。

array 可以直接使用 vector 和 matrix 类型的处理函数，非常方便。

2. 如何检验NumPy的array为空?

答：使用 size 函数，示例如下。

```
a = np.array([])
print(a.size)  # 0
```

3. 如何处理缺失数据? 如果缺失的数据不可得，将采用何种手段收集?

答：首先判断缺失数据是否有意义，如果没有意义或缺失数据的比例超过 80%，就直接去除。如果缺失数据有规律，就需要根据其变化规律来推测此缺失值；如果缺失数据没有规律，就用其他值代替缺失值；如果缺失数据符合正态分布，就用期望值代替缺失值；如果缺失数据是类型变量，就用默认类型值代替缺失值。

本章小结

　　本章学习了 Python 数据分析中比较常见的几个库的基本使用方法。在数据处理方面，学习了使用 NumPy 创建和操作数组，了解了使用 Pandas 读写 CSV 数据的方法，并介绍了如何用 Pandas 对数据进行基本的处理和清洗。在数据展示方面，学习了如何结合 NumPy、pyecharts 画一些常见的图表，如折线图、柱状图等，还介绍了如何使用 pyecharts 生成报表。这些库提供了非常丰富的功能，由于篇幅设置，本章只介绍了较为常用的功能，剩下的功能读者可以查阅相关文档进行了解。

第3篇

项目实战篇

　　本篇主要对前两篇所学知识技能进行总结和整合，并且以几个不同的项目进行实战练习，所涉及的项目均是作者在实际工作中的项目，通过这些项目的练习能让读者（特别是初学者）更快了解真实工作环境中所接触的爬虫需求场景等。本篇将针对 Python 爬虫的开发与应用，详细讲解 2 个综合实战项目。

第13章

Python爬虫项目实战

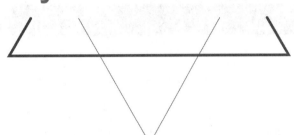

本章导读

通过前面的学习，相信读者已经基本具备了编写常见爬虫的能力。例如，通过抓包工具分析 Ajax 接口，然后使用 Python 的网络请求库 urllib 或 requests 等直接请求接口获取数据。针对静态网页渲染的数据，可以通过 URL 请求得到网页源码，并从中使用正则表达式 re、XPath 等提取想要的数据。针对 JS 动态渲染的页面，可以使用 Selenium 或 Scrapy-Splash 渲染后再获取数据等。

针对 App 端，也学习了使用相关工具抓包分析接口和使用 Appium 模拟登录抓取数据等。本章将对前面所学的知识点进行总结，通过两个项目实战来练习在实际工作中对爬虫的应用并做到举一反三。

知识要点

- ● 使用requests爬取房天下二手房数据
- ● 使用Scrapy爬取电商产品数据

13.1 实战一：requests爬取房天下二手房数据

本实例以爬取房天下二手房数据为例，实现获取房天下的二手房列表信息。获取字段为房屋 ID、小区简介、面积、建造时间、价格等，将这些信息获取后，存入 MongoDB 数据库中。

13.1.1 抓包分析

步骤❶：写爬虫前，需要先分析目标网站的结构和它的一些规律。

步骤❷：使用浏览器打开房天下广州二手房页面（https://gz.esf.fang.com/），以使用 Chrome 浏览器为例，打开该页面，如图 13-1 所示。

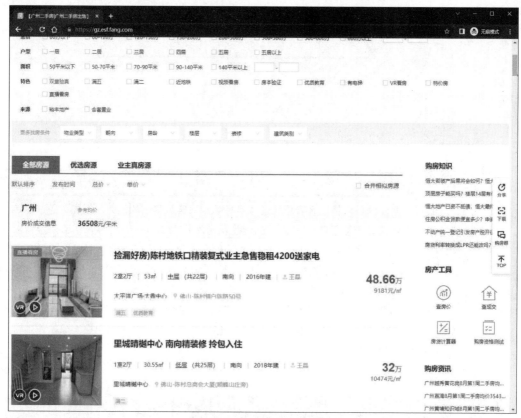

图13-1 房天下二手房页面

步骤❸：这里的目标是需要获取页面中间列表信息，按照习惯性的思维，按【F12】键打开调试工具，然后刷新页面，查看是否有相关的 Ajax 接口直接返回的数据，如图 13-2 所示。

步骤❹：通过观察发现，这里并没有接口直接返回与二手房列表相关的数据信息。分析是否有网页源码包含这些信息，可以发现数据就包含在 https://gz.esf.fang.com/ 这个 URL 返回的 HTML 源码中。鉴于此，我们可以直接使用 requests 库来构造请求获取 HTML 源码，并通过 BeautifulSoup 工具解析源码及提取数据。

图13-2　分析接口

步骤 ❺：接下来看该页面的列表分页。将页面滑到底部，通过观察发现，这个分页是常见的分页方式，直接单击对应的页面按钮即可，如图 13-3 所示。尝试单击第二页，再观察调试工具捕捉到的请求，发现数据都存储在 HTML 源码中，对应的 URL 为 https://gz.esf.fang.com/house/i32/，如图 13-4 所示。我们进行合理推测，URL 中最后的"i32"中，"i3"为固定值，"2"为页码，为了验证猜测是否正确，单击页面最底部的前往第三页的按钮，再观察页面所发送的请求，果然第三页的数据也存储在 HTML 源码中，并且 URL 为 https://gz.esf.fang.com/house/i33/，符合刚刚推测的规律。

图13-3　分页方式

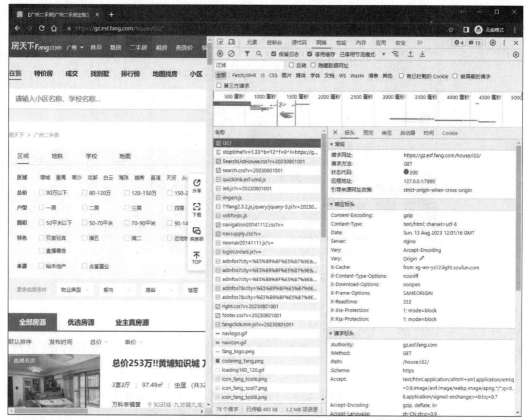

图13-4　第二页请求

步骤 ❻：检查反爬措施。首先假设该网站没有过多的反爬措施，我们直接通过如下代码，带上请求头信息，请求第一页的数据，可以发现，成功获取到了第一页的 HTML 源码。

```
import requests

url = "https://gz.esf.fang.com/house/i31/"
headers = {
    'Accept': 'text/html,application/xhtml+xml,application/xml;q=0.9,image/
avif,image/webp,image/apng,*/*;q=0.8,application/signed-exchange;v=b3;q=0.7',
    'Accept-Encoding': 'gzip, deflate, br',
    'Accept-Language': 'zh-CN,zh;q=0.9,en-US;q=0.8,en;q=0.7',
    'Cache-Control': 'no-cache',
    'Cookic': 'city-gz; global_cookie=u7madfrahbbadfhaigc65k17adfadfzevn;
csrfToken=VlqOIbnsafat_zadfa30dJ_d13; g_sourcepage=esf_fy%5Eagbdb_pc;
__utmc=147243520; __utma=146783320.12464607450.1654532452.1675342452.1664556624.
2; __utmz=14736450.169124524.2.2.utmcsr=gz.esf.fang.com|utmccn=(referral)|utmcmd=
referral|utmcct=/house/i35/; unique_cookie=U_u7mezd4fhey56764rkigcejg24ll194ze
vn*66; __utmt_t0=1; __utmt_t1=1; __utmt_t2=1; __utmb=147nsg12.10.1691jhs624',
    'Dnt': '1',
    'Pragma': 'no-cache',
    'Referer': 'https://gz.esf.fang.com/house/i32/',
```

```
    'Sec-Ch-Ua': '"Not.A/Brand";v="8", "Chromium";v="114", "Google
Chrome";v="114"',
    'Sec-Ch-Ua-Mobile': '?0',
    'Sec-Ch-Ua-Platform': '"Windows"',
    'Sec-Fetch-Dest': 'document',
    'Sec-Fetch-Mode': 'navigate',
    'Sec-Fetch-Site': 'same-origin',
    'Sec-Fetch-User': '?1',
    'Upgrade-Insecure-Requests': '1',
    'User-Agent': 'Mozilla/5.0 (Windows NT 10.0; Win64; x64)
AppleWebKit/537.36 (KHTML, like Gecko) Chrome/114.0.0.0 Safari/537.36'
}

resp = requests.get(url, headers=headers).text
```

步骤❼：通过初步的分析，可以得出一个结论：爬取此网站并不困难，URL 是有规律的，使用 requests 发送请求并通过 BeautifulSoup 库进行数据的解析提取即可。

13.1.2　编写爬虫代码

前面大致分析了房天下二手房的网页结构，接下来厘清爬取这个网站的思路步骤。这里提供以下思路供读者参考。

1）根据已知的 URL 规律构建实际请求 URL。

2）通过 requests 发送请求，获取页面 HTML 源码。

3）使用 BeautifulSoup 解析页面 HTML 源码，并提取二手房相关信息。

4）提取到数据之后，将它保存到 MongoDB 数据库中。

有了思路后就可以准备编写相关的代码了。下面可以按上述思路开始爬虫代码编写，相关的步骤如下。

步骤❶：新建一个 py 文件，这里命名为 fangtianxia.py。初始化配置，在文件头部导入需要用到的一些包，如 requests、pymongo 和 BeautifulSoup 等，示例代码如下。

```
import requests
import pymongo
from bs4 import BeautifulSoup
from pymongo import UpdateOne
```

步骤❷：配置 URL 模板和请求头 headers。

```
url_template = "https://gz.esf.fang.com/house/i3{}/"
headers = {
    'Accept': 'text/html,application/xhtml+xml,application/xml;q=0.9,image/
avif,image/webp,image/apng,*/*;q=0.8,application/signed-exchange;v=b3;q=0.7',
    'Accept-Encoding': 'gzip, deflate, br',
    'Accept-Language': 'zh-CN,zh;q=0.9,en-US;q=0.8,en;q=0.7',
    'Cache-Control': 'no-cache',
    'Cookie': 'city=gz; global_cookie=u7mezd4vrahbhkqnnrkigc65k17l194zevn;
csrfToken=VlqOICuzKt_zD5Xa30dJ_d13; g_sourcepage=esf_fy%5Elb_pc; __utmc=147393320;
```

```
__utma=147393320.1230907450.1691912452.1691912452.1691916624.2; __utmz=1473933
20.1691916624.2.2.utmcsr=gz.esf.fang.com|utmccn=(referral)|utmcmd=referral|utm
cct=/house/i35/; unique_cookie=U_u7mezd4vrahbhkqnnrkigc65k17l194zevn*12;
__utmt_t0=1; __utmt_t1=1; __utmt_t2=1; __utmb=147393320.12.10.1691916624',
    'Dnt': '1',
    'Pragma': 'no-cache',
    'Referer': 'https://gz.esf.fang.com/house/i32/',
    'Sec-Ch-Ua': '"Not.A/Brand";v="8", "Chromium";v="114", "Google Chrome";
v="114"',
    'Sec-Ch-Ua-Mobile': '?0',
    'Sec-Ch-Ua-Platform': '"Windows"',
    'Sec-Fetch-Dest': 'document',
    'Sec-Fetch-Mode': 'navigate',
    'Sec-Fetch-Site': 'same-origin',
    'Sec-Fetch-User': '?1',
    'Upgrade-Insecure-Requests': '1',
    'User-Agent': 'Mozilla/5.0 (Windows NT 10.0; Win64; x64)
AppleWebKit/537.36 (KHTML, like Gecko) Chrome/114.0.0.0 Safari/537.36'
}
```

步骤 ❸：编写根据页码获取 HTML 源码的代码，示例代码如下。

```
# 获取内容源码
def get_html(page_num):

    url = url_template.format(page_num)
    resp = requests.get(url, headers=headers)
    return resp.text
```

步骤 ❹：解析 HTML 源码，获取二手房相关信息，示例代码如下。

```
# 解析源码获取数据
def parse(html):
    # 构建BeautifulSoup对象
    soup = BeautifulSoup(html, "html.parser")

    # 获取所有二手房div
    house_div = soup.find("div", attrs={"class": "shop_list"})
    house_list = house_div.find_all("dl")

    # 设置一个列表，用于存储解析好的房屋信息
    res = []

    for house in house_list:

        house_data = {}   # 用于存储单个房屋信息
        id_data = house.get("data-bg")
        if not id_data:   # 如果该div没有房屋信息，直接跳过
            continue
        house_data['id'] = json.loads(id_data)['houseid']   # 获取房屋ID
        house_data["title"] = house.find("span", attrs={"class": "tit_shop"}).
text.strip()   # 获取房屋标题
```

```
        basic_info_str = soup.find('p', class_='tel_shop').text.replace('\t',
'').replace('\n', '').replace(' ', '')
        room_cnt, area, floor, direction, build_year, *_ = basic_info_str.
split('|')   # 获取房屋户型、面积、楼层、朝向、建造年份等信息
        if room_cnt == '独栋':
            continue   # 如果是独栋，则跳过，暂时只记录楼房信息
        area = float(area[:-1])   # 将面积的单位去掉，并转换成float类型
        floor = floor.split('（')[0]   # 将楼层信息中的括号中的信息去掉
        build_year = build_year.replace('年建', '')   # 建造年份信息只保留具体年份
        house_data['room_cnt'] = room_cnt
        house_data['area'] = area
        house_data['floor'] = floor
        house_data['direction'] = direction
        house_data['build_year'] = build_year

        # 获取总价和单价相关信息
        price_info = soup.find('dd', class_='price_right').text.strip().split('\n')
        total_price, price_per_m2 = price_info[0], price_info[1]
        total_price = float(total_price.replace('万', ''))   # 将总价单位去掉并转换
                                                # 为float类型
        price_per_m2 = float(price_per_m2.split('元')[0])   # 将单价转换为float类型
        house_data['total_price'] = total_price
        house_data['price_per_m2'] = price_per_m2

        # 获取小区信息
        apartment_community = soup.find('p', class_='add_shop').text.strip().
split('\n')[0]
        house_data['apartment_community'] = apartment_community
        res.append(house_data)
    return res
```

步骤 ❺：保存数据。将获取到的信息保存到 MongoDB 中。相关示例代码如下。

```
# 构建MongoDB连接
mongo_client = pymongo.MongoClient(
        host='43.123.123.23,
        port=27017,
        connect=False,
        maxPoolSize=50,
        username='admin',
        password=123123123',
    )
db = mongo_client['crawl']
collection = db['fangtianxia']

# 将数据写入数据库中，通过二手房ID来判断数据是否已经存在，如果数据存在就更新，不存在就插入
def save_data(data):

    operations = []
    for i in data:
```

```
        op = UpdateOne(
            {
                'id': i['id']
            },
            {
                '$set': i
            },
            upsert=True
        )
        operations.append(op)

    if operations:
        db['fangtianxia'].bulk_write(operations)
```

步骤 ❻：编写主函数。有了上面这些功能之后，我们编写主函数来调度这些功能。相关示例代码如下。

```
def main(max_page_num):  # 根据传入的最大页码判断需要爬取多少页

    for page_num in range(1, max_page_num + 1):
        html = get_html(page_num)
        house_list = parse(html)
        save_data(house_list)
        print("已经爬取了{}页".format(page_num))
```

至此，所有代码已经编写好，如下所示。

```
import requests
import pymongo
from bs4 import BeautifulSoup
from pymongo import UpdateOne
import json

url_template = "https://gz.esf.fang.com/house/i3{}/"
headers = {
    'Accept': 'text/html,application/xhtml+xml,application/xml;q=0.9,image/
avif,image/webp,image/apng,*/*;q=0.8,application/signed-exchange;v=b3;q=0.7',
    'Accept-Encoding': 'gzip, deflate, br',
    'Accept-Language': 'zh-CN,zh;q=0.9,en-US;q=0.8,en;q=0.7',
    'Cache-Control': 'no-cache',
    'Cookie': 'city=gz; global_cookie=u7mezd4vrahbhkqnnrkigc65k17l194zevn;
csrfToken=VlqOICuzKt_zD5Xa30dJ_d13; g_sourcepage=esf_fy%5Elb_pc;
__utmc=147393320; __utma=147393320.1230907450.1691912452.1691912452.1691916624.2
; __utmz=147393320.1691916624.2.2.utmcsr=gz.esf.fang.com|utmccn=(referral)|utmcmd
=referral|utmcct=/house/i35/; unique_cookie=U_u7mezd4vrahbhkqnnrkigc65k17l194ze
vn*12; __utmt_t0=1; __utmt_t1=1; __utmt_t2=1; __utmb=147393320.12.10.1691916624',
    'Dnt': '1',
    'Pragma': 'no-cache',
    'Referer': 'https://gz.esf.fang.com/house/i32/',
    'Sec-Ch-Ua': '"Not.A/Brand";v="8", "Chromium";v="114", "Google
Chrome";v="114"',
```

```
    'Sec-Ch-Ua-Mobile': '?0',
    'Sec-Ch-Ua-Platform': '"Windows"',
    'Sec-Fetch-Dest': 'document',
    'Sec-Fetch-Mode': 'navigate',
    'Sec-Fetch-Site': 'same-origin',
    'Sec-Fetch-User': '?1',
    'Upgrade-Insecure-Requests': '1',
    'User-Agent': 'Mozilla/5.0 (Windows NT 10.0; Win64; x64)
AppleWebKit/537.36 (KHTML, like Gecko) Chrome/114.0.0.0 Safari/537.36'
}

mongo_client = pymongo.MongoClient(
        host='43.123.123.23',
        port=27017,
        connect=False,
        maxPoolSize=50,
        username='admin',
        password='123123123',
    )
db = mongo_client['crawl']
collection = db['fangtianxia']


def get_html(page_num):

    url = url_template.format(page_num)
    resp = requests.get(url, headers=headers)
    return resp.text


def parse(html):

    soup = BeautifulSoup(html, "html.parser")
    house_div = soup.find("div", attrs={"class": "shop_list"})
    house_list = house_div.find_all("dl")

    res = []

    for house in house_list:
        house_data = {}
        id_data = house.get("data-bg")
        if not id_data:
            continue
        house_data['id'] = json.loads(id_data)['houseid']
        house_data["title"] = house.find("span", attrs={"class": "tit_shop"}).
text.strip()
        basic_info_str = soup.find('p', class_='tel_shop').text.replace('\t',
'').replace('\n', '').replace(' ', '')
        room_cnt, area, floor, direction, build_year, *_ = basic_info_str.
```

```
split('|')
        if room_cnt == '独栋':
            continue
        area = float(area[:-1])
        floor = floor.split(' (')[0]
        build_year = build_year.replace('年建', '')
        house_data['room_cnt'] = room_cnt
        house_data['area'] = area
        house_data['floor'] = floor
        house_data['direction'] = direction
        house_data['build_year'] = build_year

        price_info = soup.find('dd', class_='price_right').text.strip().
split('\n')
        total_price, price_per_m2 = price_info[0], price_info[1]
        total_price = float(total_price.replace('万', ''))
        price_per_m2 = float(price_per_m2.split('元')[0])
        house_data['total_price'] = total_price
        house_data['price_per_m2'] = price_per_m2
        apartment_community = soup.find('p', class_='add_shop').text.strip().
split('\n')[0]
        house_data['apartment_community'] = apartment_community
        res.append(house_data)
    return res


def save_data(data):

    operations = []
    for i in data:
        op = UpdateOne(
            {
                'id': i['id']
            },
            {
                '$set': i
            },
            upsert=True
        )
        operations.append(op)

    if operations:
        db['fangtianxia'].bulk_write(operations)


def main(max_page_num):

    for page_num in range(1, max_page_num + 1):
        html = get_html(page_num)
```

```
house_list = parse(html)
save_data(house_list)
print("已经爬取了{}页".format(page_num))


if __name__ == '__main__':

    main(100)
```

运行以上代码后，查看数据库表，这时发现已经成功地将数据爬取并保存到数据库中，如图 13-5 所示。

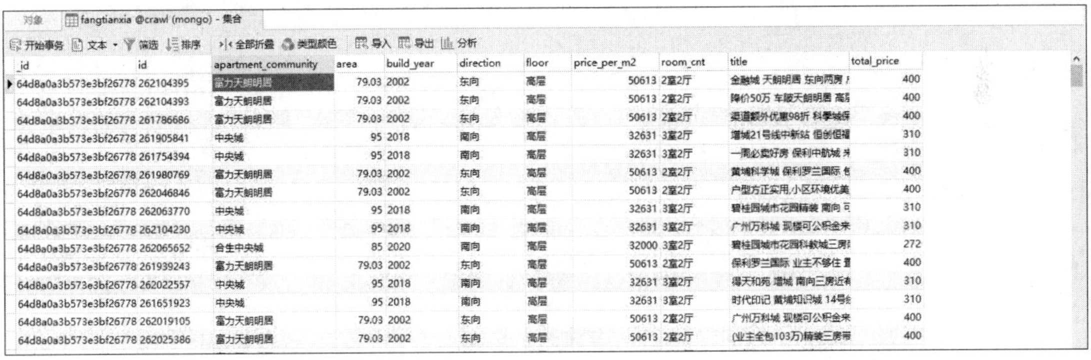

_id	id	apartment_community	area	build_year	direction	floor	price_per_m2	room_cnt	title	total_price
64d8a0a3b573e3bf26778	262104395	富力天朗明居	79.03	2002	东向	高层	50613	2室2厅	金融城 天朗明居 东向两房	400
64d8a0a3b573e3bf26778	262104393	富力天朗明居	79.03	2002	东向	高层	50613	2室2厅	降价50万 车朝天朗明居 高层	400
64d8a0a3b573e3bf26778	261786686	富力天朗明居	79.03	2002	东向	高层	50613	2室2厅	美道鞍外地惠98折 科学城保	400
64d8a0a3b573e3bf26778	261905841	中央城	95	2018	南向	高层	32631	3室2厅	增城21号线中新城 俱创倡樱	310
64d8a0a3b573e3bf26778	261754394	中央城	95	2018	南向	高层	32631	3室2厅	一周必卖好房 保科中航城 书	310
64d8a0a3b573e3bf26778	261980769	富力天朗明居	79.03	2002	东向	高层	50613	2室2厅	黄埔科学城 保利罗兰国际 包	400
64d8a0a3b573e3bf26778	262046846	富力天朗明居	79.03	2002	东向	高层	50613	2室2厅	户型方正实用 小区环境优美	400
64d8a0a3b573e3bf26778	262063770	中央城	95	2018	南向	高层	32631	3室2厅	碧桂园城市花园精装 南向 2	310
64d8a0a3b573e3bf26778	262104230	中央城	95	2018	南向	高层	32631	3室2厅	广州万科城 现楼可分金来	310
64d8a0a3b573e3bf26778	262065652	合生中央城	85	2020	南向	高层	32000	3室2厅	碧桂园城市花园科教城三房	272
64d8a0a3b573e3bf26778	261939243	富力天朗明居	79.03	2002	东向	高层	50613	2室2厅	保利罗兰国际 业主不够住 目	400
64d8a0a3b573e3bf26778	262022557	中央城	95	2018	南向	高层	32631	3室2厅	得天和苑 增城 南向三房近来	310
64d8a0a3b573e3bf26778	261651923	中央城	95	2018	南向	高层	32631	3室2厅	时代印记 黄埔知识城 14号线	310
64d8a0a3b573e3bf26778	262019105	富力天朗明居	79.03	2002	东向	高层	50613	2室2厅	广州万科城 现楼可分金来	400
64d8a0a3b573e3bf26778	262025386	富力天朗明居	79.03	2002	东向	高层	50613	2室2厅	(业主全包103万)精装三房带	400

图13-5　数据库中的数据

13.1.3　分析二手房小区分布

获取到数据后，我们对数据进行分析。要对数据进行分析，需要先从数据库中取出数据，相关代码如下。

```
import pymongo

# 构建MongoDB连接
mongo_client = pymongo.MongoClient(
        host='43.123.123.23,
        port=27017,
        connect=False,
        maxPoolSize=50,
        username='admin',
        password='123123123',
    )
db = mongo_client['crawl']
collection = db['fangtianxia']

# 获取所有数据，并转成列表
house_list = list(collection.find({}))
```

我们尝试分析二手房的小区分布情况，要想实现这个功能，先构建 DataFrame，接着按小区进行分组，然后计数，具体代码如下。

```python
import pandas as pd
import matplotlib
import matplotlib.pyplot as plt
matplotlib.rcParams['font.sans-serif'] = ['KaiTi']   # 避免中文字体显示出错问题

df = pd.DataFrame(house_list)
apartment_community_metrics_df = df.groupby('apartment_community').size().
reset_index(name='count')
apartment_community_metrics_df.sort_values(by='count', ascending=False,
inplace=True)
apartment_community_metrics_df = apartment_community_metrics_df.head(5)

plt.bar(
    apartment_community_metrics_df['apartment_community'],
    apartment_community_metrics_df['count']
)
plt.xlabel('apartment_community')
plt.ylabel('Count')
plt.xticks(rotation=45)
plt.show()
```

上面的代码统计了每个小区的在售二手房数量，并取出了数量最多的 5 个小区，绘制了柱状图，如图 13-6 所示。

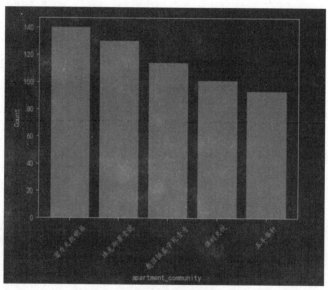

图13-6　二手房数量最多的5个小区

13.1.4　实例总结

通过爬取房天下二手房实例可以看出，该操作并不复杂，用到的知识点也不多，只需使用

requests 和 BeautifulSoup 即可完成。希望读者在学习的同时，自己实际操作一遍，多观察和分析。爬取网站的方式有很多，上文介绍的方法并不唯一，读者在实际操作时可以尝试使用其他的知识点，如提取数据可以用 re 正则表达式等。

13.2　实战二：Scrapy爬取电商网站产品数据

本节实现用 Scrapy 爬取电商网站 BLOOMCHIC 的新品的名称和价格信息，并将数据保存到 MongoDB 数据库中，通过此例加深对 Scrapy 框架的认识。

13.2.1　抓包分析

步骤❶：使用浏览器打开 BLOOMCHIC 新品页面（地址参见本书赠送资源文件），如图 13-7 所示。

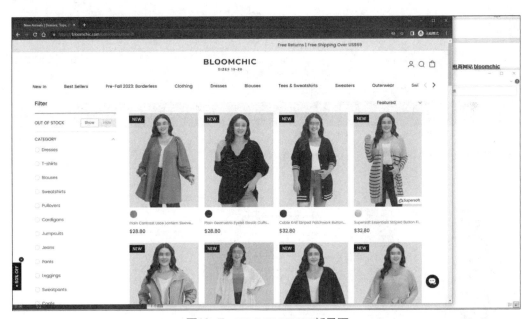

图13-7　BLOOMCHIC新品页

步骤❷：按【F12】键打开调试工具，然后刷新页面，尝试找出页面是如何加载商品数据的。通过观察发现，商品信息是直接通过 HTML 代码返回的，滑动到页面底部，可以看到切换页数的按钮，如图 13-8 所示。单击切换到第二页，通过观察可以发现，页面向 URL 地址 https://bloomchic.com/collections/new-in?page=2&view=ajax 发送了一个请求，该响应值正是商品数据，如图 13-9 所示。由此可以确定，https://bloomchic.com/collections/new-in?page=2&view=ajax 这个 URL 地址就是获取商品数据的地址，"page"就是分页参数。鉴于此，我们可以直接使用 requests 库来构造请求获取 HTML

源码，并通过 BeautifulSoup 工具解析源码并提取数据。

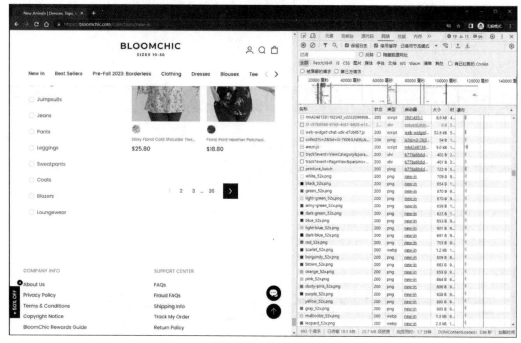

图13-8　翻页按钮

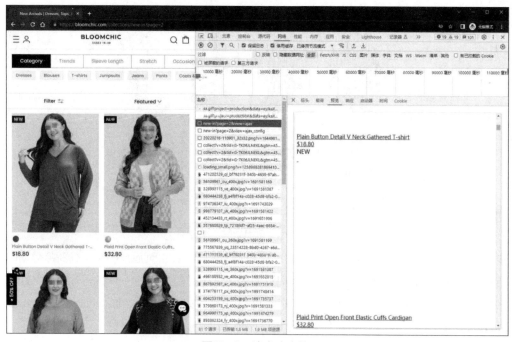

图13-9　请求响应值

步骤 ❸：检查反爬措施。同样假设该网站没有过多的反爬措施，先尝试直接通过如下代码请求第一页的数据，可以发现，成功获取到了第一页的 HTML 源码。

```
import requests


url = "https://bloomchic.com/collections/new-in?page=1&view=ajax"
resp = requests.get(url, headers=headers).text
```

步骤❹：通过初步的分析，获得了网站的 Ajax URL 的构造方式，同时也确定该网站没有设置反爬措施。

13.2.2　编写爬虫代码

接下来开始正式编写项目代码。

步骤❶：使用 scrapy startproject bloomchic 命令新建一个 Scrapy 项目，新建后的项目结构如图 13-10 所示。接着再在项目中使用命令 scrapy genspider newin bloomchic.com 创建一个新的爬虫。

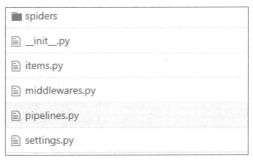

图13-10　新建项目结构

其中，几个 Python 文件的功能如下。

1）items.py：定义需要爬取并后期处理的数据。

2）pipelines.py：用于存储后期数据处理的功能，从而使得数据的爬出和处理分开，可以在这个文件中把数据存储到 MySQL 数据库。

3）settings.py：配置 Scrapy，从而修改 user-agent，设定爬取时间间隔，设置代理，配置各种中间件等。

4）spiders 目录下的 newin.py：自定义爬虫，主要爬取商品信息。

步骤❷：通过 items.py 文件定义需要爬取的字段，代码如下。

```
from scrapy import Item, Field

class BloomchicItem(scrapy.Item):

    title = scrapy.Field()
    price = scrapy.Field()
```

步骤❸：开始编写爬虫代码，示例代码如下。

```
import scrapy
```

```
from bs4 import BeautifulSoup
from bloomchic.items import BloomchicItem


class NewinSpider(scrapy.Spider):

    name = "newin"
    allowed_domains = ["bloomchic.com"]
    start_urls = ["https://bloomchic.com/collections/new-in?page={}&view=
ajax".format(i) for i in range(1, 10)]

    def parse(self, response):

        soup = BeautifulSoup(response.text, 'html.parser')
        products = soup.find_all('div', class_='grid-product')
        for product in products:
            item = Products()
            item['title'] = product.get('data-product-title')
            price_info = product.find('div', class_='grid-product__price').
text.split('\n')[0]
            currency, price = price_info.split('$')
            price = float(price)
            item['price'] = price
            yield item
```

步骤 ❹：处理连接数据库和存储数据部分，这个过程可在 pipeline.py 文件中完成，代码如下。

```
import pymongo

class BloomchicPipeline:

    def __init__(self):
        mongo_client = pymongo.MongoClient(
            host='43.123.123.23',
            port=27017,
            connect=False,
            maxPoolSize=50,
            username='admin',
            password='123123123',
        )
        db = mongo_client['crawl']
        collection = db['bloomchic']

        self.collection = collection

    def process_item(self, item, spider):
        self.collection.update_one(
            {
                'title': item['title']
            },
            {
```

```
            '$set': dict(item)
        },
        upsert=True
    )
    return item
```

步骤 ❺：在 settings.py 文件中找到 ITEM_PIPELINES 并添加以下代码。

```
'bloomchic.pipelines.BloomchicPipeline': 300,
```

编写完成后，我们通过命令 scrapy crawl newin 执行爬虫，爬取数据。爬取结果如图 13-11 所示。

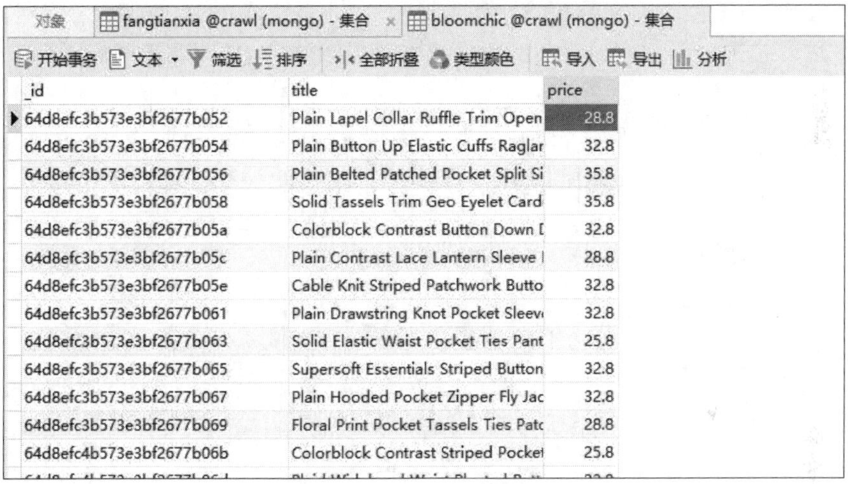

_id	title	price
64d8efc3b573e3bf2677b052	Plain Lapel Collar Ruffle Trim Open	28.8
64d8efc3b573e3bf2677b054	Plain Button Up Elastic Cuffs Raglar	32.8
64d8efc3b573e3bf2677b056	Plain Belted Patched Pocket Split Si	35.8
64d8efc3b573e3bf2677b058	Solid Tassels Trim Geo Eyelet Card	35.8
64d8efc3b573e3bf2677b05a	Colorblock Contrast Button Down [	32.8
64d8efc3b573e3bf2677b05c	Plain Contrast Lace Lantern Sleeve	28.8
64d8efc3b573e3bf2677b05e	Cable Knit Striped Patchwork Butto	32.8
64d8efc3b573e3bf2677b061	Plain Drawstring Knot Pocket Sleev	32.8
64d8efc3b573e3bf2677b063	Solid Elastic Waist Pocket Ties Pant	25.8
64d8efc3b573e3bf2677b065	Supersoft Essentials Striped Button	32.8
64d8efc3b573e3bf2677b067	Plain Hooded Pocket Zipper Fly Jac	32.8
64d8efc3b573e3bf2677b069	Floral Print Pocket Tassels Ties Patc	28.8
64d8efc4b573e3bf2677b06b	Colorblock Contrast Striped Pocket	25.8

图13-11　数据库中的数据.jpg

13.2.3　分析新品价格区间分布情况

要对数据进行分析，需要先从数据库中取出数据，相关代码如下。

```
import pymongo

# 构建MongoDB连接
mongo_client = pymongo.MongoClient(
        host='43.123.123.23',
        port=27017,
        connect=False,
        maxPoolSize=50,
        username='admin',
        password='123123123',
    )
db = mongo_client['crawl']
collection = db['bloomchic']

# 获取所有数据，并转成列表
product_list = list(collection.find({}))
```

接下来分析新品价格区间的分布情况，具体代码如下。

```python
import pandas as pd
import matplotlib
import matplotlib.pyplot as plt
matplotlib.rcParams['font.sans-serif'] = ['KaiTi']

df = pd.DataFrame(product_list)


def get_price_range(price):

    price_gap = 10
    start = price // price_gap
    end = start + 1

    range_ = "{}-{}".format(start * price_gap, end * price_gap)

    return range_

df['price_range'] = df['price'].apply(get_price_range)

price_range_metrics_df = df.groupby('price_range').size().reset_
index(name='count')
price_range_metrics_df.sort_values(by='price_range', ascending=True,
inplace=True)


plt.pie(price_range_metrics_df['count'], labels=price_range_metrics_df['price_
range'], autopct='%1.1f%%', startangle=140)
plt.axis('equal')
plt.show()
```

上面的代码针对价格，将每 10 元分为一个区间，统计了每个区间的新品数量，并根据统计结
果绘制了饼图，如图 13-12 所示。

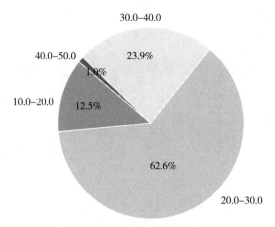

图13-12　价格区间分布情况

13.2.4　实例总结

在这个实例中，我们实际体验了 Scrapy 各组件的用法，以及它们之间是如何配合的，而组件化正是 Scrapy 的精髓，它将爬取流程拆分成多个步骤，每个步骤由单独的组件处理，这样使得爬虫的可维护性和拓展性大大提高。Scrapy 这一设计理念值得读者认真体会和感悟，将会提升读者对爬虫设计、组织和维护的理解。

本章小结

本章通过两个实战案例，对前面所学的知识进行了回顾，加深了对爬虫常用技术的理解和认识。对于本章所涉及的案例，希望读者都能够进行实际操作，并在练习过程中不断对知识进行思考。

第4篇

技能拓展篇

　　近年来，AI 大模型工具的快速发展深刻影响了 Python 网络爬虫领域。AI 技术通过智能分析、自适应爬取及自动化处理，可以快速提升数据的爬取效率和准确性。它不仅能应对复杂多变的网页结构，还能有效规避反爬机制，实现更精准的数据提取。未来，随着 AI 技术的不断成熟，Python 爬虫将更加智能化、高效化，为大数据分析和应用提供更加坚实的支撑。本篇将介绍 AI 工具在 Python 爬虫开发中的应用。

第14章
巧用AI工具辅助数据爬取与分析

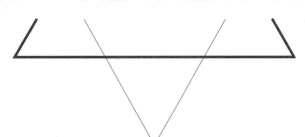

本章导读

在本章中，我们将迈入一个全新的领域，探索如何将人工智能（AI）引入数据爬取与处理的领域。近些年来，AI概念日益受到广泛关注，特别是ChatGPT问世之后，各种类似ChatGPT的工具层出不穷。本章中，我们将探讨如何将AI工具融入数据爬取和处理的相关环节中，以提升工作效率、改善数据质量并获得更深入的洞察力。

知识要点

- 熟悉百度的AI工具文心一言
- 熟悉字节跳动的AI工具豆包
- 学习通过AI工具绕过反爬虫措施
- 学习通过AI工具加速爬虫代码编写
- 学习利用AI工具进行数据分析和数据可视化

14.1 熟悉常用AI工具

本节将向读者介绍目前常见的 AI 工具，展示相关功能和使用方法，方便读者快速上手。

14.1.1 快速上手文心一言

文心一言网址为 https://yiyan.baidu.com/，该模型由百度研发，于 2023 年 8 月 31 日正式开放。文心一言可提供对话交互、内容创作、知识推理、多模态生成等模型能力，辅助用户解决在工作、学习、生活中的各类需求。下面将介绍文心一言的使用方法。

步骤❶：打开文心一言网站，打开后界面如图 14-1 所示。

图14-1 文心一言首页

步骤❷：由于文心一言必须登录使用，在打开的界面右上角单击【立即登录】按钮进行登录，登录界面如图 14-2 所示。在该界面，用户可以选择适合自己的方式进行登录。

图14-2 文心一言登录界面

登录成功后，界面将会自动刷新，如图 14-3 所示。

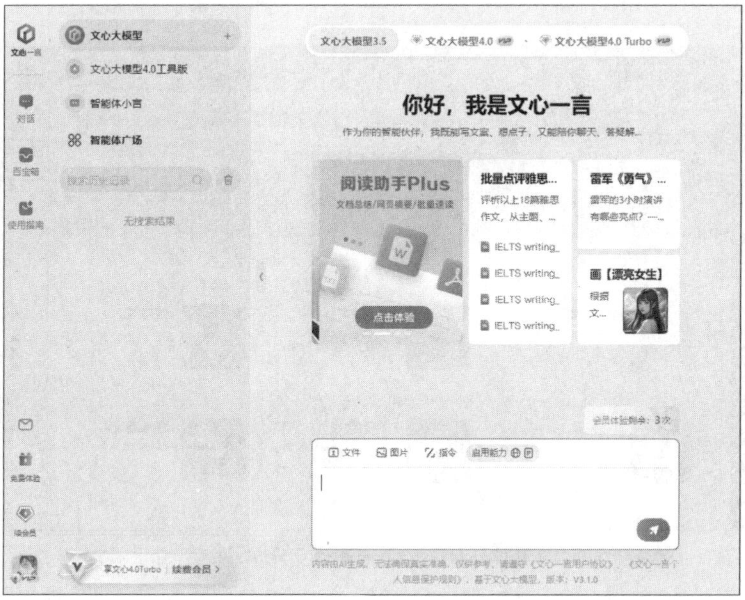

图14-3　文心一言登录后界面

步骤❸：与文心一言进行对话，只需要在界面下方的输入框中输入内容，然后按【Enter】键，或者单击【发送】按钮 即可。在此，我们输入"简短地介绍一下文心一言"，然后按【Enter】键，之后文心一言便给出了对应回复，效果如图 14-4 所示。

图14-4　文心一言回复示例

以上就是文心一言的基本使用流程。

除了对话功能，文心一言还提供了一些特色功能。单击界面左侧的【百宝箱】按钮，可以看到非常丰富的预设对话模板，如图 14-5 所示。

图14-5　文心一言百宝箱界面

以其中的【代码生成】为例，选择该功能，页面将会跳转返回到对话界面，同时对话框内将自动填充模板内容，可以看到，此处填充的内容为"使用 [python] 写 [文本相似度分析] 的代码"，如图 14-6 所示。

图14-6　文心一言模板使用示例

其中，"python"和"文本相似度分析"使用方括号包裹，提示我们此处可按照需要自行更改，在此我们将"文本相似度分析"改成"判断奇偶"，然后发送，可以看到，文心一言直接为我们生成了对应代码，如图 14-7 所示。

图14-7　文心一言模板使用示例结果

14.1.2　快速上手豆包

豆包是字节跳动发布的大模型，于 2024 年 5 月 15 日正式发布，提供内容创作、知识问答、人设对话、代码生成等功能。本节将介绍豆包的基本使用方法。

步骤 ❶：豆包官方网址为 https://www.doubao.com/，打开后界面首页如图 14-8 所示。

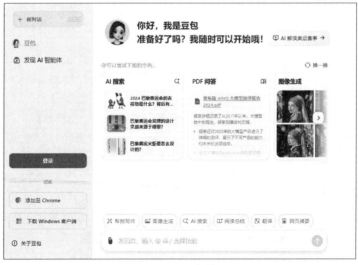

图14-8　豆包首页

步骤❷：由于在非登录状态下，对话次数有限，我们先进行登录，单击左侧的【登录】按钮，即可打开登录界面，如图 14-9 所示。在此选择合适的登录方式登录即可，登录后界面如图 14-10 所示。

图14-9　豆包登录界面

图14-10　豆包登录后界面

步骤❸：在界面底部的输入框中输入内容后按【Enter】键，即可与豆包大模型对话。在此，以"粤语的雷猴什么意思"为例，豆包大模型的回复如图 14-11 所示。

图14-11　豆包回复示例

以上就是豆包大模型的基本使用流程。

豆包还有一个特色功能叫作"人设对话"。在界面左侧单击【我的智能体】后，可以看到很多预设的智能体，我们以其中的"乔丹"智能体为例，单击后可以直接与其对话，我们发送"你印象最深刻的比赛是哪一场？"，该智能体便会以乔丹的人设回答我们的问题，如图 14-12 所示。

图14-12　豆包智能体

14.2　AI工具助力爬虫技术

在了解了 AI 工具后，我们可以借助 AI 工具掌握爬虫技巧，提高爬虫的应用效率，加速爬虫代码的编写，本节将着眼于此，基于豆包 AI 工具，介绍相关技巧。

14.2.1　快速学习爬虫知识

在没有 AI 工具前，我们学习爬虫知识的主要途径是网络文字教程、视频教程和相关书籍等，这些教程的内容是固定的，但是网站的反爬策略是千变万化的，这些教程并不一定能完美解决我们遇到的问题。

但是，有了 AI 工具之后，我们就像有了一个永远在线且知识不断更新的老师，可以极大地提升学习效率。

假设我们碰到了这么一种情况，一个网页看起来很正常，但是其 HTML 源代码中所有要在页面上显示的内容都是一些奇怪的字符，这种情况在书中没有相关介绍，读者如果没有相关知识储备，一时也很难处理这种情况。在以前，我们只能在搜索引擎中搜索各种可能关键词，以期找到解决方案，但是现在，我们可以直接向 AI 工具描述我们遇到的问题，让 AI 工具给出思路。对于这种情况，我们可以编辑如下的提示词，发送给豆包 AI 工具以得到参考思路。

用户提问

假设你是一个爬虫技术专家，精通各种爬虫技术，精通各种反爬策略和对应方案，现在，有一个网页肉眼看上去正常，但它 HTML 源代码里要展示在页面上的内容都是一些其他的字符，可能的原因是什么？应该如何处理才能从 HTML 代码里获得正常内容？

豆包 AI 工具的回答

在遇到网页 HTML 源码中的内容是其他字符（如乱码、特殊符号等），但页面上展示的内容是正常的这种情况，很可能是该网站采用了一种称为"字体反爬"的技术。这种技术通过自定义字体文件来混淆文本内容，从而阻止简单的爬虫获取有用的信息。

网站通过自定义字体文件（如 Web 字体）改变字符的显示。例如，原本显示字母"A"的地方，通过自定义字体文件可以将其替换为"X"，而实际展示的内容是根据自定义字体文件进行映射的。

要从这种网页中获取正常内容，一般需要获取并解析字体文件，构建字符映射，最后转换抓取内容。

> **温馨提示：**
>
> 在实践中可以发现，向豆包 AI 工具发送同样的提示词，收到的回复和示例中的也是不一样的，这是正常现象。这是因为，当前的 AI 工具生成回复时，会刻意设置一定的随机性，以使回复更加多样化；同时，AI 工具也在不断更新升级，所以对于同一个问题，AI 工具会给出不完全一样的回复。

在上述对话中，豆包 AI 工具的回答直接指明了可能是遇到了"字体反爬"的情况，并给出了相关原理和解决思路。由此可见，在学习爬虫知识时，AI 工具与一般教程和搜索引擎相比有巨大的优势。

在豆包 AI 工具刚刚提供的回答中，只回答了一般性的解决思路，没有提供可执行的方案，我们可以继续向它进行询问，将如下内容发送给豆包 AI 工具。

用户提问

Python 中有相关库可以解析字体文件，构建字符映射吗？

豆包 AI 工具的回答

是的，Python 中有相关库可以解析字体文件并构建字符映射。其中最常用的库是 fontTools，它可以解析各种字体文件格式，如 TTF、OTF 和 WOFF。

至此，我们已经知道了碰到这种情况的原因和解决方案，所花费的只是打字描述问题的一两分钟时间，相比传统的文字教程、视频教程或者搜索引擎检索，效率有了质的提升。

在学习爬虫的过程中，如果遇到其他的问题，可以将问题描述给 AI 工具，让 AI 工具为我们答疑解惑，或者提供解决问题的思路参考。

14.2.2　辅助编写爬虫代码

除了可以通过 AI 工具掌握爬虫知识、定位和绕过反爬策略，还可以直接通过 AI 工具编写相关代码。

在爬取数据的过程中，解析数据是最烦琐的一个环节，往往需要花费很多时间和精力在其中。现在，我们可以将需求告诉 AI 工具，让 AI 工具帮我们解析数据。

假设我们在爬取某一个页面，页面上是所有地区的邮编数据，每个地区的数据都在如下的 div 中。

```
<div>
    <p class="location">北京市朝阳区</p>
    <p>100000</p>
</div>
```

我们尝试通过豆包 AI 工具将其中的数据提取出来。首先通过以下提示词让豆包 AI 帮我们生成 XPath 选择器，提取地区信息。

用户提问

假设你是一个爬虫技术专家，现在有一个页面，包含所有地区的邮编数据，这是其中一个地区数据的源码：

```
<div>
    <p class=" location ">北京市朝阳区</p>
    <p>100000</p>
</div>
```

请你写一个 XPath 选择器，将所有的地区提取出来。

豆包 AI 工具的回答

要生成一个 XPath 选择器来提取所有地区的数据，可以使用如下的 XPath 表达式：

```
//div/p[@class= 'location']
```

这个选择器会选择所有 div 元素下，类名为 location 的 <p> 标签。

可以看到，豆包 AI 工具生成了正确的 XPath 选择器。接下来，我们尝试让豆包 AI 写正则表达式，提取其中的邮编数据，输入如下的提示词。

用户提问

请根据之前提供的 HTML 源码示例，帮我生成一个正则表达式，将其中的邮编提取出来。

豆包 AI 工具的回答

要从之前提供的 HTML 源码示例中提取邮编，可以使用如下的正则表达式：

```
<p>\d{6}</p>
```

这个正则表达式会匹配形如 `<p>100000</p>` 的邮编数据，其中 \d{6} 匹配六位数字。

豆包 AI 工具的回答直接给出了正则表达式，我们可以直接用在代码中。

14.2.3 辅助数据处理与可视化分析

在通过爬虫获取到大量数据后，我们通常会对数据进行分析和可视化，在这方面使用 AI 工具也可以大大提高效率。

假设某个公司 2024 年 1 月份到 12 月份的销售额数据（单位为万元）如下。

```
35，39，46，48，42，47，52，56，59，62，64，68
```

我们可以直接通过 AI 工具进行初步的分析，将如下提示词发送给豆包 AI 工具。

用户提问

假设你是一名数据分析专家，现在有某公司 2024 年 1 月份到 12 月份的销售额数据：35，39，46，48，42，47，52，56，59，62，64，68，单位为万元。请你对这些数据进行初步的分析。

豆包 AI 工具的回答

销售额总体呈上升趋势，波动性不大，较为稳定，没有明显的季节性波动。总的来说，该公司的销售额在 2024 年表现良好，且有持续增长的趋势。

可以看到，豆包 AI 工具给出了针对这份数据的简要分析结果，而且该结果确实符合数据表现出来的情况。

除了可以让 AI 工具进行数据分析，还可以让 AI 工具帮助我们实现数据可视化，将如下提示词发送给豆包 AI 工具。

用户提问

请选择合适的图表将上述销售额数据可视化。

豆包 AI 工具回复了两部分内容，第一部分为文字内容，第二部分为具体的图片。内容如下。

豆包 AI 工具的回答

以下是 2024 年每月销售额的折线图和柱状图，展示了每个月的销售额数据及其变化趋势。通过这两张图表，可以清晰地看到销售额总体呈上升的趋势，并能看到每个月的具体数值。

2024 年每月销售额的折线图和柱状图如图 14-13 所示。

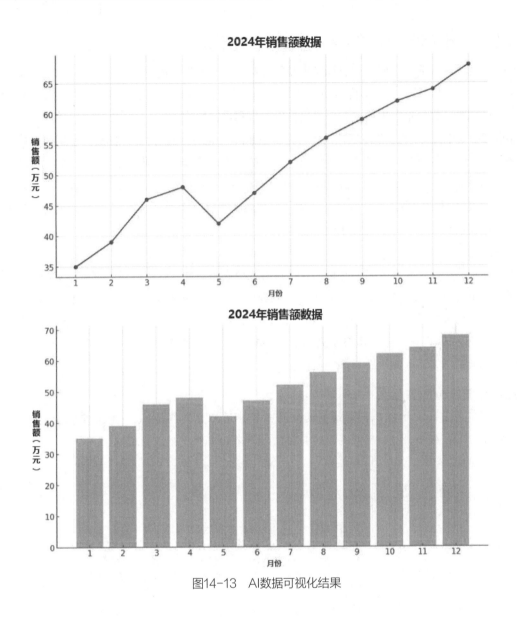

图14-13　AI数据可视化结果

可以看到，豆包 AI 工具可以选择合适的图表形式并绘制出正确的图表。由此可见，AI 工具在爬虫数据分析和可视化方面，也能大大提高数据处理效率。

14.3　案例实战：利用AI工具快速爬取与分析豆瓣电影数据

在前面的内容中，介绍了如何快速上手 AI 工具，以及如何用 AI 工具编写爬虫代码、进行数据分析和可视化统计。本节将以爬取豆瓣电影 Top250 页面为目标，展示如何在实战中使用 AI 工具来提高工作效率。

14.3.1　利用豆包 AI 工具辅助编写爬虫代码

在开始编写爬虫前，我们先构思该爬虫需要哪些部分。首先，需要一个能获取所有页面 HTML 代码的函数；其次，需要一个解析 HTML 代码内电影数据的函数；最后，需要一个主函数将前两个函数串联起来。根据这个思路，我们可以按以下步骤进行操作。

步骤 ❶：访问豆瓣电影 Top250 页面，URL 为 https://movie.douban.com/top250。通过观察页面可以发现，每个页面展示 25 条数据，共 10 页。在页面底部单击页码跳转到第二页，可以发现 URL 变成了 https://movie.douban.com/top250?start=25&filter=，可以判断出其中的 start 表示当前页显示的是第几条之后的数据，比如这条 URL 中的 start 表示当前页显示第 25 条之后的数据，根据这些信息，我们组织如下提示词发送给豆包 AI 工具。

用户提问

假设你是一个爬虫技术专家，请根据我的描述帮助我编写爬虫代码。现在有一批页面，页面的 URL 类似 https://movie.douban.com/top250?start=25&filter=，每个页面显示 25 条数据，总共有 250 条数据，其中的 start 参数表示当前页从第几条数据之后开始展示数据，如 start=25 表示从第 25 条数据之后开始展示数据，即表示当前是第 2 页，现在，请你帮我编写一个函数，将所有页面的 HTML 代码获取下来，放到一个列表中返回。

豆包 AI 工具的回答

好的，下面是一个使用 Python 编写的爬虫函数，该函数使用 requests 库来获取豆瓣电影 Top 250 页面的 HTML 代码，并将所有页面的 HTML 代码存储到一个列表中返回。

```python
import requests

def get_douban_top250_html():
    base_url = "https://movie.douban.com/top250"
    html_list = []
    headers = {
        'User-Agent': 'Mozilla/5.0 (Windows NT 10.0; Win64; x64)
AppleWebKit/537.36 (KHTML, like Gecko) Chrome/91.0.4472.124 Safari/537.36'
    }

    for start in range(0, 250, 25):
        url = f"{base_url}?start={start}&filter="
        response = requests.get(url, headers=headers)
        if response.status_code == 200:
            html_list.append(response.text)
        else:
            print(f"Failed to retrieve page with start={start}")

    return html_list

# 调用函数获取所有页面的HTML代码
html_pages = get_douban_top250_html()
print(f"Retrieved {len(html_pages)} pages of HTML.")
```

可以看到，豆包 AI 工具直接为我们生成了相应代码，代码中不仅处理了翻页，还配置了请求头参数，并对响应值的状态码进行了判断。我们将代码复制下来，可以发现代码是可以实际运行的，并能准确获取到数据。

步骤 ❷：让 AI 工具生成代码，解析页面中的电影标题、评分和评分人数。在这些 AI 工具刚刚面世的时候，绝大部分 AI 工具都无法访问在线页面，要想让 AI 工具解析在线页面上的内容，需要手动将内容复制发送给 AI 工具，但是目前很多 AI 工具都有了访问在线页面功能，可以直接读取指定页面的 HTML 代码。因此，我们可以直接让 AI 工具生成解析用的代码，而不需要手动复制后再发送 HTML 代码。

我们继续刚刚的对话，将如下提示词发送给豆包 AI 工具，可以看到提示词中是没有具体 HTML 代码的，现在 AI 工具已经强大到可以自动去访问页面并获取 HTML 代码。

用户提问

现在，编写一个函数，该函数能够接收 HTML 代码，先解析出其中的电影标题、评分和评分人数，再将这些信息放到一个列表中，最后返回该列表。

豆包 AI 工具的回答

好的，下面是一个解析 HTML 代码并提取电影标题、评分和评分人数的函数，并使用 BeautifulSoup 库来解析页面内容：

```python
from bs4 import BeautifulSoup

def parse_douban_top250_html(html_pages):
    movie_data = []

    for html in html_pages:
        soup = BeautifulSoup(html, 'html.parser')
        items = soup.find_all('div', class_='item')

        for item in items:
            title = item.find('div', class_='hd').a.span.text
            rating = item.find('span', class_='rating_num').text
            rating_count = item.find('div', class_='star').find_all('span')[-1].text

            movie_data.append({
                'title': title,
                'rating': rating,
                'rating_count': rating_count
            })

    return movie_data

# 调用函数解析HTML页面
movie_info = parse_douban_top250_html(html_pages)
print(f"Retrieved data for {len(movie_info)} movies.")
```

可以看到，豆包 AI 工具生成了一个提取页面中电影信息的函数，把代码复制到代码编辑器中执行可以验证代码是正确的。

步骤 ❸：根据之前豆包 AI 工具提供的代码，我们可以整理出完整的爬取豆瓣电影 Top250 页面的代码。

```python
import requests
from bs4 import BeautifulSoup


def get_douban_top250_html():
    base_url = "https://movie.douban.com/top250"
    html_list = []
    headers = {
        'User-Agent': 'Mozilla/5.0 (Windows NT 10.0; Win64; x64)
AppleWebKit/537.36 (KHTML, like Gecko) Chrome/91.0.4472.124 Safari/537.36'
    }

    for start in range(0, 25, 25):
        url = f"{base_url}?start={start}&filter="
        response = requests.get(url, headers=headers)
        if response.status_code == 200:
            html_list.append(response.text)
        else:
            print(f"Failed to retrieve page with start={start}")

    return html_list


def parse_douban_top250_html(html_pages):
    movie_data = []

    for html in html_pages:
        soup = BeautifulSoup(html, 'html.parser')
        items = soup.find_all('div', class_='item')

        for item in items:
            title = item.find('div', class_='hd').a.span.text
            rating = float(item.find('span', class_='rating_num').text)
            rating_count = int(item.find('div', class_='star').find_
all('span')[-1].text[:-3])

            movie_data.append({
                'title': title,
                'rating': rating,
                'rating_count': rating_count
            })

    return movie_data
```

```
def main():
    html_pages = get_douban_top250_html()
    movie_data = parse_douban_top250_html(html_pages)
    return movie_data


if __name__ == '__main__':
    print(main())
```

14.3.2　利用豆包 AI 工具辅助数据分析与可视化

在本节中，将演示 AI 工具辅助数据分析和数据可视化在实战中的应用。我们继续以豆瓣电影 Top250 为例，为了方便举例，本节选用爬取回来的前 5 条数据进行分析和可视化，数据列表如下。

```
[{'title': '肖申克的救赎', 'rating': 9.7, 'rating_count': 3046699}, {'title':
'霸王别姬', 'rating': 9.6, 'rating_count': 2251178}, {'title': '阿甘正传',
'rating': 9.5, 'rating_count': 2269660}, {'title': '泰坦尼克号', 'rating': 9.5,
'rating_count': 2309386}, {'title': '千与千寻', 'rating': 9.4, 'rating_count':
2358277}]
```

步骤❶：假设我们需要对电影的评分人数进行分析，获取对应的最大值、最小值、平均值和中位数，我们将如下的提示词发送给豆包 AI 工具。

用户提问

假设你有如下数据：[{'title': ' 肖申克的救赎 ', 'rating': 9.7, 'rating_count': 3046699}, {'title': ' 霸王别姬 ', 'rating': 9.6, 'rating_count': 2251178}, {'title': ' 阿甘正传 ', 'rating': 9.5, 'rating_count': 2269660}, {'title': ' 泰坦尼克号 ', 'rating': 9.5, 'rating_count': 2309386}, {'title': ' 千与千寻 ', 'rating': 9.4, 'rating_count': 2358277}]，请你分析出评分人数的最大值、最小值、平均值和中位数。

豆包 AI 工具的回答

好的，以下是分析结果：

评分人数最大值：3046699

评分人数最小值：2251178

评分人数平均值：2447040

评分人数中位数：2309386

可以看到，豆包 AI 工具准确地生成了数据分析的结果，为我们省下了自行编写代码进行分析的时间。

步骤❷：让豆包 AI 工具为我们生成图表，对评论人数进行可视化展示，我们将如下提示词发送给豆包 AI 工具。

用户提问

使用刚刚的数据，选取合适的图表形式，为评分人数数据生成图表。

豆包 AI 工具的回复分两部分，第一部分为文字内容，第二部分为具体的图片。内容如下。

豆包 AI 工具的回答

对于上述评分人数的数据，使用条形图可以直观地比较不同电影的评分人数差异。以下是评分人数的数据可视化图表。每个横条代表一部电影，长度表示该电影的评分人数。图表中显示了评分人数最多的电影《肖申克的救赎》位于最上方，其次是其他电影。

可视化图表如图 14-14 所示。

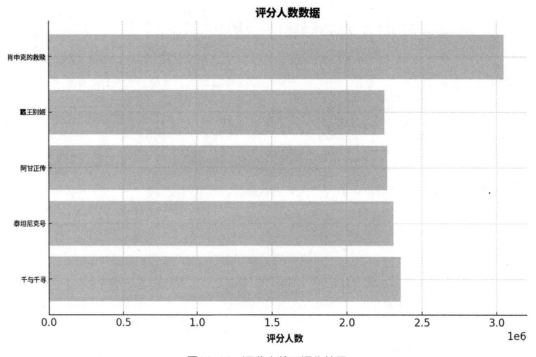

图14-14　评分人数可视化结果

可以看到，豆包 AI 工具很好地理解了我们的意图，选择了适合的条形图展示数据，并生成了正确的图片，节省了我们手动生成图表的时间。

本章小结

本章内容着眼于当下流行的基于大模型的 AI 工具，介绍了常见的 AI 工具，以及一些使用技巧，最后介绍了如何在实战中使用 AI 工具。由于篇幅有限，只能介绍一些基础的使用方法，但是实际上，当前的 AI 工具功能非常强大，可以在爬虫的任何环节帮助我们，不管是答疑解惑还是提升效率，更多的使用方法和技巧还待读者不断探索。